"十三五"国家重点出版物出版规划项目

城市治理实践与创新系列丛书

城镇老旧小区改造
——扩大内需新动能

王 健 孙光波 著

中国建筑工业出版社

中国城市出版社

图书在版编目（CIP）数据

城镇老旧小区改造：扩大内需新动能 / 王健，孙光波著. —北京：中国城市出版社，2020.11
（城市治理实践与创新系列丛书）
ISBN 978-7-5074-3301-2

Ⅰ. ①城… Ⅱ. ①王… ②孙… Ⅲ. ①城镇—居住区—旧房改造—研究—中国 Ⅳ. ① TU984.12

中国版本图书馆 CIP 数据核字（2020）第 176581 号

城镇老旧小区改造，不仅可以成为抗击"疫情"复工复产时期扩大内需、刺激经济增长的新动能，而且是未来几年国内稳投资、增消费、启动经济内循环的重要抓手，加速推进城镇老旧小区改造利国利民。本书包括七章：第一章，城镇老旧小区改造的背景与意义；第二章，城镇老旧小区改造面临的困境及脱困思路；第三章，城镇老旧小区改造的经验；第四章，城镇老旧小区改造的目标、原则、内容及机制；第五章，城镇老旧小区改造的模式；第六章，城镇老旧小区改造与社区治理；第七章，城镇老旧小区改造与城市可持续发展。

本书适用于政府相关管理人员、城市规划、城市设计、城市管理者和科研学者。

责任编辑：何玮珂　毕凤鸣　封　毅
责任校对：刘梦然

城市治理实践与创新系列丛书

城镇老旧小区改造
——扩大内需新动能

王　健　孙光波　著

*

中国建筑工业出版社、中国城市出版社出版、发行（北京海淀三里河路 9 号）
各地新华书店、建筑书店经销
北京建筑工业印刷厂制版
北京圣夫亚美印刷有限公司印刷

*

开本：787 毫米 ×960 毫米　1/16　印张：19$\frac{1}{2}$　字数：308 千字
2020 年 12 月第一版　　2020 年 12 月第一次印刷
定价：**68.00** 元
ISBN 978 - 7 - 5074 - 3301 - 2
　　　　　（904286）

出版说明

十九大报告明确指出：全面深化改革总目标是完善和发展中国特色社会主义制度、推进国家治理体系和治理能力现代化。报告提出，要打造共建共治共享的社会治理格局。

为了践行十九大精神，我社于2017年12月出版了汪碧刚博士的专著《城市的温度与厚度——青岛市市北区城市治理现代化的实践与创新》，并在青岛举办了首发式。该书甫一问世，引发社会各界高度关注，"城市的温度与厚度"一词成为热搜，互联网上共有1510万个相关结果，这足以证明社会各界对城市治理的关切热度。

城市治理是政府治理、市场治理和社会治理的交叉点，在国家治理体系中有着特殊的重要性，从一定意义上说，推进城市治理的创新就是推进国家治理的现代化。基于此，我社成立了城市治理专家委员会，并汇集专家智慧策划了"城市治理实践与创新系列丛书"，旨在总结探索国内外相关经验和做法，提高城市治理社会化、法治化、智能化、专业化水平，从而为行业管理、领导决策、政策研究提供参考。本套丛书也获得中宣部的高度重视，2018年被列入"十三五"国家重点出版物出版规划项目。

三年来，我社组织了数十位专家学者、党政干部和实务界人士，召开了多次研讨会，聚焦当前城市治理中的重点、难点、焦点问题，进行深入的研究和探讨，力求使丛书既有理论高度，又贴近实际应用。丛书关注城市和社区治理，就如何实现城市治理现代化、精细化、法治化、科技化，提升服务群众的能力等问题提出了很多建设性的观点和建议。丛书作者也一直致力于城市治理的研究，他们有的拥有多年政府部门相关管理经验，有的从事政策研究或教学科研工作，有的活跃在城市治理的一线化解矛盾纠纷，既有理论水平又有实践指导能力。

除首本《城市的温度与厚度——青岛市市北区城市治理现代化的实践与创新》外，丛书还包括如下7个分册:《城市综合管理》(翟宝辉、张有坤著)、《城市精细化管理理论与实践》(杨雪锋著)、《城市社区治理理论与实践》(原珂著)、《大数据与城市治理——以青岛市市北区为例》(汪碧刚、于德湖著)、《智慧社区与城市治理》(汪碧刚著)、《城镇老旧小区改造——扩大内需新动能》(王健、孙光波著)、《城市治理纠纷的预防与处理》(王才亮著)。

丛书开篇于十九大召开之际，付梓于"十三五"收官之年，我们热忱期待社会各界持续给予关注与支持。十九届四中全会指出，要完善党委领导、政府负责、民主协商、社会协同、公众参与、法治保障、科技支撑的社会治理体系，建设人人有责、人人尽责、人人享有的社会治理共同体。刚刚结束的十九届五中全会明确提出实施城市更新行动，提高城市治理水平。丛书一直紧密围绕这一主题，学思践悟，符合国家和行业发展的需求。我们有理由相信，随着共建共治共享的城市治理格局的形成，城市治理体系和治理能力现代化一定能够早日实现。

"城市治理实践与创新系列丛书"的顺利出版得益于专家学者的共同努力。在此特别感谢在丛书研讨、论证、审稿过程中给予大力支持和提出宝贵意见的各级领导、专家和学者们！我们也以丛书出版为契机，希望更多城市管理者、研究者以及有识之士积极参与城市治理，汇集资源，凝聚力量，共同打造"政、产、学、研、金、服、用"全链条全生命周期的城市治理发展格局！

中国建筑工业出版社
中国城市出版社
2020年11月25日

2020年4月17日　中共中央政治局会议明确提出，要积极扩大国内需求；要积极扩大有效投资，实施老旧小区改造，加强传统基础设施和新型基础设施投资。国务院总理李克强2020年4月14日主持召开国务院常务会议，确定加大城镇老旧小区改造力度，推动惠民生扩内需①。

国务院办公厅〔2020〕23号文件明确指出："城镇老旧小区改造是重大民生工程和发展工程，对满足人民群众美好生活需要、推动惠民生扩内需、推进城市更新和开发建设方式转型、促进经济高质量发展具有十分重要的意义。"②2020年各地计划改造城镇老旧小区3.9万个，涉及居民近700万户，比去年增加一倍，重点是2000年底前建成的住宅区。

城镇老旧小区改造，不仅可以成为抗击"疫情"复工复产时期扩大内需、刺激经济增长的新功能，而且是未来几年国内稳投资、增消费，启动经济内循环的重要抓手，利国利民。创新创业、经济结构调整和产业升级是未来的经济增长点，然而，都不能收一蹴而就之功，需要假以时日才能形成新的经济增长点，"远水解不了近渴"。就中国现有的经济结构和产业结构而言，同抗击疫情与经济新常态相适应、切实可行、短期能收立竿见影之效的扩大内需新动能是：加速推进城镇老旧小区改造。

---

① 新华社.国务院总理李克强4月14日主持召开国务院常务会议〔N〕，人民日报，2020-4-15.
② 国务院办公厅.关于全面推进城镇老旧小区改造工作的指导意见〔Z〕，国办发〔2020〕23号，2020-7-10.

一、城镇老旧小区改造是顺应建筑业发展规律形成扩大内需、促进经济增长新动能

城镇老旧小区改造是顺势而为，符合国际建筑业发展规律，能够形成经济增长新动能。美国、欧洲、日本等主要发达地区的城市住宅建设大体经历了三个阶段，体现了国际建筑业发展规律：第一阶段是大规模新建阶段；第二阶段是新建与改造并重阶段；第三阶段是对旧住宅现代化改造阶段。第二次世界大战后，这些发达市场经济国家建筑业，特别是欧洲与日本在20世纪50年代修复战争留下的满目疮痍、满足广大民众对住宅的迫切需求时，迅速进入了建筑业的第一个阶段，即大规模新建阶段。随后进入了建筑业的第二个阶段，新建与改造并重阶段。20世纪90年代以后，这些国家的建筑业进入第三阶段，建筑业新建市场进入萎缩，而对旧住宅的现代化改造逐渐成为"朝阳产业"①。

目前，中国的人均住房面积已超过40m²，加上农村的住宅，据说已足够40亿人居住，表明中国城市住宅建筑在经历了大规模新建后，正在迅速地跨越新建与改造重并阶段，已经进入了旧宅现代化改造阶段。因而，城镇老旧小区改造是房地产业发展的必由之路，是经济新常态中自然而然的增长新动能。

城镇老旧小区改造是以房地产存量形成经济增长新动能，为实现市场优化配置资源提供了良好的途径，也是供给侧结构性改革的有力抓手，不仅可以给产业升级、经济结构调整和企业自主创新留出时间和空间，更可以在短期内促进经济增长。

城镇老旧小区改造，是以房地产存量快速刺激中国经济增长，不仅可以给产业升级、经济结构调整和企业自主创新留出时间和空间，更可以在短期内促进经济增长，收一箭十雕之功：一是贯彻十九大精神"提高保障和改善民生水平"；二是落实中央城市工作会议"加快城镇老旧小区改造"精神；三是改造城镇老旧小区显著改善民生；四是促进房地产增长方式转变，提升城市发展质量；五是社会投资和个人消费形成扩大内需新动能和实体经济新增长点，是经济内

---

① 司卫平. 国外旧住宅更新改造和再开发的政策和再开发研究 [J]. 河南建材. 2015-1-19.

循环的重要抓手；六是城镇老旧小区实现市场优化配置资源，是供给侧改革的有力抓手；七是切实化解传统产业过剩产能；八是有利于节能降耗发展低碳经济；九是行政体制改革的突破口，增强了政府的公信力；十是增加社会财富存量，彰显国家治理能力。

二、城镇老旧小区改造成为抗击"疫情"复工复产时期扩大内需、刺激经济增长的新动能，经济内循环的重要抓手

城镇老旧小区改造，既是抗击"疫情"复工复产时期稳投资、增消费，扩大内需的重要抓手，也是民生工程，利国利民。2020年4月17日中共中央政治局会议明确提出，要积极扩大国内需求；要积极扩大有效投资，实施老旧小区改造，加强传统基础设施和新型基础设施投资。国务院总理李克强4月14日主持召开国务院常务会议，确定加大城镇老旧小区改造力度，推动惠民生扩内需。

与普通基建投资不能在当年拉动消费不同，城镇老旧小区改造投资能够在当年拉动消费。自20世纪80年代到20世纪末，这20年形成的城镇老旧小区建筑面积至少有40亿m^2远超棚改房的面积，如此巨大面积的城镇老旧小区改造对经济的推动作用非常显著：连续三年每年仅老旧小区公共设施改造能够拉动GDP增长1个百分点；如果所有的老旧小区都以加平层入户电梯为核心进行改造，增加停车位等配套公共设施，则可以在短期内迅速拉动房地产全产业链和关联的数十个产业增长，还能有效地刺激个人消费需求。如今居住在城镇老旧小区的居民大多有储蓄，这些钱用于购买新居不够，然而用于家庭装修业、装饰业等个人消费绰绰有余，这些消费可以轻而易举地再推动经济增长2～3个百分点，因而，老旧小区改造的政府投资以及由此引发的个人消费合计可以推动经济增长3～4个百分点，即每年拉动经济增长3万～4万亿元，切实地推动实体经济增长。

城镇老旧小区改造是经济内循环的重要抓手。城镇老旧小区改造能够迅速催生个人消费，个人消费增长引致房地产业及关联产业的投资增加，国内企业

在这些产业都居于绝对主导地位，与城镇老旧小区改造直接和间接关联的产品生产、销售和消费的产业链都在国内，以扩大内需形成新的国内供给和需求的循环，因而，城镇老旧小区改造是经济内循环的重要抓手。

三、城镇老旧小区改造面临的新困境

城镇老旧小区改造，是顺应建筑市场发展规律，改善民生刺激实体经济增长的新举措。然而，建新房子是老问题，改造老旧小区是新问题，城镇老旧小区改造知易行难，在解决老旧小区多年积累的问题的同时，面临新困境和新问题，改造的复杂程度远远超出人们预期。

城镇老旧小区改造面临的新的困境影响了老旧小区改造的进程。一是法律法规滞后导致改造进程缓慢，特别是目前的规划阻滞了城镇老旧小区改造进程，对城镇老旧小区改造项目最直接的障碍，是法律法规对于老旧小区改造项目的面积调整没有明确规定和实施条件，地方政府出台的老旧小区改造中的加装电梯政策，延滞了城镇老旧小区改造的进程且改造的市场化迟迟难以破题。二是缺乏相应的技术标准与规范，当前我国涉及住宅建筑的技术规范主要依据新建住宅建筑制定和实施，无论是从国家层面还是从地方政府层面均缺乏涉及老旧小区改造的技术规范和标准。三是城镇老旧小区改造项目申报审批难，由于城镇老旧小区改造涉及部门多，审批手续烦琐，法律法规滞后和缺乏老旧小区改造的标准和规范，也导致基层行政管理部门审批依据不充分、审批标准不清晰、审批操作难度大。四是房屋产权性质复杂，多元化利益主体诉求差异大，现行规定拖延了改造进程。五是加装平层入户电梯少，装半层电梯多，是居住在高层的悬空老人们（或者弱、幼、残、有伤痛行动不便者）上下楼的巨大障碍，影响民生改善。六是资金筹集协调难，社会资金难以介入，居民分担的改造成本大，影响经济增长。

四、顺利推进城镇老旧小区改造的思路和对策

1. 城镇老旧小区改造的原则

城镇老旧小区改造的基本原则：坚持以人为本，把握改造重点；坚持因地制宜，做到精准施策；坚持居民自愿，调动各方参与；坚持保护优先，注重历史传承；坚持建管并重，加强长效管理①。坚持公共利益优先、适当增加面积，坚持以人为本、加装平层入户电梯，坚持以单一实施主体统筹改造城镇老旧小区（详见第四章第二节）。

2. 完善法律法规，明确政府职责

一是制定新的促进城镇老旧小区改造的法律，或者根据城镇老旧小区改造的需要，修改《中华人民共和国物权法》《中华人民共和国建筑法》《中华人民共和国城乡规划法》等法律的部分条款。

二是制定适合城镇老旧小区改造的新法规和规章制度。由于立法和修改法律需要较长的时间，为了切实推进城镇老旧小区改造，因而，目前可以制定新法规和规章制度。

三是制定老旧小区改造专项规划。结合居民实际需求确定楼宇改造内容，并根据改造内容确定该楼或该小区所需增加的面积；新增加的面积视为不影响楼间距和采光标准。

四是制定新的老旧小区的法规和规章制度，明确地方政府应该批准达到物权法两个2/3要求的老旧小区改造项目。

3. 制订符合城镇老旧小区改造的规范和标准

由住房城乡建设部门牵头，在试点的基础上，制定城镇老旧小区改造的技术导则（指南）；对城镇老旧小区改造相关的新型材料技术加快制定新技术标准，尽快让节能高效而低成本的新材料、新技术（如保温隔热涂层材料、稀土铝合金电缆、浅坑电梯、钢木结构房屋、轻钢结构、竹缠绕技术、生态能污水处理系统等）进入市场，以深科技创新老旧小区改造（详见第七章第六节）。

---

① 国务院办公厅. 关于全面推进城镇老旧小区改造工作的指导意见［Z］, 国办发〔2020〕23号，2020-7-10.

4.深化行政体制改革，实行"一门审批"

推进城镇老旧小区改造，需要深化行政体制，简化行政审批，实行"一门审批"。针对老旧小区改造试点的需要，可以实行区住房城乡建设局负责的"一门审批"：由区住房城乡建设局牵头，住房城乡建设局负责协调城镇老旧小区改造项目实施中相关部门的审批文件和材料，住房城乡建设局将需要审批的材料给各部门审定并给出审批件，给出在规定的时间内不答复，即视为同意，并报规划部门备案。同时，区住房城乡建设局负责协调统筹推进城镇老旧小区改造项目的审批及后续开工、施工、监督、与居民代表共同验收等工作。

5.政府扶持，引入社会资金，市场化改造

推进城镇老旧小区改造的筹资方式为：居民出一点、政府补一点和社会筹一点。

第一，按照谁使用谁享受谁付费的原则，个人出一点，居民作为房屋产权人，对自己的房屋本体负主要改造责任，居民分摊的资金可以是居民自有资金或个人贷款，也可以来自公积金贷款。

第二，按照政府提供公共产品和服务的原则，政府补一点，特别是中央财政投入资金，主要用于小区水、电、气、热、通信等管网和设备及小区节能环保改造等公共设施改造。

第三，用市场化方式吸引社会力量参与，创新投融资机制，以可持续方式加大金融对老旧小区改造的支持。

6.试点与典型项目引路

建设城镇老旧小区改造示范区，以点带面促进城镇老旧小区加固节能宜居改造。评选城镇老旧小区加装平层入户电梯示范区，优先开展老年社区加电梯试点，以点带面促进城镇老旧小区改造，逐步完善城镇老旧小区改造的运行和运作机制，建立起切实可行，可广泛复制和操作的城镇老旧小区改造模式。

五、顺利推进城镇老旧小区改造的关键

综上所述，城镇老旧小区改造中出现的新问题延滞了城镇老旧小区改造的

进程，有的地方政府报告中部署城镇老旧小区改造工作思路清晰、解决问题的措施井井有条，然而，对改造工作拖沓扯皮，落实改造项目遥遥无期。

实际上，顺利推进城镇老旧小区改造的关键点有四：第一，各级地方政府贯彻落实住房城乡建设部主导制定、国办发〔2020〕23号《国务院办公厅关于全面推进城镇老旧小区改造工作的指导意见》的文件精神，建立城镇老旧小区改造的工作统筹协调机制、项目生成机制、改造资金政府与居民合理共担机制、社会力量以市场化方式参与机制、金融机构以可持续方式支持机制、动员群众共建机制、项目推进机制、存量资源整合利用机制和小区长效管理机制（详见第五章）。第二，以人为本，坚持电梯平层入户为核心进行小区综合改造，切实改善民生。第三，创新思路，制定城镇老旧小区专项规划，适当增加面积（容积率），调整相应的标准（如楼间距和采光标准），有利于协调居民利益，吸引社会资金介入（详见第四章第二、第四节）。第四，按照准公共利益原则，制定新的老旧小区的法规和规章制度，并明确地方政府应当批准达到《物权法》两个2/3要求的城镇老旧小区改造项目。

中共中央党校（国家行政学院）经济学教研部原主任、博士生导师王健教授统筹全书内容和章节安排，撰写第一、二、四章和第六、七章的部分内容，修改了全部初稿。国欣深科技（北京）有限公司董事长、总经理孙光波做了大量的资料收集和整理工作，撰写了第三、五章和第六、七章的大部分内容。

目 录 CONTENTS

第一章

城镇老旧小区改造的
背景与意义

第一节　城镇老旧小区改造的背景

一、城镇老旧小区改造成为国策

城镇老旧小区改造成为国策，是国家智库学者，在理论研究的基础上提出符合国情的经济发展建议并被中央政府采纳的过程。

本书第一作者（以下简称"笔者"）作为国家智库学者，国家行政学院经济学教研部教授，自2013年起，关注城镇老旧小区改造，陆续发表了《新常态下的经济新增长点在哪里》[1]《"新常态"下稳定经济增长新思路》[2]《化解产能过剩的新思路和对策》[3]《加快城镇老旧小区改造是新常的新增长点》[4]《把旧房改造变成经济增长新动力》[5]《推进城镇老旧小区改造》[6]《内需强国：扩内需稳增长的重点·路径·政策》[7]《城镇老旧小区改造是新增长点》[8]等关于城镇老旧小区改造的文章和著作。

2015年，笔者时任国家行政学院政府经济研究中心主任，在理论研究的基础上，作为主笔向学院提交了内参"关于加快推进老旧小区改造的建议"。笔者的内参强调了老旧小区改造是中国经济新增长点：老旧小区是以巨大的存量房地产培育中国经济新的增长点，不仅可以给传统产业升级、经济结构调整和企业自主创新留出时间和空间，而且能够有效地缓解经济下行压力，化解产能过剩，增加就业，促进经济持续稳定增长。

---

[1] 王健. 新常态下的经济新增长点在哪里 [N]. 中国经济时报，2014-9-15.
[2] 王健. "新常态"下稳定经济增长新思路 [J]. 学术评论，2014（6）：8-14.
[3] 王健. 化解产能过剩的新思路和对策 [J]. 福建论坛，2014（8）：29-36.
[4] 王健. 加快城镇老旧小区改造是新常的新增长点 [J]. 前线，2015（9）：102-104.
[5] 王健. 把旧房改造变成经济增长新动力 [J]. 中国国情国力，2015（10）：45-46.
[6] 王健. 推进城镇老旧小区改造 [J]. 人民论坛，2015（10下）：58-59.
[7] 王健. 内需强国：扩内需稳增长的重点·路径·政策 [M]. 北京：中国人民大学出版社，2016.
[8] 王健. 城镇老旧小区改造是新增长点 [N]. 人民日报，2016-04-26.

学院领导将这份内参呈报国务院后，2015年6月11日获得国务院领导的亲笔批示。住房城乡建设部等部委根据国务院领导的批示，就推进城镇老旧小区改造，迅速开展了全国性的调研，形成上报国务院的研究报告，笔者全程参与了此份研究报告的撰写与修改。该研究报告基本采纳了上述内参的要义，然而，在研究报告中将"老旧小区改造"调整为"老旧小区更新"。"老旧小区更新"的表述正式出现在国务院总理李克强2015年9月29日主持召开国务院常务会议的公报中。至此，笔者内参的建议已成为国策。

2019年6月19日国务院总理李克强主持召开国务院常务会议部署推进城镇老旧小区改造，笔者内参的建议正式成为中国经济社会发展的新国策。这是国家行政学院科研咨询领域具有创新性的研究成果，体现了国家行政学院为全面深化改革和宏观经济持续健康发展建言献策的智库作用。

二、中央明确加快城镇老旧小区改造

2015年12月20-21日，中央城市工作会议在北京举行，国家主席习近平在会上发表重要讲话，分析城市发展面临的形势，明确做好城市工作的指导思想、总体思路、重点任务。会议指出，我国城市发展已经进入新的发展时期。改革开放以来，我国经历了世界历史上规模最大、速度最快的城镇化进程，城市发展波澜壮阔，取得了举世瞩目的成就。城市发展带动了整个经济社会发展，城市建设成为现代化建设的重要引擎。城市是我国经济、政治、文化、社会等方面活动的中心，在党和国家工作全局中具有举足轻重的地位。我们要深刻认识城市在我国经济社会发展、民生改善中的重要作用。

会议明确，加快城镇老旧小区改造，提出统筹生产、生活、生态三大布局，提高城市发展的宜居性。要深化城镇住房制度改革，继续完善住房保障体系，加快城镇棚户区和危房改造，加快城镇老旧小区改造。要强化尊重自然、传承历史、绿色低碳等理念，将环境容量和城市综合承载能力作为确定城市定位和规模的基本依据。要坚持集约发展，树立"精明增长""紧凑城市"理念，科学划定城市开发边界，推动城市发展由外延扩张式向内涵提升式转变。

2017年12月1日，住房和城乡建设部在福建省厦门市召开城镇老旧小区改造试点工作座谈会。认真落实习近平总书记有关城镇老旧小区改造工作的重要指示，部署推进城镇老旧小区改造试点工作。住房和城乡建设部党组书记、部长王蒙徽认为，城镇老旧小区改造是贯彻落实党的十九大精神，解决城市发展不平衡不充分问题、实现人民群众对美好生活向往的重要举措。推进城镇老旧小区改造，有利于改善居民的居住条件和生活品质，提高群众获得感、幸福感、安全感；有利于改善小区环境，延续历史文脉，实现城市可持续发展；有利于加强和创新基层社会治理，打造共建共治共享的社会治理格局。

王蒙徽指出，为更好地推进城镇老旧小区改造，在15个城市开展城镇老旧小区改造试点，目的是探索城市城镇老旧小区改造的新模式，为推进全国城镇老旧小区改造提供可复制、可推广的经验。

王蒙徽强调，试点工作中要注意把握三个原则：一是坚持以人民为中心，充分运用"共同缔造"理念，激发居民群众热情，调动小区相关联单位的积极性，共同参与城镇老旧小区改造，实现决策共谋、发展共建、建设共管、效果共评、成果共享。二是坚持问题导向，明确重点内容。要顺应群众期盼，先民生后提升，明确近远期城镇老旧小区改造的重点和内容。三是坚持因地制宜，做到精准施策。结合本地和小区实际，共同制订科学的改造方案。

试点工作着重探索四个方面的体制机制：一是探索政府统筹组织、社区具体实施、居民全程参与的工作机制。充分发挥街道、社区党组织的作用，在城镇老旧小区改造各环节充分反映居民需求。二是探索居民、市场、政府多方共同筹措资金机制。按照"谁受益、谁出资"原则，采取居民、原产权单位出资、政府补助的方式实施城镇老旧小区改造。三是探索因地制宜的项目建设管理机制。强化统筹，完善城镇老旧小区改造有关标准规范，建立社区工程师、社区规划师等制度，发挥专业人员作用。四是探索健全一次改造、长期保持的管理机制。加强基层党组织建设，指导业主委员会或业主自治管理组织，实现老旧小区长效管理。

三、国务院部署城镇老旧小区改造

1. 政府工作报告部署城镇老旧小区改造工作

2018年3月5日国务院政府工作报告指出：2018年是全面贯彻党的十九大精神的开局之年，是改革开放40周年，是决胜全面建成小康社会、实施"十三五"规划承上启下的关键一年。坚持以供给侧结构性改革为主线，统筹推进稳增长、促改革、调结构、惠民生、防风险各项工作，大力推进改革开放，创新和完善宏观调控，推动质量变革、效率变革、动力变革，特别在打好防范化解重大风险、精准脱贫、污染防治的攻坚战方面取得扎实进展，引导和稳定预期，加强和改善民生，促进经济社会持续健康发展。

会议明确提出有序推进城镇老旧小区改造，并指出：提高新型城镇化质量。2018年再进城落户1300万人，加快农业转移人口市民化。完善城镇规划，优先发展公共交通，健全菜市场、停车场等便民服务设施，加快无障碍设施建设。有序推进"城中村"、城镇老旧小区改造，完善配套设施，鼓励有条件的加装电梯。加强排涝管网、地下综合管廊、海绵城市等建设。新型城镇化的核心在人，要加强精细化服务、人性化管理，使人人都有公平发展机会，让居民生活得方便、舒心。强化民生兜底保障，积极应对人口老龄化，发展居家、社区和互助式养老，推进医养结合，提高养老院服务质量。打造共建共治共享社会治理格局。完善基层群众自治制度，加强社区治理。

2019年3月5日国务院政府工作报告指出，2018年是中华人民共和国成立70周年，是全面建成小康社会、实现第一个百年奋斗目标的关键之年。统筹推进"五位一体"总体布局，协调推进"四个全面"战略布局，坚持稳中求进工作总基调，坚持新发展理念，坚持推动高质量发展，坚持以供给侧结构性改革为主线，坚持深化市场化改革、扩大高水平开放，加快建设现代化经济体系，继续打好三大攻坚战，着力激发微观主体活力，创新和完善宏观调控，统筹推进稳增长、促改革、调结构、惠民生、防风险、保稳定工作，保持经济运行在合理区间，进一步稳就业、稳金融、稳外贸、稳外资、稳投资、稳预期，提振市场信心，增强人民群众获得感、幸福感、安全感，保持经济持续健康发展和社会大局稳定，为全面建成小康社会收官打下决定性基础，以优异成绩庆祝中华人民共和国成立70周年。

会议明确深入推进新型城镇化。城镇老旧小区量大面广，要大力进行改造提升，更新水电路气等配套设施，支持加装电梯和无障碍环境建设，健全便民市场、便利店、步行街、停车场等生活服务设施。新型城镇化要处处体现以人为核心，提高柔性化治理、精细化服务水平，让城市更加宜居，更具包容和人文关怀。

2. 国务院常务会议部署推进城镇老旧小区改造

国务院总理李克强于2019年6月19日主持召开国务院常务会议，部署推进城镇老旧小区改造，顺应群众期盼改善居住条件；确定提前完成农村电网改造升级任务的措施，助力乡村振兴；要求巩固提高农村饮水安全水平，支持脱贫攻坚、保障基本民生。

会议认为，加快改造城镇老旧小区，群众愿望强烈，是重大民生工程和发展工程。据各地初步摸查，目前全国需改造的城镇老旧小区涉及居民上亿人，量大面广，情况各异，任务繁重。会议确定，一要抓紧明确改造标准和对象范围，今年开展试点探索，为进一步全面推进积累经验。二要加强政府引导，压实地方责任，加强统筹协调，发挥社区主体作用，尊重居民意愿，动员群众参与。重点改造建设小区水电气路及光纤等配套设施，有条件的可加装电梯，配建停车设施。促进住户户内改造并带动消费。三要创新投融资机制。2019年起将对城镇老旧小区改造安排中央补助资金。鼓励金融机构和地方积极探索，以可持续方式加大金融对城镇老旧小区改造的支持。运用市场化方式吸引社会力量参与。四要在小区改造基础上，引导发展社区养老、托幼、医疗、助餐、保洁等服务。推动建立小区后续长效管理机制。

2019年7月1日，国务院新闻办公室在北京举行国务院政策例行吹风会，住房和城乡建设部副部长黄艳介绍城镇老旧小区改造工作情况，并答记者问。黄艳表示：为进一步全面推进城镇老旧小区改造工作，将积极创新城镇老旧小区改造投融资机制，吸引社会力量参与。2017年年底，住房和城乡建设部在厦门、广州等15个城市启动了城镇老旧小区改造试点，截至2018年12月，试点城市共改造老旧小区106个，惠及5.9万户居民，形成了一批可复制、可推广的经验。

黄艳提出城镇老旧小区改造涉及面广，是一项系统工程，做好这项工作，需要破解三个难题：一是建立多元化融资机制，加大改造资金筹集力度。二是地方加强统筹协调，强化基层组织建设，发动小区居民通过协商达成共识，积极参与城镇老旧小区改造。三是在改造中因势利导，同步确定小区管理模式、管理规约及居民议事规则，同步建立小区后续管理机制。

住房和城乡建设部重点做好五项工作：一是抓紧摸清当地城镇老旧小区的类型、居民改造愿望等需求，在此基础上明确城镇老旧小区改造的标准和对象范围。二是按照"业主主体、社区主导、政府引领、各方支持"的原则，在城镇老旧小区改造中积极开展"美好环境与幸福生活共同缔造"活动，加强政府引导和统筹协调，动员群众广泛参与，保证改造工作顺利推进、确保改造取得预期效果。三是积极创新城镇老旧小区改造投融资机制，包括探索金融以可持续方式加大支持力度，运用市场化方式吸引社会力量参与等。四是在城镇老旧小区改造基础上，顺应群众意愿，积极发展社区养老、托幼、医疗、助餐、保洁等服务。五是推动建立小区后续长效管理机制。

2019年7月30日，中共中央总书记习近平主持召开中共中央政治局召开会议分析研究当前经济形势，部署下半年经济工作。会议指出，当前我国经济发展面临新的风险挑战，国内经济下行压力加大，必须增强忧患意识，把握长期大势，抓住主要矛盾，善于化危为机，办好自己的事。

会议强调，要紧紧围绕"巩固、增强、提升、畅通"八字方针，深化供给侧结构性改革，提升产业基础能力和产业链水平。深挖国内需求潜力，拓展扩大最终需求，有效启动农村市场，多用改革办法扩大消费。稳定制造业投资，实施城镇老旧小区改造、城市停车场、城乡冷链物流设施建设等补短板工程，加快推进信息网络等新型基础设施建设。

2019年9月22日至23日，住房和城乡建设部在浙江宁波举办"推动打造共建共治共享的社会治理格局　有序推进城镇老旧小区改造和生活垃圾分类工作"培训。住房和城乡建设部副部长黄艳指出，做好城镇老旧小区改造和生活垃圾分类工作，离不开城市基层党的建设，要广泛发动居民参与，深入开展美好环境与幸福生活共同缔造活动，推动构建"纵向到底、横向到边、协商共治"的城乡社区治理体系，提高社区党组织发动群众"共谋、共建、共管、共评、共享"，参与城乡人居环境建设和整治的能力水平，为城镇老旧小区改造和生活垃圾分类等工作提供有力保障。

2019年10月14日，李克强总理到西安来到明德门北区小区考察城镇老旧小区改造。李总理提出城镇老旧小区改造十分必要，不仅要进行楼体管网翻新等"硬件"改造，还要根据群众需要提供养老托幼、医疗助餐等"软件"服务，并强调城镇老旧小区改造光靠政府"独唱"不行，还要创新体制机制，充分吸引社会力量参与，组成多声部"合唱"。改造后的小区不光要"好看"，关键要"好住"。

3. 城镇老旧小区改造是抵御"疫情"对经济消极影响、扩大内需的重要举措

2020年4月15日，习近平总书记在主持召开中央政治局常委会上明确指示："要积极扩大有效投资，实施城镇老旧小区改造"。国务院总理李克强2020年4月14日主持召开国务院常务会议[1]，确定加大城镇老旧小区改造力度，推动惠民生扩内需。会议指出，推进城镇老旧小区改造，是改善居民居住条件、扩大内需的重要举措。2020年各地计划改造城镇老旧小区3.9万个，涉及居民近700万户，比去年增加一倍，重点是2000年底前建成的住宅区。各地要统筹负责，按照居民意愿，重点改造完善小区配套和市政基础设施，提升社区养老、托育、医疗等公共服务水平。建立政府与居民、社会力量合理共担改造资金的机制，中央财政给予补助，地方政府专项债给予倾斜，鼓励社会资本参与改造运营。

2020年4月16日住房和城乡建设部副部长黄艳女士介绍[2]，住房和城乡建设部会同有关部门，认真贯彻落实党中央、国务院决策部署，扎实推进城镇老旧

---

[1] 新华社. 国务院明确加大财政政策力度 城镇老旧小区改造量翻番以扩内需 [N], 人民日报, 2020-4-15.

[2] 2020年4月16日, 国务院新闻办公室举行国务院政策例行吹风会, 住房和城乡建设部副部长黄艳介绍城镇老旧小区改造工作情况, 并答记者问。

小区改造工作。2019年6月19日国务院常务会议以来，主要开展了以下工作：一是组织开展调研。2019年7—8月，会同20个部委和单位，深入30个省、区、市及新疆生产建设兵团的93个市县，对213个老旧小区开展了调研，理清情况，摸清需求，提出对策。二是开展深化试点。2019年10月，针对城镇老旧小区改造中需要重点解决的问题，指导山东、浙江两省及上海、青岛、宁波、合肥、福州、长沙、苏州、宜昌八市开展深化试点工作，经过大胆探索，形成了一批可复制可推广的经验做法。三是推进实施年度改造计划。自2019年起，将城镇老旧小区改造纳入保障性安居工程，安排中央补助资金支持。2019年，各地改造城镇老旧小区1.9万个，涉及居民352万户。2020年，各地计划改造城镇老旧小区3.9万个，涉及居民近700万户。四是积极推动城镇老旧小区改造项目开复工。除仍对小区实行封闭管理和未进入施工季的地区，各地城镇老旧小区改造项目都在有序复工。其余计划开工的项目，也全面启动了征询居民意见、改造方案设计等前期工作。住房和城乡建设部将会同有关部门，认真贯彻落实党中央、国务院决策部署，按照4月14日国务院常务会议要求，重点抓好以下工作：一是明确城镇老旧小区改造任务。重点改造2000年底前建成的住宅区，完善小区配套和市政基础设施、环境，提升社区养老、托育、医疗等公共服务水平。二是建立健全组织实施机制。指导各地统筹负责，按照居民意愿，推进改造项目有序实施，完善小区长效管理机制。三是建立改造资金政府与居民、社会力量合理共担机制。中央给予补助，落实地方财政支出责任。地方政府专项债给予倾斜，鼓励社会资本和社会力量参与改造运营。四是推动2020年城镇老旧小区改造工作。督促各地做实做细前期工作，重点是做好发动居民共同参与的工作，抓好工程质量和施工安全，有序实施2020年改造计划。五是总结推广试点成果。积极总结推广两省八市探索"9个机制"的试点成果，指导各地从实际出发，加快完善体制机制，破解改造中面临的难点问题。

第二节　城镇老旧小区现状与问题

　　老旧小区是指2000年之前建成的城镇居民小区。而新小区，是指2000年以后建设的城镇居民小区。与新小区相比，老旧小区不仅宜居性差，居民饱受上下楼行动困难、购物容易回家难、患病愁就医、公共设施老化之不便，生活质量下降，而且制约了居家养老，加重了4-2-1家庭年轻人养老的精神和经济负担。

　　1.上楼下楼困难，行动不便

　　随着老龄社会的到来，上下楼已成为横亘在老人和腿部有病痛的人面前的山，出现了悬空老人。人老先老腿，即使老人身体健康，也会出现随着年龄增长老人的双腿膝盖越来越僵硬，走平路没有问题，但屈腿爬楼梯就不行，老人担心"下去上不来"而不敢下楼。出现"以前说'蜀道难，难于上青天'，现在蜀道不难了，难走的是这些老旧居民楼的楼梯"的现象。如果老人腿部有疾或有居住在楼上的老人腿部受伤，需要坐轮椅出行，则没有子女扶助根本就"下不去"，自然也"上不来"。对于年逾六旬的老人来说，从5~6楼一步步上下楼是一件很困难的事，一级级楼梯在老人面前就像一座座高山，稍不留意就会摔倒，为此，老人们常常不敢独自上下楼，每次上下楼时，都需要有人陪伴，许多老旧小区都有悬空老人。老人们多么希望自己住的老旧小区房子有电梯，"我们老年人真的很羡慕那些有电梯的房子，电梯房对老人来说很方便。"[1]借助电梯轻轻松松地回家和出门，对于老旧小区里居家养老的人们来说，是日思夜盼的梦想。

　　2.购物容易，回家困难

　　现在城市购物有大卖场，有购物中心，有超市和便利店，然而，将物品用

---

[1]　左学佳，夏体雷.昆明老旧小区老人爬楼梯困难又危险 加装电梯是难题［N］.春城晚报，2013-10-13.

小推车拉到家门口后，上楼就成了难题。有人说网购发达，可以请人送上门，可是，网上能看到物品与实际物品差异较大，送来的物品常常既不称心更不如意；而且，现在频繁出现的送货上门后出现的入室抢劫盗窃案令居民心生疑虑。人们宁愿自己购物后拿上楼，以避免无妄之灾。由此出现了购物容易，回家困难的现象。

3. 患病就医发愁犯难

老旧小区居民生病受伤，行动不便时，不仅是老人，对于患病后行动不便的年轻人和小孩上下楼延医就药，都需要依靠亲属好友帮助背扶。子女如果年龄较大没办法背扶老人上下楼的话，只有想法请邻居帮忙送医院或直接拨打120。有慢性病人的家庭常常变成"急诊室"，需要在家准备很多急救设备和简易的医疗器械，以应对突发的"人有旦夕祸福"。

出现意外更觉困难。老旧小区出现停水停电停暖等意外情况，居民生活更困难。某市老旧小区停水4天，停水第一天晚上紧急供水车就来了，然而尽管有了水，但对于老人来说，一个更头疼的问题出现了：单是上6楼就已经很费力，装满水的桶几十斤重，拎在手里上楼更是难上加难。一对正从紧急供水车前接水的老夫妇就如此感叹道："我们家住在6楼，我和老伴儿每天要下来接4次水，洗菜做饭都要省着用，这不所有能用的锅碗瓢盆都拿来了。我们俩今年都70多岁了，身体实在是吃不消。孩子们离得又远，我和老伴儿只能自己来接水，累也没办法啊！"①

4. 居民安全存在隐患

许多城市的老旧小区进入"质量报复周期"，居住安全存在隐患。老旧小区楼房多建于20世纪80年代和90年代，全国城市化建设提速，大批居民小区楼房密集建成。那时市场经济刚刚起步，建筑标准跟不上建设速度，给工程质量留下了隐患。不仅建筑业"快餐化"，而且与此相关的房产交易也是"快餐化"，刚需购房者关心区位、价格等因素，投资购房者关心增值空间，在交易过程中，房屋设计寿命等关键数据并没有体现。加之，政府土地财政、"拆迁经济"

---

① 李青，林建树. 石家庄老旧小区又停水 居民拎水爬楼很吃力［N］. 燕赵晚报，2014-08-02.

的惯性思维，因而，政府和居民都对建筑质量不够关心。政府追逐建房产生的GDP和地方税收，忽视住房建设质量和住房管理，导致居民楼提前老化，产生安全隐患。如今，许多老旧小区令人担忧，良莠不齐的楼房进入"质量报复周期"。

随着老旧小区楼房进入"质量报复周期"，"居住安全"已成为悬挂在几乎所有老旧小区居民头上的"达摩克利斯之剑"。20世纪80年代和90年代建设的楼房频频成为楼房坍塌事故的主角：2014年4月4日，浙江奉化一幢只有20年历史的居民楼如麻将般突然倒塌致一死六伤；同年4月28日一幢建好25年的常熟居民楼在经历了墙体开裂、地基下沉后、部分楼体坍塌；2009年8月4日，河北石家庄市一座建于20世纪80年代的二层楼房在雨中倒塌，17人遇难；2009年9月5日，宁波市锦屏街道南门社区的一幢5层居民楼突然倒塌；2012年12月16日，交付20余年的宁波市江东区徐戎三村2幢楼发生倒塌，造成1死1伤；2013年3月28日，浙江绍兴市越城区城南街道外山新村，建于20世纪90年代初期的一幢四层楼的民房倒塌。这些"夭折"的楼房很大程度上源于"快餐化"的建筑业。

5.公共设施老化

老旧小区普遍存在公共基础设施陈旧老化现象，导致一系列问题：一是电力设施老化，电力线路消耗大，供电负荷不达标，居民大负荷用电时经常跳闸停电。二是供水管道陈旧，有的城市供水管道浪费惊人，甚至出现用一半水，漏一半水，老旧小区水压低导致中高层住房经常停水。三是排水设施满足不了排水需求，有时还会堵塞，臭水横流，污水外溢现象普遍，雨水多了小区就洪涝，导致小区内道路被洪水浸泡毁坏，小区行路艰难。四是供暖管道老化，居民冬天常常挨冻，室内温度很少能达到16℃，如果供暖温度提高，老化的供暖管道会爆裂，不但小区无法供暖而且还要对马路开膛剖肚进行供暖管道维修。五是老旧小区楼房顶层大多是平顶，冬天渗雪水夏天漏雨，冬冷夏热，进而导致住户能源消耗巨大，还容易出现入室盗窃等问题。六是存在环卫基础设施不达标，卫生死角多；消防设施建设不到位，火灾事故隐患突出等等问题。

老旧小区已历经二三十余年，陪伴着楼宇中的居民一同进入迟暮之年，越来越难承载居民吃力的步伐，影响了小区居民的生活质量，亟需进行加固宜居节能改造。

6. 老旧小区缺乏长期管理机制

缺乏管理运营机制的城镇老旧小区，在改造前就管理混乱，在改造后的老旧小区如果仍然缺乏长期的管理运营机制，则改造后的老旧小区很容易产生新的问题，特别是安全隐患较改造前更大。

当前，有相当数量的老旧小区没有引进物业服务，或是由原房管系统改制的国有物业公司提供服务。居民拖欠缴纳公共电费、停车费等各项费用的情况大量存在。不少老旧小区居民的观念，仍然停留在计划经济、福利分房时代：我住的是国家的房、单位的房。让我免费住，就不能收我的管理费；房子哪里坏了，就得免费给我修。

（1）老旧小区管理的现状和问题

① 房屋本体和基础设施陈旧老化，甚至缺失，缺乏系统保养和维修。也就是说老旧小区都到了"问题阶段"，如房屋外墙粉刷面起壳风化；内楼道墙面楼梯扶手脱落锈蚀，没有公共照明；多层楼房顶层防渗漏功能退化，房屋前后下水管道破损、堵塞，雨水、污水混流，化粪池定期得不到清理；小区道路老化，路面破损甚至没有路灯；绿地杂草丛生、布局混乱，有些公共绿地甚至被人用来种菜。消防设施设计标准低，高层楼房高层房屋电梯、没有专用消防泵和消防控制柜，消防设施自然损坏、人为破坏和被盗现象严重，造成很大的消防安全隐患。

② 生活环境脏、乱、差现象严重。各类违章搭建多，破墙开门多，阳台改为厨房、厕所以及"房中房"现象多，无证摊点多，车辆乱停乱放多，已成为影响城市容貌的顽症。几乎每一个老旧住宅小区都有违章建筑，一些个人、单位、街道未经规划部门许可，擅自在小区内主干道两侧乱搭亭棚，破院墙开门，影响小区交通和景观，破坏了小区绿化。机动车、自行车无序停放，随意占用便道，造成交通拥堵。老旧小区的建筑一般比较分散，难以达到相对封闭和独立，任何人都可以自由进出；有的小区由于没有围墙和门卫值班室，车辆失窃

和刑事案件时有发生，存在极大的安全隐患。

③ 公共配套设施缺少、被占用现象严重。一些老旧住宅小区，建设之初，只是为了解决居民住房困难，规划方案比较简单。居民活动场所、公共绿地、自行车库、停车场等配套设施与居民实际需求的矛盾相当突出，环卫设施不完备，有的没有垃圾箱和垃圾中转站，垃圾房、公厕、果壳箱等设置过少，有的地方甚至是空白。大多数小区原有公建配套设施规划配置比例较低，仅有的一些公建配套设施有的也被挤占挪作他用，一些小区居委会用房已转租或出卖给其他单位，小区居委会与物业管理公司之间关系不和，争房、争权、争地盘，矛盾重重。

（2）老旧小区物业管理的问题

① 没有正规物业，管理不到位。管理方面普遍没有正规物业，有的由开发单位管理、有的由社区代管、有的由居民自己管理、有的由门卫管理，管理水平低，仅限于收取水电费，垃圾清运不及时，水电暖等基础设施出现问题不能解决，严重影响居民正常生活，引发许多矛盾纠纷。要解决这些问题，建立长效机制，引入正规物业进行管理，是一个符合发展要求的有效途径。但老旧小区的现实状况，又使物业管理的难度很大。

② 居民观念滞后，依赖思想严重。物业管理必须按照市场规则运行，但绝大多数居民习惯于计划经济时代的居住模式，无偿管理、无偿维修，无法接受物业服务是商品，对花钱买服务心理准备不足。部分群众认为居民小区物业管理是街道社区的任务，应该由街道社区负责，居民自我管理、自我服务的意识弱化，出现了物业管理依赖政府、甚至投诉社区的不正常现象。

③ 法制不健全，管理体制不顺。老旧小区产权单位众多，涉及省、市、区以及企事业单位等诸多建设主体，有时一栋楼就归属数家产权单位，他们自成系统，各自为政，割裂了小区管理的权属。管房单位一般只管理房屋本身，投入的经费连房屋维修都难以满足，其他基础设施建设无从谈起，街道社区协调难度很大。环卫部门只负责清运生活垃圾，对居民丢弃的旧家具、装修垃圾不收集，不允许在垃圾台倾倒，导致旧家具、装修垃圾长期在居民小区乱堆乱放。相关法规对新建小区的物业管理有规定，但对老旧小区推行物业管理还没有明

确规范，再加上老旧小区基础设施落后，环境状况不理想，管理收费困难，利润难以保证，物业公司参与管理的积极性普遍不高，物业管理市场化进程举步维艰。

第三节　城镇老旧小区改造的意义

城镇老旧小区改造是重大民生工程和发展工程，对满足人民群众美好生活需要、推动惠民生扩内需、推进城市更新和开发建设方式转型、促进经济高质量发展具有十分重要的意义[①]。

当前，全面推进城镇老旧小区改造，可以收一箭十雕之功。城镇老旧小区改造是重大的民心工程，提升居住质量，让广大居民做安居乐业的中国梦，是以房地产存量刺激实体经济扩张，阻遏经济下行压力，形成新的经济增长点，扩大国内需求，切实地化解产能过剩，给经济发展转型升级留出时间和空间，减少城镇大拆大建所引发的社会矛盾，在增加社会财富存量的同时彰显国家的治理能力。

一、贯彻党的十九大会议精神

改造城镇老旧小区，是贯彻落实党的十九大会议"提高保障和改善民生水平"精神，保障和改善民生要抓住人民最关心最直接最现实的利益问题，既尽力而为，又量力而行，一件事情接着一件事情办，一年接着一年干。坚持人人尽责、人人享有，坚守底线、突出重点、完善制度、引导预期，完善公共服务体系，保障群众基本生活，不断满足人民日益增长的美好生活需要，不断促进

---

① 国务院办公厅. 关于全面推进城镇老旧小区改造工作的指导意见［Z］. 国办发〔2020〕23号，2020-7-10.

社会公平正义，形成有效的社会治理、良好的社会秩序，使人民获得感、幸福感、安全感更加充实、更有保障、更可持续。

2020年，是全面建成小康社会决胜期。要按照党的十六大、十七大、十八大提出的全面建成小康社会各项要求，紧扣我国社会主要矛盾变化，统筹推进经济建设、政治建设、文化建设、社会建设、生态文明建设，坚定实施科教兴国战略、人才强国战略、创新驱动发展战略、乡村振兴战略、区域协调发展战略、可持续发展战略、军民融合发展战略，突出抓重点、补短板、强弱项，特别是要坚决打好防范化解重大风险、精准脱贫、污染防治的攻坚战，使全面建成小康社会得到人民认可、经得起历史检验。

二、落实中央城市工作会议精神

改造城镇老旧小区，是落实2015年12月中央城市工作会议"加快城镇老旧小区改造"精神，以创新、协调、绿色、开放、共享的发展理念，顺应城市工作新形势、改革发展新要求，坚持以人民为中心的发展思想，坚持集约发展，框定总量、限定容量、盘活存量、做优增量、提高质量，立足国情，尊重自然、顺应自然、保护自然，改善城市生态环境，不断提升城市环境质量、人民生活质量、城市竞争力，建设和谐宜居、富有活力、各具特色的现代化城市，提高新型城镇化水平，走出一条中国特色城市发展道路。

城市工作是一个系统工程。做好城市工作，要顺应城市工作新形势、改革发展新要求、人民群众新期待，坚持以人民为中心的发展思想，坚持人民城市为人民。这是我们做好城市工作的出发点和落脚点。同时，要坚持集约发展，框定总量、限定容量、盘活存量、做优增量、提高质量，立足国情，尊重自然、顺应自然、保护自然，改善城市生态环境，在统筹上下功夫，在重点上求突破，着力提高城市发展持续性、宜居性。

统筹规划、建设、管理三大环节，提高城市工作的系统性。城市工作要树立系统思维，从构成城市诸多要素、结构、功能等方面入手，对事关城市发展的重大问题进行深入研究和周密部署，系统推进各方面工作。要综合考虑城市功能定位、文化特色、建设管理等多种因素来制定规划。规划编制要接地气，可邀请被规划企事业单位、建设方、管理方参与其中，还应该邀请市民共同参与。要在规划理念和方法上不断创新，增强规划科学性、指导性。要加强城市设计，提倡城市修补，加强控制性详细规划的公开性和强制性。要加强对城市的空间立体性、平面协调性、风貌整体性、文脉延续性等方面的规划和管控，留住城市特有的地域环境、文化特色、建筑风格等"基因"。规划经过批准后要严格执行，一茬接一茬干下去，防止出现换一届领导、改一次规划的现象。抓城市工作，一定要抓住城市管理和服务这个重点，不断完善城市管理和服务，彻底改变粗放型管理方式，让人民群众在城市生活得更方便、更舒心、更美好。要把安全放在第一位，把住安全关、质量关，并把安全工作落实到城市工作和城市发展各个环节各个领域。

推动城市发展由外延扩张式向内涵提升式转变。城市交通、能源、供排水、供热、污水、垃圾处理等基础设施，要按照绿色循环低碳的理念进行规划建设。

三、城镇老旧小区改造是重大的民生工程

城镇老旧小区改造已从各地方政府自发推进的为民工程，上升到国家层面的重大民生工程。2019年7月30日，习近平总书记主持中央政治局会议时指出，实施城镇老旧小区改造、城市停车场补短板工程。国务院总理李克强2019年6月19日主持召开国务院常务会议，提出加快改造城镇老旧小区，群众愿望强烈，是重大民生工程和发展工程。对城镇老旧小区进行改造，提高小区住房质量，是重大的民生工程，也是老龄社会颐养天年的民心工程。

1. 城镇老旧小区改造的加固工程，让居民做安居乐业的中国梦

幸福生活的基本要素是"安居乐业"，居住房屋的质量与此息息相关。从居民安全出发，采取楼房加固措施消除隐患，提高城镇老旧小区房屋质量，延长城镇老旧小区楼房的寿命。我国《民用建筑设计统一标准》GB 50352—2019规定，一般性建筑的耐久年限为50年到100年，然而，在现实生活中，很多建筑

的实际寿命与设计标准的要求有相当大的距离，许多新建楼房只能持续25～30年。当务之急是从居民安全出发，采取楼房加固措施消除隐患，防止更多的老楼提前寿终正寝，让城镇老旧小区的建筑平均寿命也达到国家规定的年限，让广大居民踏踏实实地做安居乐业的中国梦。

2. 圆老龄社会居家颐养天年的老年梦

城镇老旧小区综合改造，尤其是加装平层入户电梯和建设无障碍环境等，顺应了老人及扶养老人的年轻人对美好生活的新期盼，给居家养老和社区养老奠定物质基础。

中国已经迅速进入老年社会，2019年中国60岁及以上老年人口超过2.5亿人，占总人口的18.1％，且在持续增加。老旧小区以加装平层入户电梯为核心的综合改造，解决各年龄段行动不便的伤残病人员、特别是老年人上下楼难的问题，方便各年龄段的伤残病人，方便居民出行就医购物，尤其是老人的生活起居，有效提升居民生活质量，让老人做好居家颐养天年的老年梦。

城镇老旧小区改造，加装平层入户电梯，减轻了独生子女家庭年轻人的赡养老人和抚养婴幼儿的负担，解决"悬空老人"、各年龄段行动不便的伤残病人员上下楼难和出行难问题，方便各年龄段的伤残病人，尤其是老人的生活起居，便于年轻人依托社区照顾老人，减轻了独生女赡养老人的负担，增进公共服务的公平性和可及性。

3. 改造城镇老旧小区显著改善居住环境

对城镇老旧小区进行综合改造，更新水电路气等配套设施，能显著改善居住环境，提升小区居民的获得感、幸福感。老旧小区综合改造，加强房屋整修养护，房屋部件构件修缮更新、屋面整修改造、外墙及楼梯间粉饰、房屋老旧管线更新改造；完善公共配套设施，更新小区供电、供水、供气、供暖、排水等地下管网设施，完善电信、邮政等城市基础设施，以及消防、技防等安全防护设施；实施旧住宅小区既有建筑的节能改造及供热采暖设施改造，推广应用新型和可再生能源，推进污水再生利用和雨水利用；补建社区服务设施、文化体育设施、管理服务用房等配套设施设备。

城镇老旧小区改造还包括综合整治：拆除旧住宅小区内违章建（构）筑物；

清理房屋立面的破旧搭建物、广告牌，整治沿街市容市貌；清理楼道内杂物；整理通信、供电、有线电视等各种线路；路面硬化，安装路灯，完善绿化，清除生活垃圾，治理环境卫生等。通过综合改造，使城镇老旧小区环境整洁、配套设施设备完善、管理有序、生活便捷。

4. 提升公共服务水平，社区宜居舒适便捷

城镇老旧小区改造，将政府公共服务的洼地变为高地，切实增强城镇老旧小区居民享受公共服务的获得感，让城市更加宜居，更具包容和人文关怀。

城镇老旧小区改造，顺应群众意愿，健全便民市场、便利店、步行街、停车场等生活服务设施，积极发展社区养老、托幼、医疗、助餐、保洁等服务，为居民抚幼赡老提供软环境，促进家庭养老和社区养老产业及"银发"服务业的发展。

改造后的城镇老旧小区，引入优质服务商，通过资源整合服务项目化方式，实现分类治理，形成育幼、养老、就业、卫生、文化等方面的全新社区服务体系。这个全新社区服务体系以电子化、信息化和智能化为小区居民"吃、住、行、游、购、娱、健"服务，解决居民的衣、食、住、行等方面的后顾之忧，小区居民实现"小需求不出社区，大需求不远离社区"。

5. 提高治理水平，实现长效管理，共享和谐社区

老旧小区改造，为社区居民提供一个安全、舒适、便利的现代化、智慧化生活环境，政府、居民共建社区治理体系和小区长效管理机制，以柔性化治理和精细化服务提高社区治理水平，形成共建共治共享的新型和谐社区。

老旧小区改造，以网络技术为基础，建立融社区治理、运营与服务于一体的社区综合治理服务平台。在此平台上，以信息化、智能化完善和细化社区网格化治理，落实社区长效管理机制，有效弥补小区治理中硬件短板和软件短板，完善社区治理体系与治理结构，提升治理效率，加强社区精细化治理、人性化治理和品质治理，促进社区和谐发展。

老旧小区改造，共建安全社区。通过社区综合治理服务平台，强化对社区技防、社区安防、电梯安全、楼宇安全、食品安全、家居安全、饮水安全等技术防护及建立应急体系；通过覆盖社区居民活动的全方位共同治理，以线上与

线下结合的现代化运营方式，形成小区服务的经济活力，切实提升服务居民的质量，降低居民的物业费用，居民共享和谐社区的安宁幸福和经济效益。

四、扩大内需新动能和实体经济新增长点

李克强总理指出："建设宜居城市首先要建设宜居小区。改造老旧小区、发展社区服务，不仅是民生工程，也可成为培育国内市场拓展内需的重要抓手，既能拉动有效投资，又能促进消费，带动大量就业，发展空间广阔，要做好这篇大文章。"

城镇老旧小区改造是以房地产存量推动投资增长，刺激消费，特别是个人消费，以强大的国内需求形成实体经济的新增长点，是经济内循环的重要抓手（具体见本章第四节城镇老旧小区改造是扩内需新动能）。

五、城镇老旧小区是供给侧改革的有力抓手

随着我国经济发展进入新常态，经济增长由高速向中高速换挡，经济结构与发展动力发生深刻转换，区域经济版图呈现加速分化的态势。在当前复杂严峻的经济形势下，面临产业层次低、生产方式粗放、矿产资源枯竭、产能过剩突出、环境污染严重等诸多问题。经济仍处于经济发展由"要素驱动"向"质量和效率驱动"过渡的阶段，未来的发展重点是提高要素利用和资源配置的效率。

以城镇老旧小区改造能够发挥房地产供给侧结构性改革的作用，为实现房地产市场优化配置资源提供了良好的途径，也是实体经济发展中供给侧结构性改革的有力抓手。对2000年之前建成的城镇老旧小区进行改造，不仅可以给产业升级、经济结构调整和企业自主创新留出时间和空间，更可以在短期内促进经济增长。

六、切实化解传统产业过剩产能

城镇老旧小区能够刺激诸多行业的增长，形成刺激经济增长的产业链，迅速地解决传统产业的产能过剩。一是按照住房城乡建设部新安全标准全面加固城镇老旧小区，将直接地增加钢铁、水泥、玻璃等传统产业的有效需求，显著地缓解这些产业的产能过剩。二是以城镇老旧小区改造加装平层入户电梯和底层加坡道，刺激电梯及相关行业的发展。三是城镇老旧小区平顶改成坡顶，应用大量的节能环保绿色建材，促进与建筑相关的节能环保产业发展，缓解建筑材料过剩。四是城镇老旧小区加固和室内装修后，必然会对家电、家具和文化饰品产生更新的需求，进而推动目前已经处于停滞和过剩的电子产品、家具产业和家庭饰品产业的增长。

七、有利于节能降耗发展低碳经济

城镇老旧小区改造从增量和存量两个方面都有利于节能减排。一是减少增量建筑能耗和排放，以城镇老旧小区改造避免大拆大建的弊端，大幅降低能源消耗和碳排放，帮助各地实现节能减排的目标，实现低碳经济发展。二是采用新材料、新技术减少存量建筑能耗和排放，城镇老旧小区经过加装外墙保温层等措施可以有效减少能源消耗，降低碳排放水平。三是有利于减少建筑垃圾，降低污染物排放。四是在危房拆除后，运用科技创新的手段，采用绿色建筑技术，实施装配式建筑，缩短施工工期的同时大大提高了节能的效率。

八、行政体制改革的突破口，具有典型示范作用

城镇老旧小区改造，利国利民，涉及政府政策、居民利益、企业盈利新模式、投融资体系等多个领域，需要政府行政体制深化改革，是行政体制改革的突破口。

在一些领域行政体制改革缓慢之际，而在城镇老旧小区改造进程中，住

房城乡建设部等部门完善政府管理房地产业的体制、制度和机制，强化房地产业微观规制，克服市场失灵，保障从事高质量高标准的开发商和建筑企业在中国房地产市场如鱼得水，让无良开发商和建筑企业在房地产市场无机可乘，到处碰壁，彻底解决居住安全问题，打造全国城镇老旧小区皆安全、宜居、节能、生态的新风貌，住房城乡建设部等部门就成为中国行政体制改革的典范和榜样。

九、增加社会财富存量

与城镇老旧小区拆迁不同，城镇老旧小区改造增加了社会财富存量。对城镇老旧小区进行拆迁，虽然通过拆和建增加了当期的GDP，但是，不仅拆迁过程形成巨大的社会资源浪费，而且减少社会财富的存量，历年积累的社会总财富随着经济增长而递减。然而，城镇老旧小区改造不需要大拆大建，不仅以节约社会资源的方式提升了城镇老旧小区住房的质量和价值，改善了居民的生活质量，让曾经风光无限的城镇老旧小区多层住宅重新焕发新生，而且城镇老旧小区改造在增加当期GDP的同时，增加了社会财富的存量，解决了经济增长重增量轻存量（即GDP增加社会财富减少）的现象，使得历年积累的社会财富随着经济增长而递增。

十、彰显国家治理能力，增强政府公信力

城镇老旧小区改造，彰显国家治理能力。对以往的城镇老旧小区拆迁，需要大拆大建，由于居民对拆迁补偿不满意，或居民迁入到远离城市的社区感到生活、就医、上学不便，或居民不能顺利回迁等等因素，常常引发的政府与老百姓矛盾，甚至引发群体事件，损害了政府公信力，影响国家治理能力。与以往的城镇老旧小区拆迁不同，城镇老旧小区改造增进了居民住房的质量和价值，改善而不是破坏原有的居住生态，地方政府在帕累托改进的基础上进行社区管理，而且，管理者熟悉当地社情民意，对社区的治理也驾轻就熟，因而，从源

头上避免了大拆大建引发的社会矛盾，增强了政府的公信力，显著地提升了国家治理能力。

第四节 城镇老旧小区改造是扩大内需新动能

2020年4月17日中共中央政治局会议明确提出，要积极扩大国内需求；要积极扩大有效投资，实施老旧小区改造，加强传统基础设施和新型基础设施投资。国务院总理李克强2020年4月14日主持召开国务院常务会议，确定加大城镇老旧小区改造力度，推动惠民生扩内需。

城镇老旧小区改造，不仅是抗击"疫情"复工复产时期扩大内需新动能，刺激实体经济增长，而且是未来几年稳投资、增消费，扩大内需的重要抓手，促进经济内循环，利国利民。就中国现有的经济结构和产业结构而言，同抗击疫情与经济新常态相适应、切实可行、短期能收立竿见影之效的扩大内需新动能是：加速推进城镇老旧小区改造。

一、城镇老旧小区改造是顺应建筑业发展规律，形成扩大内需新动能和实体经济新增长点

城镇老旧小区改造是顺势而为，符合国际建筑业发展规律，能够形成扩大内需新动能和实体经济新增长。美国、欧洲、日本等主要发达地区的城市住宅建设大体经历了三个阶段，展示了国际建筑业发展规律：第一阶段是大规模新建阶段；第二阶段是新建与改造并重阶段；第三阶段是对旧住宅现代化改造阶段。第二次世界大战后，这些发达市场经济国家建筑业，特别是欧洲与日本在20世纪50年代修复战争留下的满目疮痍、满足广大民众对住宅的迫切需求时，迅速进入了建筑业发展的第一个阶段，即大规模新建阶段。随后进入了建筑业

发展的第二个阶段，新建住宅与改造旧住宅并重阶段。20世纪90年代以后，这些国家的建筑业进入第三阶段，建筑业新建市场萎缩，对旧住宅的现代化改造逐渐成为"朝阳产业"[1]。

目前，中国的人均住房面积已超过40m²，加上农村的住宅，据说已足够40亿人居住，表明中国城市住宅建筑在经历了大规模新建后，迅速地跨越新建与改造重并阶段，正在进入了旧宅现代化改造阶段。因而，城镇老旧小区改造是房地产业发展的必由之路，是经济新常态中自然而然的扩大内需新动能，促进经济迅速增长。

城镇老旧小区改造，是以房地产存量形成扩大内需新动能和实体经济新增长点，为实现市场优化配置资源提供了良好的途径，也是建筑业供给侧结构性改革的有力抓手，不仅可以给国民经济结构调整、众多产业优化升级和企业自主创新留出时间和空间，更可以在短期内快速促进经济增长。

二、城镇老旧小区改造是房地产业与相关产业联动，形成扩大内需新动能和实体经济新增长点

在中国没有形成完整独立的国民经济体系之前，城镇老旧小区改造具有其他产业无可比拟的优势。虽然汽车、电脑、手机、飞机、船舶等在中国制造量多，消费量也巨大，然而，在这些产业都没有实现国内全产业链发展，仅有产业链中的部分环节在国内发展，国内企业往往处于产业微笑曲线的低端，利润率极低，依靠价格竞争和巨大的销售量增加利润总量，对国外经济依赖度高，与国外企业联动性强，对外需拉动作用明显，对国内企业和国内经济拉动作用小，还容易造成国内产能过剩。

城镇老旧小区改造是房地产全产业链增长，形成扩大内需新动能和实体经济新增长点。长期以来，房地产业受到各地政府青睐，是许多地方经济增长的最主要动力，房地产业的兴衰与经济密切相关：房地产业兴，数十个产业兴，

① 司卫平. 国外旧住宅更新改造和再开发的政策和再开发研究 [J]. 河南建材，2015-01-19.

经济繁荣；房地产业衰，相关产业随之下滑，经济下行压力增大。房地产之所以受青睐，盖因房地产业是国内屈指可数的几个全产业链发展的产业之一，而且与之相关的多个产业也是国内全产业链发展的产业。当中国很多产业发展依赖外国企业、处于产业微笑曲线的低端时，房地产业及相关产业能够遍及微笑曲线的高中低端。房地产业在国内是全产业链发展，从微笑曲线高端的设计、关键建筑材料及部件的生产，到微笑曲线低端的建筑施工，再到微笑曲线高端的房地产营销和物业管理，基本上都控制在国内企业的手中，能够有效地扩大国内需求，刺激经济增长。

城镇老旧小区改造是房地产存量带动多个相关产业共同增长，形成扩大内需新动能和实体经济新增长点。城镇老旧小区改造，不仅房地产业的全产业链都增长，而且具有很强的产业联动效应：直接地增加钢铁、水泥、玻璃等传统产业的有效需求，带动这些传统产业发展；刺激电梯及关联行业的发展；促进与建筑相关的节能环保产业发展；刺激家庭装修及装修材料行业、家具行业及家电等诸多消费产业扩大需求等。这些产业国内民族企业占主导地位，能够有效地扩大内需，促进经济内循环和经济增长。

三、社会投资增加，形成扩大内需新动能和实体经济新增长点

城镇老旧小区改造可以从多方面增加国内有效需求，形成实体经济新增长点，促进经济增长。一是按照住房和城乡建设部新安全标准全面加固城镇老旧小区楼房，直接增加节能环保建筑材料生产、加工、施工的投资需求。二是城镇老旧小区安装平层入户电梯，能够增加电梯行业生产、安装、维修的投资需求。三是城镇老旧小区改造，在海绵城市理念的指导下，以修复自然水的循环为目标，以净化径流污染、缓解洪涝影响为目的，建立居住区的可持续雨水管理系统，同时对现有楼房平改坡和底层添加坡道，可以有效增加投资。四是增加对防水防晒保温建筑材料行业的生产、安装、维修的投资需求。五是城镇老旧小区公共设施配套改造，能够推动供水供暖供气和地下管道等诸多行业的投资需求。六是小区环境改造方面，鼓励采用生态自我修复的技术措施，利用生

态系统自我恢复能力，辅以人工措施，使遭到破坏的生态系统逐步恢复原貌或向良性方向发展，增加生态环保投资需求。七是鼓励采用新一代信息技术，搭建社区智慧管理平台，打造以人为本的服务型智慧社区，促进新基建投资增加。八是增加新材料投资。如可采用新型保温隔热涂料，替代传统的防火等级低的保温材料，既节能环保、安全耐久、经济实用，还提高老旧小区健康舒适度。

四、刺激社会消费，特别是居民消费，形成扩大内需新动能和实体经济新增长点及经济内循环的重要抓手

就刺激居民消费而言，政府扶持城镇老旧小区改造资金有极强的放大作用，形成以个人消费刺激经济增长的新动能和实体经济新增长点。市场消费需求是有支付能力的需求，保障房和棚户区改造的居民收入较低，有支付能力的消费支出少，与此迥异的是：城镇老旧小区的居民大都有稳定的收入和一定的储蓄，政府扶持城镇老旧小区改造的资金会获得极大的放大效应，政府扶持城镇老旧小区改造的资金引发的社会消费，将会是政府扶持资金的数倍甚至数十倍。

城镇老旧小区改造，能够带动家庭装修产业增长。政府对居民小区楼房改造，尤其是加装平层入户电梯后，居民必然会重新装修。而且2000年之前建成的城镇老旧小区楼房的内部装修已经超过二十年，都已进入需要重新装修的周期。然而，限于城镇老旧小区的现状，居民有钱但不愿意装修。因而，城镇老旧小区改造会重新激励和启动家庭装修业，居民的室内装修资金全部来自于家庭收入或储蓄，此类居民消费增长必然直接带动室内装修业的发展，实现以个人消费扩大内需，促进经济增长。

城镇老旧小区楼房加固和室内装修后，需要相应的家具和家电与之配套，将会对家电、家具和文化饰品产生更新的需求。此时，无论原有家具和家电已损坏或已到使用年限还是没有损坏或没有到使用年限，仅是风格不符合新装修风格，家具和家电及装饰品都会被更换，从而推动电子产品、家具和家庭文化

饰品等产业的国内需求，以个人消费需求刺激实体经济增长。

城镇老旧小区改造是经济内循环的重要抓手。城镇老旧小区改造能够迅速催生个人消费，个人消费增长引致房地产业以及关联产业的投资增加，国内企业在这些产业都居于绝对主导地位。同时，与城镇老旧小区改造直接和间接关联的产品生产、销售和消费的产业链都在国内，扩大内需能形成新的国内供给和需求的循环。所以，城镇老旧小区改造是经济内循环的重要抓手。

五、城镇老旧小区改造短期内能扩大内需形成实体经济新增长点，增加 GDP 及财政收入

与一般政府基建投资和企业创新投资往往不能在当年拉动消费不同，城镇老旧小区改造投资能够在当年拉动消费和实体经济增长。自20世纪80年代到20世纪末，这20年形成的城镇老旧小区建筑面积至少有40亿m^2（远超棚改房的面积），如此巨大的面积的城镇老旧小区改造对经济的推动作用非常显著：连续三年每年仅老旧小区公共设施改造能够拉动GDP增长1 个百分点；如果所有的老旧小区都以加平层入户电梯为核心进行改造，增加停车位等配套公共设施，则可以在短期内迅速拉动房地产全产业链和关联的数十个产业增长，还能有效地刺激个人消费需求。如今居住在城镇老旧小区的居民大多有储蓄，这些钱用于购买新居不够，然而用于家庭装修业装饰业等个人消费绰绰有余，这些消费可以轻而易举地再推动经济增长2～3个百分点。因而，老旧小区改造的政府投资以及由此引致的个人消费有效地扩大内需，可以推动经济增长3～4个百分点，即每年拉动经济增长3万～4万亿元。

将新科技（如深科技）应用于城镇老旧小区改造，不仅扩大内需形成地方经济新增长点而且形成新产业园区，从而增加税收和就业及地方财政收入。在城镇老旧小区改造中，以深科技技术加装平层入户的电梯能够降低成本和噪声，提高安全性，将节能环保的深科技产品应用于供电、供水、供气、供暖、排水及污水处理等地下管网设施改造能够降低成本、延长这些设备的寿命。以深科技产品低成本、高效率地补建社区养老、医养、健身、文化、停车位等配套设

施设备，以及完善电信、邮政等城镇基础设施及消防、技防等安全防护设施，可以使整治后的老旧小区环境整洁、配套设施设备完善、生活便捷，老楼旧貌换新颜。在城镇老旧小区改造后，将深科技与社区治理相结合，建立居民参与共建共治共享小区综合服务平台，能够实现居民小区柔性化治理和精细化服务。以深科技产品建立平安社区，形成社区安防、电梯安全、楼宇安全、食品安全、家居安全、饮水安全等技术防护体系。以深科技实现社区一门式服务，切实推动社区党建、民生保障、文化、健康、社保、医疗、教育及呼应民情等社区治理能力和水平的提升。以深科技实现商业服务便捷化，将互联网与传统社区商务活动结合，扩大社区电子商务服务范围，实现居民"小需求不出社区，大需求不远离社区"。

广泛地应用深科技及其产品，满足老旧小区改造需要的新产业和创新企业，会形成为城镇老旧小区改造服务的、高质量和高效率的创新型深科技产业园区，增加当地的GDP和就业，拓展地方政府新的税收源泉，增加地方政府的财政收入。

第二章

城镇老旧小区改造
面临的困境及脱困思路

本章分析了城镇老旧小区改造面临的法律法规滞后导致改造进展缓慢，产权复杂利益难协调导致拖延改造进程，政府资金为主、社会资金介入难等困境，提出了在城镇老旧小区改造中摆脱这些困境的思路。

第一节　法律法规滞后导致改造进展缓慢

法律法规滞后，特别是目前的规划法阻滞了城镇老旧小区改造进程。尽管近年来各地分别实施了城镇老旧小区改造，但总体而言，缺乏专门的围绕城镇老旧小区改造的法律和法规，某些改造项目甚至同现行的法律法规之间存在冲突。例如，城镇老旧小区改造必然需要一定区域内的容积率调整、楼间距减小、绿化方案变更等，尤其是很多老旧小区原本就不符合现行的相关规划要求和法律法规有关住宅用地要求，如果城镇老旧小区改造项目设计方案按照现行的法律法规的标准，项目不可能通过规划部门和相关管理部门的审核和批准，城镇老旧小区改造项目实施面临重重困难，举步维艰。

一、城镇老旧小区改造规划滞后

目前，城镇老旧小区改造项目最直接的障碍，是法律法规对于城镇老旧小区改造项目的规划滞后，如容积率调整没有明确规定和实施条件，更没有容积率调整后的土地出让金的缴纳计算方式等规定，城镇老旧小区改造后的增量房屋土地出让金问题也缺乏明确的缴纳规定。城镇老旧小区改造的核心是增加平层入户的电梯，需要增加连廊，占用公共空间，都需要增加容积率，然而，这些容积率的改变基本都不符合目前规划的要求。随之而来的还有采光、楼间距等建筑标准难以满足目前规划和建筑标准的要求。

由于政府部门缺乏对于已经建成住宅小区的容积率调整的明确要求和实施

条件，以及容积率调整后的土地出让金的缴纳计算方式等。因而，根据现行法律法规，规划部门和住房城乡建设部门往往不批此类改造项目，城镇老旧小区改造进度缓慢。

二、加装电梯的地方政策，延滞了城镇老旧小区改造的进程

地方政府出台的城镇老旧小区改造及加装电梯政策，都直接要求或变相要求老旧小区业主100%同意改造及加装电梯方案后，政府部门才能受理这些小区的改造项目的材料，然后审批立项。地方政府基本上都是依据《中华人民共和国物权法》（以下简称《物权法》）第76条、《中华人民共和国建筑法》（以下简称《建筑法》）第二条和《中华人民共和国城乡规划法》（以下简称《规划法》）第四十条，出台城镇老旧小区改造及加装电梯的政策。《物权法》第七十六条规定，下列事项由业主共同决定：（六）改建、重建建筑物及其附属设施；决定前款第六项规定的事项，应当经专有部分占建筑物总面积三分之二以上的业主且占总人数三分之二以上的业主同意，即两个2/3原则。城镇老旧小区改造和加装电梯被认定为附属设施。《建筑法》第二条，将城镇老旧小区改造和加装电梯认定为建筑活动。《规划法》第四十条，将加装电梯认定为须办理规划许可证的行为[①]。在立《物权法》、《建筑法》和《规划法》时，没有考虑城镇老旧小区改造及装电梯等问题，也都没有明确的针对城镇老旧小区改造及加装电梯的规定，因而，某些地方政府为了防范可能出现的个别百姓不满意而出现的上访等事件发生，更是为了避免没有明确法律规定下的行政追责，所以出台直接要求或变相要求老旧小区业主100%同意，政府部门才审批立项的政策。

实际上，由于产权多元化和业主利益诉求差异化，高低层业主意见很难取

[①] 《中华人民共和国建筑法》第二条，本法所称建筑活动，是指各类房屋建筑及其附属设施的建造和与其配套的线路、管道、设备的安装活动。这一规定将城镇老旧小区改造及加装电梯认定为建筑活动。
《中华人民共和国城乡规划法》第四十条，在城市、镇规划区内进行建筑物、构筑物、道路、管线和其他工程建设的，建设单位或者个人应当向城市、县人民政府城乡规划主管部门或者省、自治区、直辖市人民政府确定的镇人民政府申请办理建设工程规划许可证。这一规定将城镇老旧小区改造及加装电梯认定为须办理规划许可证的行为。

得一致，加之缺乏有效组织，意见往往难以统一，小区居民百分之百同意加装电梯非常难以达成，城镇老旧小区改造方案迟迟不能进入政府审批程序，明显地拖延了城镇老旧小区改造进程。

三、政府领导与执行部门推诿扯皮

城镇老旧小区改造法律法规滞后，导致政府领导与执行部门之间相互等待和推诿扯皮的现象：领导希望先进行改造的试点，否则没有制定改造政策的依据；执行部门则希望先给政策，否则无法可依，将来会被终身追责，从而导致城镇老旧小区改造进展缓慢且改造的市场化迟迟难以破题。

四、缺乏技术标准与规范导致改造项目实际操作难度大

政府管理部门有关城镇老旧小区改造相关的规范标准不明确，建筑和电梯等的技术规范和技术标准的缺失，导致操作难度大。当前我国涉及住宅建筑的技术规范主要依据新建住宅建筑制定和实施，无论是从国家层面还是从地方政府层面均缺乏涉及城镇老旧小区改造的技术规范和标准。政府管理部门有关城镇老旧小区改造项目的标准不明确，建筑和电梯等的技术规范和技术标准的缺失，导致改造项目实际操作难度大。

由于缺乏城镇老旧小区改造的标准，小区改造后的安全责任鉴定不清晰。小区改造前后由两个不同的施工主体完成，而负责的项目公司一般在项目完成后立即解散，缺乏后续的跟踪维护。对于小区进行改造后，涉及后续一旦出现建筑质量和安全隐患，建筑安全责任的鉴定应该如何分配，目前缺乏一个规范性的鉴定标准。

五、项目申报审批难阻滞了改造进程

由于法律法规滞后，加之城镇老旧小区改造涉及部门多，审批手续烦琐，

改造项目推进缓慢。

城镇老旧小区改造涉及项目多，涉及部门多，例如：实施流程涉及了区（县）房管局、规土局、建交委、质量技监局等多个部门，还要征询消防、环保、卫生、民防、市政等多个部门意见，以及水、电、气等多个部门和企业的介入。按照现有的分项审批实施，使得整个项目审批持续很长时间，而当前缺乏关于城镇老旧小区改造类项目的具体审批规范和审批流程说明，审批环节多，审批标准不清晰，审批手续烦琐。

法律法规滞后和缺乏城镇老旧小区改造的标准，也导致基层行政管理部门审批依据不充分、审批标准不清晰、审批操作难度大，拖延了改造的进程。

有的地方政府部门只接受本市、本区管理的公房和指定条件的商品房的城镇老旧小区改造项目审批，不受理当地其他产权（如央产房、省产房、多元产权共存的小区等）的城镇老旧小区改造项目审批。这些产权的城镇老旧小区改造成为审批的空白，地方政府部门和产权单位推诿扯皮，不能依法进行改造，相当程度上影响了城镇老旧小区改造的规模的扩张。

第二节　产权复杂、利益难协调拖延改造进程

房屋产权性质复杂，多元化利益主体诉求差异大，协调难度大拖延了城镇老旧小区改造进程。

一、老旧小区房屋产权性质复杂

具体包括：单位自建房、集资房、房改房、统建解困房和直管公房、商品房，从而造成城镇老旧小区改造建筑主体既有业主委员会自主开展，或公共产权单位负责、政府部门负责开展，也有通过第三方代建单位负责实施的多元化

建设主体，从而导致建筑责任主体不明确、责任主体多样化，以及监督管理体系不明确，管理机制不健全、监督管理机制混乱，后续维护和运营缺乏长远的制度安排和规划。

二、多元化利益主体诉求差异大，拖延了城镇老旧小区改造

首先，目前各地普遍实行两次征询和两个必须（两个三分之二的原则），导致签约率执行起来难度大，持续时间长，协调成本高，尤其是老旧小区房屋多为出租房，户主并不居住于此，造成协调成本奇高等问题。装电梯要多少业主同意，在不同城市里做法也不尽相同。许多旧楼已经变成出租屋，要100%业主同意有难度，尤其是一层居民。

其次，老旧小区中不同群体对安装电梯认同不一，需求不同，居民认可度不一，容易引起城镇老旧小区改造中居民的纠葛，甚至演变成小区的邻里纠纷，协调持续时间长且成本高，影响了城镇老旧小区改造的推进。

低楼层的、年轻户主、租住的户主对加装电梯意愿不强烈，而老年人十分迫切，呼声很高。一层住户不同意，二层态度暧昧，三层观望，四层以上全同意。低层住户不同意的原因主要有三：一是不需要使用电梯；二是担心加装电梯以后通风采光受影响；三是担心自家的房子会相对贬值。

不同经济条件的业主对城镇老旧小区改造项目及资金支持态度存在明显差异：中高收入业主一般同意出资用以电梯及停车位的改造；而中低收入业主对加装电梯、停车位等需求不高，同时经济承受能力较低，对小区改造项目出资存在顾虑。

三、地方政府出台政策加剧了协调难度

地方政府出台的政策直接或间接要求城镇老旧小区改造项目必须居民100%同意的政策，导致在城镇老旧小区改造的居民利益协调中，出现了少数人垄断，甚至"一票否决"的现象，加剧了协调难度，严重地阻滞了城镇老旧小区改造

进程。

少数居民的垄断权源于各地方政府出台城镇老旧小区改造及加装电梯政策时，为了维护社会稳定和政府公务员免于被追责，设置了业主百分百同意的前提条件，因而，在城镇老旧小区改造中，作为协调群体利益惯例的少数服从多数机制失灵，演变成少数人拥有了垄断权，少数居民压制多数居民。城镇老旧小区改造项目，特别是含加装电梯的项目，小区居民中只要有少数住户（甚至仅一户）罔顾多数居民利益，反对此项目，政府就不会对该项目进行审批，更不会发开工证，该项目就会中止。屡见不鲜的案例是，有的老旧小区居民超过百户，仅一户不同意，即1%不同意，此小区的改造项目就无法通过审批，更无法开工。或许有人认为，这一户一定是一楼居民，其实不然，反对的这一户最可能是一楼，也可能是二楼居民，还可能是五楼或六楼居民，反对项目方案的这一户在"政府要求业主必需百分之百同意项目"的政策支持下，有恃无恐地说："我不同意，小区改造项目就无法进行，你们必须同意我提出的条件。"这个反对者提出条件有的合理的，居民们通过商量能够协调解决；更多的条件则令人匪夷所思，出尔反尔漫天要价，或者要求全楼其他居民捐款补偿给这户业主一百万元，或者要求全楼其他居民众筹借钱给这户业主（借钱期是十年且无利息）等。

四、政府政策模糊，影响了改造进程

城镇老旧小区改造涉及不同楼层之间的利益协调，底层居民受益少，而高层居民受益多。居民自筹部分又该如何分摊，是大家平摊还是"用者付费"，电梯的后续运营费用的如何分摊，这些均是小区居民争论的焦点，进而使得费用分配的协商成本极高，同时考虑到不同年龄居民的需求和支付能力的差异，费用协调问题是制约城镇老旧小区改造进展缓慢的核心原因。此外，财政部门关于城镇老旧小区改造的种类以及补贴金额和补贴资金的用途缺乏明确规定。比如：加盖停车设施，拥有车辆的居民收益多，无车辆的居民受益较少，如何出资，出资份额如何分摊，以及后续的运营费用的分摊等都是筹集资金的难处。

如何在广大居民中就可开展的改造项目以及相关的建设费用和运营费用做到全面一致的协调统一难度很大。

五、半层入户电梯多，既影响民生改善更影响利益协调

1. 什么是半层入户电梯

在城镇老旧小区改造过程中，为了解决老年人上下楼难题，老旧小区不少老楼装上了电梯。老旧多层住宅增设电梯，目前基本采用独立承重的外挂式电梯。由于楼型构造，加装电梯的各层进楼公共入口通常设置在楼梯休息平台，不少老楼的电梯只能停在两层之间，每层电梯的停靠位置与楼梯的中转平台（层间半层处）在同一平面，居民出电梯后仍需上、下半层才能入户，居民们遭遇着"爬半层楼梯"的尴尬。半层入户电梯适用于一梯三户或多户，以及其他无法实现平层入户的楼型，对楼型的要求比较低。

2. 半层入户电梯的弊端

虽然，半层入户电梯在一定程度上解决上下楼难的问题，而且半层入户的电梯有着占据空间较小，对相邻楼宇影响低、工程量少、涉及公共区域改造较少，建设成本低等好处，但是，电梯不能实现平层入户，居民仍需上（或下）半层，这半层高差对于老人和残疾人仍是难以克服的障碍，不能真正实现无障碍通行要求。

现有城镇老旧小区改造过程中，经常加装半层入户的电梯，当前看来是做好事，实际好事没有办好。俗话说，人老先老腿，对腿脚不便的老人而言，半层的几级楼梯，仍然是居住在高层的悬空老人们（或者弱、幼、残、有伤痛行动不便者）上下楼的巨大障碍。随着独生子女一代的父母们快速进入老龄化，独生子女们没有时间全天在家照顾老人，背着老人上下楼，那半层的几级楼梯将会成为这些老人们难以逾越的"山"。因而，加半层入户的电梯，短期受居民表扬，长期会遭受居民的抱怨甚至责骂，损害了政府的公信力。

半层入户电梯加剧了居民利益协调的难度，严重地拖延了城镇老旧小区发生的进程。半层入户的电梯对一楼居民完全没有好处，对二楼居民（除非有伤

残或失能老人等）好处也不大。因此，在城镇老旧小区改造加装电梯征求居民意见时，一楼坚决反对，二楼也会反对，三和四楼态度模棱两可，高楼层同意。很难达到两个三分之二同意，更别指望100%同意了。因而，半层入户电梯不仅增加了居民协调难度，也大大延滞了老旧小区改造的进程。

第三节　政府资金为主，社会资金介入难

城镇老旧小区改造虽是造福于民，有提高居民生活质量，拉动经济增长等政策效果，但存在情况复杂，工作难度大，制约因素多，改造资金缺口大等现实问题。

城镇老旧小区基本上是以低租金福利性住房为主，由于当时的经济、技术、体制等方面因素，住宅建设标准较低，住宅的功能、性能、环境、设施及工程质量等不能满足全面建成小康社会的要求。从全国范围来看，老旧居住小区大多建设年代较早，维修修缮欠账多，且未建立专项住房维修基金或已建立的维修基金尚不能满足改造更新的巨大需求。

目前，城镇老旧小区改造以政府投资为主，能惠及民生，然而，缺乏社会资金进入，不易带动社会投资和个人消费，影响了新经济增长点的形成。

一、政府财政资金为主，资金有缺口

目前我国城镇老旧小区改造资金主要来源仍为财政资金，政府资金缺口大。近几年来，各地不同程度地开展了城镇老旧小区改造工作，资金来源基本以政府投资为主，这种由政府"大包大揽"的改造，政府操作起来容易，没有充分发挥社会的积极性和市场机制的作用，导致城镇老旧小区改造缺乏可持续的资金来源。

二、政府财政资金为主，资金缺口大

2019年9月17日，财政部和住房和城乡建设部公布了修订后的《中央财政城镇保障性安居工程专项资金管理办法》（以下简称《办法》）。《办法》第六条在提及专项资金支持范围时，在公租房保障和城市棚户区改造之后，明确纳入城镇老旧小区改造，即主要用于小区水电路气等配套基础设施和公共服务基础设施改造，小区内房屋公共区域修缮、建筑节能改造，支持有条件的加装电梯支出。

目前我国城镇老旧小区改造资金主要来源仍为财政资金，通过居民合理分担、单位投资、市场运作、财政奖补等多渠道资金筹措机制并不完善，小区居民出资意愿低，企业因面临诸多不可控因素很难参与。

城镇老旧小区改造通过市场运作吸纳社会资本参与改造方面则收效不大，但量大面广的城镇老旧小区改造仅依赖政府一己之力，远无法弥补改造的巨大资金缺口，城镇老旧小区改造仍面临资金困局。

三、政府资金为主，个人负担重

目前全国城镇老旧小区改造均以政府出资为主，很多缺钱的地方也积极上项目，以争取中央和上级专项资金支持，社会资金难以介入。虽然老旧小区加装电梯的费用仅15万～25万元，但是，考虑到土建费用和管道更新，通常一部电梯的报价在40万～80万元以上，每户分担的经济压力较大。

四、政府投入资金地区差距明显，助长了部分地区居民依赖政府的心态

当前，发达地区城镇老旧小区改造得到的国家财政补贴占实际改造成本的比例过低，而落后地区和欠发达地区城镇老旧小区改造得到的国家财政补贴超过实际改造成本，落后地区得到的国家财政补贴甚至达到实际改造成本的三倍，

助长了居民依赖政府的心态。

五、政府财政资金使用效率低

1.城镇老旧小区改造项目的推进受财政管理体制的制约

在我国现行城镇管理体制中，城镇老旧小区改造涉及与中央地方，以及省、市、区县之间的政府间财政分配关系。老旧小区的改造仅靠区县财政财力是很难推进的。因此，在深化财政体制改革过程中，需要进一步明确界定各级财政对城镇老旧小区改造投入的责任，中心城市政府需要承担更多的责任，同时，中央财政和省级财政对城镇老旧小区改造任务较重的地区，通过财政转移支付等方式，给予相应的支持。

2.政府投入资金"重投入、轻产出"，"重分配、轻管理"

财政资金的使用，要经过"申、拨、用"等环节。近年来，在财政资金的申、拨环节，财政部门推进了以部门预算为核心的财政管理改革，预算编制的合理性、资金分配的规范性虽得到了进一步增强，但仍存在资金使用效率不高问题，"重投入、轻产出"，"重分配、轻管理"的现象仍然存在。有些财政资金长期趴在账上闲置，更多的则是花大钱办小事，存在一定的浪费现象。

3.政府对于支出管理中缺乏必要的跟踪问效监督机制

有些部门和单位花财政的钱任性，能"多买就绝不少用"，"能买贵的就不捡便宜的"，对于预算余额想方设法"吃干榨净"，年中岁末"突击花钱"屡见不鲜；更有甚者，不顾实际需要，巧立名目，套取资金，造成财政资金浪费。特别是建设项目，不同的部门、不同的项目、不同的实施主体，在确定项目预算时，相差悬殊。多数情况下，项目预算都是多报、高报。只要稍稍核算紧一些，就能节约相当一块资金。这是不是政府采购的作用，值得考虑。而部门的采购预算，一般也是根据需要编的，就高不就低。财政资金的这种合法性浪费，也是使用效率不高的重要方面，而且是极容易被忽视、极容易得到容忍的方面。就算政府采购能够在价格上得到一定控制，能够"节约"一部分财政资金，比起整个项目的投入来，还是小巫见大巫。

六、债务风险和财经实力制约和政府融资

1. 地方政府债务风险，增加了城镇老旧小区改造融资难度

地方政府可在一般公共预算、政府性基金预算中安排部分无偿性资金，用于城镇老旧小区改造项目外，还可利用一般债券、专项债券的方式，筹集部分建设资金。但目前地方政府普遍存在债务风险。2018年全国地方政府债务率为76.6%，远低于财政部设定的100%的红线，总体上风险可控。但由于各地区经济社会发展不平衡，部分省、市、县已越过了100%的红线，甚至情况更为严重。因此，在对策选择上，优先选择地方政府财政状况较好、政府债务风险较小的地区推行城镇老旧小区改造工作，不增加或者少增加地方政府债务。从政府的财力而言，城镇老旧小区改造工作也要量力而行、尽力而为，不能加剧地方政府债务风险。

2. 城镇老旧小区改造项目的政府融资受当地综合财政经济状况的制约

在现阶段，推进城镇老旧小区改造项目，具有改善民生、拉动经济增长、美化城镇环境等多种政策效应。但其具有公益性、政策性的特点，受居民收入、地方政府财力、环境承受能力多方面因素的制约。如工作不细致、决策不当，还有可能产生群体性事件等负面效应。

第四节　应对城镇老旧小区改造困境的思路和对策

一、完善法律法规，明确政府职责

一是制定新的促进城镇老旧小区改造的法律，或者根据城镇老旧小区改造的需要，修改《中华人民共和国物权法》《中华人民共和国建筑法》《中华人民共和国城乡规划法》等法律的部分条款。

二是制定适合城镇老旧小区改造的新法规和规章制度。由于立法和修改法律需要较长的时间，为了切实推进城镇老旧小区改造，因而，目前可以制定新法规和规章制度。如新法规明确规定：按照准公共利益原则，城镇老旧小区改造项目只要达到《物权法》规定的居民两个2/3同意，政府部门必需受理该改造项目材料并审批立项，给予开工证，明确该项目审批人不适用于终身责任追究制的范围。反之，拒绝受理该改造项目材料或拖延审批立项、迟迟不予开工证的，要对审批部门及审批人员追究推诿扯皮之责。又如，为更妥善地协调老旧小区不同楼层居民的利益，新规章制度规定：在加装电梯费用方面，小区的一层住户不出钱，加电梯的费用由二层以上住户依照楼层不同按系数分摊（二楼系数最低、顶层系数最高），二层以上住户使用电梯卡刷卡乘梯；限制高层业主在电梯加装后的一定年限内不能转租、转售房屋；优化电梯设计，采用低噪声电梯和透明材料的电梯井，显著降低电梯运行噪声，减少对低层住户采光的影响。

三是中央政府制定老旧小区改造专项规划。对老旧小区进行存量土地和区内空间资源梳理的基础上，制定优化老旧小区改造的土地和空间的专项规划：在保证安全的前提下，结合居民实际需求确定小区改造内容，并根据改造内容确定该小区所需增加的面积；新增加的面积视为不影响楼间距和采光标准。

四是制定新的老旧小区的规章制度。新规章制度明确：对于楼宇居民达到两个2/3同意、符合物权法项目通过政府部门审批后，仍有楼内居民不同意该项目，不支付增加的套内面积的费用和部分安装电梯费用的，在此项目工程完工后，该住户不得使用新增面积房间和加装电梯，由愿意支付费用的其他楼层居民使用新增面积房间和电梯。

二、制订符合城镇老旧小区改造的规范和标准

制订符合城镇老旧小区改造的技术规范和行业标准，明确城镇老旧小区改造需要按照一类建筑标准执行，保障城镇老旧小区改造工程的安全和质量。

由住房城乡建设部门牵头，在试点的基础上，制定城镇老旧小区改造的技

术导则（指南）；对城镇老旧小区改造相关的适用技术加快制定新技术标准，让节能高效低成本的新材料、新技术进入市场。

以深科技创新老旧小区改造（详见第七章第六节）。在老旧小区改造中尽快推广保温隔热涂层材料、稀土铝合金电缆、浅坑电梯、钢木结构、轻钢结构、竹缠绕技术、生态能污水处理系统等深科技领域的新材料、新技术。

三、坚持基本原则

城镇老旧小区改造的基本原则：坚持以人为本，把握改造重点；坚持因地制宜，做到精准施策；坚持居民自愿，调动各方参与；坚持保护优先，注重历史传承；坚持建管并重，加强长效管理①（详见第四章第二节）。

尤其要坚持以人为本，在城镇老旧小区改造时加装平层入户电梯。一是电梯平层入户，实现居家养老，能很好地解决悬空老人的垂直交通问题，独生子女父母中如果有一个人行动不便，另一个也能推着轮椅下楼，减轻独生子女家庭负担，让这些独生子女更好地为建设现代强国而努力工作。二是电梯平层入户能够促进户内装修及家具家饰更新，增加居民消费。三是有利于协调小区不同楼层居民的利益，就电梯平层入户而言，一楼住户增加了套内房间，该房间的面积与二楼以上住户进入防盗门后的连环廊面积相当，适当调节了一楼与其他楼层居民的利益，有利于改造的老旧小区居民共建共享，弱化了低层居民对房屋相对贬值的担忧。四是方便老弱残幼轻松出行，有效地促进小区楼宇中居民消费，特别是有钱又有闲的老人消费，发展"银发"经济。

四、深化行政体制改革，实行"一门审批"

城镇老旧小区改造涉及社会居民、城市发展、基层政府管理的方方面面，是一项复杂的系统工程，政府必需深化行政体制改革，优化行政流程，探索适

---

① 国务院办公厅. 关于全面推进城镇老旧小区改造工作的指导意见［Z］. 国办发〔2020〕23号，2020-07-10.

应存量房改造的一套运营和管理模式。"一门审批"，可以高效、便捷地推动城镇老旧小区改造项目的快速有序地推进。在探索城镇老旧小区改造试点的基础上，为切实推进国家行政管理体制改革试验试点工作的扎实推进工作，可以探索针对既有建筑综合改造设立专门的行政管理部门。

1. 城镇老旧小区改造实行"一门审批"

顺利地推进城镇老旧小区改造，需要深化行政体制改革，简化行政审批，实行"一门审批"。目前，可以实行区住房城乡建设局负责的"一门审批"：由区住房城乡建设局牵头，住房城乡建设局负责协调城镇老旧小区改造项目实施中相关部门的审批文件和材料，住房城乡建设局将需要审批的材料给各部门审定并给出审批时限，超出规定的审批时限不答复，即视为同意，并报规划部门备案。同时，区住房城乡建设局负责协调统筹推进城镇老旧小区改造项目的审批及后续开工、施工、监督、与居民代表共同验收等工作。

实行"一门审批"后，该部门要按照属地原则，受理所管辖区域内所有产权的老旧小区改造项目申请材料，负责审批监管事宜。

"一门审批"的具体模式可有多种：如由区政府召开所有与城镇老旧小区改造相关的部门的联席会议，住房城乡建设局会前将需要审批的材料给各部门审定，会议上一次审批，形成联席会议决议，决议报市规划部门备案，会后住房城乡建设局即可发开工证并牵头推进城镇老旧小区改造的具体方案；又如，区县住房城乡建设局将需要审批的材料给各部门审定并给出审批件，这些部门在规定的审批时限不答复，即视为同意，然后，报市规划部门备案，会后住房城乡建设局即可发开工证并牵头推进城镇老旧小区改造的具体方案。

"一门审批"的技术保障与智力支持。各地政府可以联合组织"城镇老旧小区改造专家委员会"，对改造试点项目的技术方案，组织规划、建筑设计等方面的专家予以论证。实行"一对一"指导，对改造工程中采用的新技术、新设备、新材料、新工艺等，予以技术把关。相关的专家委员会对改造中出现的由于技术原因导致的建筑质量安全负责。

2. 城镇老旧小区"一门审批"的要点

把好城镇老旧小区改造项目的审批关是顺利完成城镇老旧小区改造工作前

提，项目计划的审批、设计方案的审批、投资造价的审批、项目招投标的审批、项目施工的审批、项目决算的审批等多个环节，每个审批环节需要建立严格审批流程，做到既能严格把关，又不影响项目开展，结合网络信息化的运用，高效开展工作。

（1）项目计划的审批。城镇老旧小区改造项目的计划，应坚持统筹谋划、分类实施的原则，应根据城镇老旧小区改造项目数据库的信息，综合考虑群众意愿和地方财政承受能力，区分轻重缓急，逐一明确、统筹安排老旧小区的改造时序、类型等计划。

（2）设计方案的审批。把好城镇老旧小区改造的方案设计关，是关系着居民对城镇老旧小区改造成效获得感的关键环节。

① 设计方案以"查问题、解难题、保需求、提品质"原则。设计前期以"查问题"为重点，前期调查做到"详细、全面"；设计方案以"解难题"为核心，不做锦上添花的表面设计；设计方案以"保需求"为前提，确保方案的"落地性、可行性"；设计方案把"提品质"作为亮点，挖掘小区历史文化，有机结合社会主义核心价值观，完善小区文化建设。设计方案需做到"细心调查、暖心沟通、用心谋划、精心设计"。

② 设计方案以"增强居民获得感"为核心，始终坚持"四问四权"机制，即"问情于民"，"改不改"让百姓定；"问需于民"，"改什么"让百姓选；"问计于民"，"怎么改"让百姓提；"问绩于民"，"好与坏"让百姓评，设计方案做到"三上三下"。

③ 设计方案建立专家预审和部门联审制度。设计方案完成"三上三下"后，及时提交区县旧改办设计方案专家预审小组，由专家根据旧改技术导则，结合相关建筑技术规范，对设计方案的技术性、设计方案的可行性、设计方案的经济性等多方面进行评审，出具评审修改意见，设计单位根据专家预审的修改意见，依据小区"体检报告"实际情况，结合居民的真实需求和意愿，进一步修改设计方案并将设计方案完善到初步设计阶段，达到提交区县住建部门组织的多部门方案联合审查的要求。

④ 区县住房城乡建设部门组织实施的城镇老旧小区改造设计方案联合审

查，由城管、民政、残联、规划资源、公安、消防、绿化、海绵、审计、街道、社区、专家等多家单位和专家参加，各部门和专家根据相关规定出具方案审查意见，通过联合审查后的设计方案，由区县住房城乡建设部门出具方案联合审查会议纪要，该方案联合审查会议纪要是项目招投标的依据之一。

五、政府扶持，引入社会资金，市场化改造

城镇老旧小区改造，涉及范围广，需要改造内容项目多，改造所需的资金量大，特别对于小区基础市政配套改造、小区服务配套改造，单靠某一方出资都不能满足改造资金的需求，政府、居民、产权单位应该根据实际情况按照"政府补贴、居民主导、产权单位分担"的原则，实行责任分担。城镇老旧小区改造，最终受益的是居民，改善了居民居住环境，提高了居民生活品质，按照"谁受益、谁出资"的原则，正确引导居民、产权单位积极主动参与小区改造提升，多方筹集资金。对于设计房屋主体改造、小区内部环境改造、小区加装电梯等根据居民改造的意愿应由居民出资为主。

城镇老旧小区改造的资金来源来自三个方面，一是居民自筹，二是社会资本进入，三是政府奖励补贴。政府应通过建立市场机制来培育老旧小区百姓的市场观念，即政府花钱买机制，百姓花钱买服务。要让广大居民懂得，房屋的产权已经多元化，作为产权人要承担维修养护责任。成立业主委员会等自治组织，对老旧住宅小区整治完的后续管理实施监督，才能真正维护自身的利益，落实长效管理的机制。同时，要让广大街道、社区干部让居民懂得老旧住宅小区的维修养护及其他管理服务也应从过去的政府行为转变为市场行为，要转变政府职能，逐步转换角色，积极主动地做好退位和补位工作，把老旧住宅小区整治完的后续的管理工作让位于社会化、市场化、专业化的物业管理，并加强监督管理。

推进城镇老旧小区改造的筹资方式为：居民出一点、政府补一点和社会筹一点。

1. 按照谁使用谁享受谁付费的原则，个人出一点

居民作为房屋产权人，对自己的房屋本体负主要改造责任，居民分摊的资金可以是居民自有资金或个人消费贷款，也可以来自公积金贷款，包括但不限于物业专项维修资金（含物业管理专项资金、房改房维修资金）、共有部分及共有设施设备征收补偿、经营收益、赔偿等资金。允许居民提取个人公积金，用于所居住小区的改造、套内增加面积的费用及户内装修。鼓励居民通过个人捐资捐物、投工投劳等志愿服务形式支持改造。小区内公共停车和广告等收益，依法经业主大会同意，可用于小区改造和改造后的维护管理。

用于基础类公共设施改造方面的，居民的出资占比不会很大，居民的出资主要是表明一种态度和责任，重在引导居民群众参与，体现"共同缔造"的理念。因此，在居民筹资的过程中，提倡不限金额，不论数额多少，重在参与度和出资率。要求全面动员居民群众广泛参与，力争参与率和出资率双百分百。从基层的实践来看，只要居民群众发动和组织到位，居民的积极性和参与性都是很高的，尤其是老旧小区的低收入者，都表现出了非常高的支持力，党员和党员干部更要带头捐款和出力，发挥党建引领的作用。群众发动好了，居民群众参与了，城镇老旧小区改造工作能够顺利开展。

2. 政府补一点

按照政府提供公共产品和服务的原则，政府补一点，特别是中央财政投入资金，主要用于小区水、电、气、热、通信等管网和设备及小区节能环保改造等公共设施改造。

（1）政府补贴资金导向，应该由事前事中补贴转向事后补贴，几个部门的资金最好由一个部门（如住建部门）统筹用于支持城镇老旧小区综合改造，同时，放松政府扶持资金使用的限制，对于城镇老旧小区改造项目，成熟一个支持一个，不要赶时间。

（2）政府资金扶持重点有二：一是培育小区居民主体意识。在城镇老旧小区改造中，应该由居民个人出的资的，必须在居民出资后，政府的补贴资金才到位，既培育居民主体意识，又切实减轻居民经济压力。二是建立小区改造后的后续管理、运营和柔性治理的长期机制。建立这样的长期机制，要建立健全

和优化小区物业机构，优化后小区物业机构要兼具管理运营和服务治理功能。政府对老旧小区改造后新建或原有小区物业机构，提出优化要求，对于达到优化要求的物业机构，通过评估后，政府给予资金补贴。

（3）改革政府资金投入的分配。探索政府补贴资金分配、资源的整合利用等方面的改革。由于政府投入资金都是一年一拨付，而在城镇老旧小区改造过程中，项目改造周期较短，与棚改不同，一般改造项目都可以在3～6个月内就可以完成，引入市场化的运作机制，积极实施"以奖代补"等举措，通过设立资金拨付前置条件对有关单位和部门的花钱行为实行硬约束，既可以减少不必要的资金浪费，又可以增加资金使用的频率，资金的使用效率将会大大提高。

在城镇老旧小区改造工作推进过程中，需要防止将其作为形象工程、政绩工程，一哄而上，不顾实际情况大力推进，产生大量问题。在调查摸底，掌握当地城镇老旧小区整体情况的基础上，根据各方承受能力和利益平衡的基础上，分期分批推进，控制城镇老旧小区改造项目规模，量力而行、尽力而为，把城镇老旧小区改造项目做成让居民、政府满意，社会各方都能接受的幸福工程、德政工程。

3.社会筹一点

社会筹一点，是用市场化方式吸引社会力量参与，创新投融资机制，以可持续方式加大金融对老旧小区改造的支持。[①]

以扩大容积率，即增加面积奖励引入社会资金，能够实现李克强总理提出的："老旧小区改造光靠政府'独唱'不行，还要创新体制机制，充分吸引社会力量参与，组成多声部'合唱'。"[②]

采取面积奖励，可以通过多种模式引入社会资金（详见第五章第二节和第三节）：

一是电梯平层入户，居民自付增加的户内面积的费用和部分装电梯费用；政府补贴装电梯和小区公共设施改造费用；投入资金的企业承担小区加电梯

---

① 王健.经济新增长点：老旧小区更新［J］.行政管理改革，2015-11-10.
② 周潇枭.总理经济形势座谈会释放重要信号：稳增长放在更加突出位置［J］.21世纪经济报道，2019-10-15.

等改造费用；政府和小区业主委员会给予企业相应的特许经营权，企业通过小区改造后的物业综合管理与服务，承担小区改造后的运营和维护费用并获得收益。

二是引入社会资金对老旧小区加层加梯或片区改造，居民仅承担增加户内面积费用，其余费用由投入资金的企业承担。政府补贴装电梯和小区公共设施改造费用；投入资金的企业承担加装电梯和所有小区改造费用；政府和小区业主委员会给予企业相应的特许经营权，企业通过小区改造后的物业综合管理与服务，承担小区改造后的运营和维护费用并获得收益；企业出售一部分新增住房面积获得投资报酬，同时，企业还要将加层或片区改造所产生的另一部分新增住房面积交给政府，形成政府新资产，政府用于公共事业，如养老、医疗、育幼、文化、体育、电信、邮政等便民服务，或者用于人才公寓、政府租赁房等。

老旧小区加层加梯或片区改造，不仅可以有效地引入社会资金且居民负担的费用低，而且还可以很好地协调高低层居民利益：对于加层加梯而言，加层能够协调高低层居民利益，低层居民可以选择从原来一楼的住宅搬到新增的7楼住宅居住，解决了一楼居民担忧的自家住房相对贬值的问题；对片区改造而言，更容易协调不同楼层居民的利益，一楼居民可以根据小区改造方案选择新建楼宇的理想楼层，自己家住房相对贬值问题也随之化解。

六、试点与典型项目引路

"建设城镇老旧小区改造示范区，以点带面促进城镇老旧小区加固节能宜居改造。城镇老旧小区改造是一项新兴事业，也是一项民生工程，为了避免城镇老旧小区改造中可能出现的失误和损失，"[①]应该积极开展城镇老旧小区改造及加装平层入户电梯示范区，完善城镇老旧小区改造的运行和运作机制，建立起切实可行，可广泛复制和操作的城镇老旧小区改造模式。

---

① 王健. "新常态"下的经济新增长点在哪里 [J]. 中国经济时报，2014-09-15.

第三章

城镇老旧小区
改造的经验

　　本章概要地介绍了国内和国外城镇老旧小区改造的实践经验，在老旧小区改造中借鉴有价值的经验，避免其教训，有利于我们顺利推进城镇老旧小区改造。

第一节　城镇老旧小区改造的国外经验

一、改造的目的

　　欧洲和日本等国家和地区制定的旧住宅区改造政策和改造措施，都具有明确的改造目的。

　　1. 英国

　　英国基于不同改造区的不同改造目的，分区制定旧房改善政策。以英国工党政府1974年制定的"破旧房整治区"政策为例，其目的是为了纠正住宅整体改善中出现的问题，以保证改善基金确实用于急需整治的破旧房屋。英国旧住宅区改造希望通过住宅改善来解决社会、经济及环境等多方面问题。

　　2. 德国

　　德国柏林"谨慎城市更新"的目标之一就是强调城市更新的社会性，主张城市更新应该物质改造与社会网络维护两者兼顾。

　　3. 法国[①]

　　在1950-1980年时期，法国城市更新运动主要表现为对城市衰败地区的大规模推倒重建，即重新组织和调整居住区空间结构，使其重新焕发活力。

　　1975-1980年，法国开展以改善居住条件的"再居住工程"政策不仅在于改善人们的日常生活，而且旨在创造城市中不同的居住环境，鼓励多种方式的

---

① 唐健，王庆日，谭荣. 国外城市更新经验与启示［N］. 中国国土资源报，2017-02-24.

居住形式，限制都市里的区域隔离、社会各阶层的空间隔离等现象。

4. 荷兰

荷兰住宅政策的主要目标之一，是给居民提供一个良好的居住环境。

5. 日本

日本的"团地再生"就是对功能、设施已经严重落后的集合住宅进行翻新，以及对所在区域进行改造，使居住质量得到提高、价值得以提升的一种城市规划活动。

总的看来，各国对于旧住宅区改造关注的着眼点有所区别，德国强调社会性与维护社会网络。日本的住宅改造目的是使居住质量得到提高、价值得以提升。荷兰则注重住房品质、居住环境和提倡社会混合。法国在住房改造中关注保护和修缮历史建筑、城市肌理、住房多样性和社会混合。

二、改造的政策

关于城市旧住宅区改造政策，欧洲和日本等国家和地区的政府根据不同时期出现的具体问题，出台与之相对应的住宅改造政策。由于各国的体制和面临的社会问题不同，政府采取的政策手段和实行的改造政策也各有特点。

1. 英国[①]

英国城市旧住宅区改造结合城市规划手段，设立特殊的改造区，制定相应的住房改造政策。

英国工党政府1974年制定了"破旧房整治区"政策；1980年，英国颁布了《地方政府、规划和土地法案》，在立法上确定了城市开发公司的目的是通过有效地使用土地和建筑物，鼓励现有的和新的工商业发展，创造优美宜人的城市环境，提供住宅和社会设施以鼓励人们生活、工作在这些地区。

2. 德国

德国对于旧住宅改造的政策主要是体现在法律法规和政府资助方面。德

---

① 唐健，王庆日，谭荣. 国外城市更新经验与启示［N］. 中国国土资源报，2017-02-24.

国的《建设法典》和《建造法典实施条例》（Gesetz zur Ausführung des Baugesetzbuchs）界定了规划原则和程序，其中对城市更新区的准备、确立、更新区规划的编制和实施以及公众参与等内容有着详尽的规定，形成了城市更新的基础保障；城市更新中的关键性节点和内容都会通过专门的立法来确定，包括更新区的成立、废除等，例如自1993年起，柏林通过立法确立了22个城市更新区（Sanierungsgebiet），并提出了其更新方式和相关其他法律适用条例，在城市更新的过程中，一般会同时启动建造规划的编制，并在更新基本完成之后，正式赋予其法律效力，形成具有长期法律效力的更新规划条例。

3.法国

法国采用出台相应的政策法规和利用政府行政力量调动民间改造的积极性两种方式来推动城市旧住宅区改造并取得了比较成功的经验。

法国的城市更新方面政策最早可追溯到19世纪末英国《工人阶级住宅法》（1890年），要求地方政府对不符合卫生条件的旧社区房屋进行改造；《历史古迹法》于1913年得以通过实施。这是一部比较完备的法律，迄今有效，奠定了法国古建保护的法律基础。1943年，法国出台了有关历史古迹周边环境的法律，规定以历史古迹为中心，500m为半径的保护范围，将保护对象从古迹本身扩大到周边建筑。

第二次世界大战以后，为了解决住房危机，法国推出了"以促进住宅建设的量"为首要目的的住宅政策。

1953年颁布《地产法》，对特定地域范围内土地的征收获取、设施配套、销售等方面提出了一系列要求，方便了公共机构对新建建筑物群体的选址与布局的直接干预；1958年又颁布法令，提出了优先城市化地区（ZUP）和城市更新的修建性城市规划制度。

法国1962年开始将文化遗产的概念扩大到老城区，把有价值的地段划定为历史保护区，纳入城市总体规划严格管理。对区内建筑不得任意拆除，维修改建等必须经过"国家建筑师"的咨询、评估和同意，符合规划要求的修缮，国家给予资助，并享受税赋减免优惠。

1967年《土地指导法》的颁布，成为法国国家政府尝试与地方集体合作的转折点。该法案提出，城市基础设施的建设和有计划开发的建设过程，是这一时期城市更新的重点。1982年颁布《权力下放法》，结束了大规模建设时期。

此后，1991年颁布《城市指导法》，1995年颁布《规划整治与国土开发指导法》，1999年颁布《可持续的规划整治与国土开发指导法》。2000年颁布的《社会团结与城市更新法》（SRU）标志着法国城市规划法建设步入了一个新阶段。

4. 荷兰 [1]

荷兰住宅政策主要集中于物质干预、社会手段和经济手段三个方面。1901年颁布的《住房法》和1993年的《社会租赁房管理法令》是荷兰城市更新的主要法律框架。它们明确提出了让社会每个群体，尤其是低收入群体获得舒适和价格合理的住房。同时，荷兰在改造中实施建立紧凑型城市的政策进行土地再开发。

5. 日本 [2]

日本老旧小区更新的发展历程，与住宅政策的变迁直接相关。日本住宅政策的导向经历了1970年代由确保供应量转变为提高质量，以及进入21世纪后转向重视市场机制和既有建筑空间活用的过程。日本的住房政策主要采用立法方式，政府相继制定了《住宅品质确保促进法》和《住宅性能表示制度》，以及《住宅瑕疵担保责任条例》等法规以保障住宅供给质量。

1919年日本政府颁布的《城市规划法》第一次将土地区划整理写入了法律程序，随后在1923年的关东大地震后重建中，土地区划整理成为日本东京、横滨等受灾严重的城市大规模开展援建、复建以及更新的重要工具。1954年日本政府正式颁布了《土地区划整理法》，从而为日本的土地区划整理各环节的合法运作提供了法律依据。

---

[1] 唐健，王庆日，谭荣. 国外城市更新经验与启示 [N]. 中国国土资源报，2017-02-24.

[2] 刘佳燕，冉奥博. 日本老旧小区更新经验与特色——东京都两个小区的案例借鉴 [J]. 上海城市规划，2018（4），2018-09-28.

　　日本经历了战后经济高速发展期，城市人口激增，并向东京、大阪等大城市集聚，城市发展由大规模开发建设向更新改造转变。在城市发展到一定历史时期，城市土地供给达到饱和，必定会进入再开发阶段，实现城市资源的梳理整合和再分配。

　　1963年采用容积率控制制度（取消楼层高度不超过31m的限制）。1968年全面修正了旧的城市规划法，颁布了新的《城市规划法》，确定了包括土地利用规划、城市设施规划、市区开发事业规划三部分内容的规划体系，谋求城市的健全发展和有序建设，为国土均衡发展和公共福利增进作出贡献。1969年颁布了《城市再开发法》，确定了由都市设施建设为中心向以土地利用规划为中心的城市规划转变，公共福利的增进是城市规划法最重视的内容。城市规划权由中央向地方政府转变，城市居民和土地所有者参与规划编制。1989年日本通过了立体道路制度，即道路的上下都可以建造建筑。日本于2002年制定《都市再生特别措施法》，开始注重地域价值提升的可持续都市营造，一方面，以举国战略从面上推动城市更新，另一方面，持续鼓励自下而上的"造街"活动和小型更新项目，聚焦街区、社区甚至单体建筑的更新改造。2006年修改了城市建设三个法律（城市规划法、大规模零售店铺选地法、中心市区活性化法），2008年颁布《历史城市建设法》，2012年颁布《生态城市法》，促进低碳生态城市建设。另外，为了应对越来越严重的社会老龄化、少子化的局面，以及人口向东京、大阪等大城市集聚的趋势，2014年后日本政府修正《都市再生特别措施法》，先后提出了《立地适正化计划》和《立地适正化操作指南》，允许地方政府根据区域人口状况、经济发展要求，合理配置公共服务设施，优化城市建设强度，赋予地方政府更高的自治权利。2019年3月修订了《都市开发诸制度运用方针》，使地方政府制定的城市更新计划更符合当地社会经济发展需求。

　　总之，日本城市更新改造的法律体系不断完善，城市更新要求由单一的城市功能改造向城市综合功能提升、历史文化保存、生态低碳化转变。

　　6. 美国

　　1949年美国《住房法》规定，清理和防止贫民窟，促进城市用地合理化和社会正常发展。城市重建的模式是将清理贫民窟得到的土地，投放市场出售。

1954年，美国对城市更新政策进行修正，提出要加强私人企业的作用、地方政府的责任、居民参与。

1977年的《住房和社区开发法》（卡特政府）实行了城市开发活动津贴来资助私人和公私合营的开发计划。

美国为了顺利推进大规模的城市更新，依据著名的《宪法第五修正案》，通过大量案例，认为城市更新活动只要基于公共利益需要，并实现了对原所有权人的公平补偿，并经法定程序，可以赋予政府"强制收购权"。这一立法的措施，有效地推动了美国20多年的全国性的大规模的城市更新运动。

三、改造的模式

欧美和日本等国家和地区城镇老旧小区改造的模式也形形色色。

1. 英国[①]

（1）英国城市更新的初期是政府主导，政府及公共部门的拨款补助为主要资金来源。

（2）自1980年英国颁布了《地方政府、规划和土地法案》后，英国政府的城市更新政策也有了重大转变，逐步发展为以市场为主导、以引导私人投资为目的，政府和城市开发公司设立企业区，通过优惠政策鼓励私人投资，并把投资从富裕地区引入旧城区的开发与建设中。

英国政府建立了城市开发公司（如伦敦道克兰区发展公司），隶属于环境部，由国家政府直接控制并委派官员负责，不受地方管制。其主要负责土地开发的前期准备工作，如强制收购、土地整理等，将土地出售给合适的开发商；同时培育资本市场、土地市场和住宅市场等，利用国家公共资金的投入和一些优惠政策，刺激更多的私人资金注入指定的改造区域（图3-1）。

---

① 唐健，王庆日，谭荣. 国外城市更新经验与启示［N］. 中国国土资源报，2017-02-24.

图3-1   英国城市更新后的某条街道

（3）最后公、私、社区三方合作，让公众参与到城市更新的过程中，变被动为主动，更快更好地推动了城市更新进程。可以说，英国的城市更新由政府操纵的"自上而下"的方式过渡到了"自下而上"的社区规划方式。

2. 美国[①]

美国城市更新主要措施概括来说为政府主导、财政资助、司法强拆。联邦政府专门成立了城市更新署，作为负责全国城市更新工作的领导机构，具体负责审批更新规划，拆迁和工程计划等。从联邦到地方政府，形成了一套分工明确、流程清晰的工作机制，有力地推动了全国性的更新改造运动。

第一种是授权区，分别在联邦、州和地方层面上运作，将税收奖励措施作为城市更新的政策工具。

第二种是纽约"社区企业家"模式，纽约市在旧城改造过程中，鼓励贫困社区所在的中小企业参与旧城改造。

第三种是新城镇内部计划。根据1977年《住房和社区开发法》，私人开发商和投资者获得至少等同于投资在其他地方的回报。联邦政府还提供抵押担保，鼓励金融机构利用抵押贷款资金来资助城市开发项目（图3-2）。

---

① 唐健，王庆日，谭荣. 国外城市更新经验与启示［N］. 中国国土资源报，2017-02-24.

图3-2　美国城市更新后的社区一景

3. 荷兰[①]

住房改造是由政府购买改造区域的大部分私有产权，进行差异化住房改造，专家和居民可参与项目改造方案的制定。

4. 法国[②]

1950–1980年，法国城市建设开始注意更新那些被认为已过时的大型居住区。这一时期重建模式主要由政府主导，国家设立住宅改善基金，专门用于改善居民的居住条件。

在对旧城区的活化和再利用中，法国十分注重保护性更新。抛弃了旧式的政策干预，以市场机制为主导，政府提供辅助融资的便利，如设立促进房屋产权贷款，专门用于鼓励房产主对自己传统建筑物进行改造的低息贷款。

5. 日本[③]

一是逐步形成由中央政府向地方政府不断分权的规划体系；二是逐步形成由政府包办主导向利益相关者自我组织协调的更新路径和制度体系。日本在城镇老旧小区改造过程中，主要依靠市场机制，政府和民间力量为辅的改造模式。

① 唐健，王庆日，谭荣. 国外城市更新经验与启示［N］. 中国国土资源报，2017-02-24.
② 唐健，王庆日，谭荣. 国外城市更新经验与启示［N］. 中国国土资源报，2017-02-24.
③ 刘佳燕，冉奥博. 日本老旧小区更新经验与特色——东京都两个小区的案例借鉴［J］. 上海城市规划，2018（4），2018-09-28.

政府则主要负责社会层面的推动。改造项目的区政府会定期将更新举措进行公示和宣传，也会定期与居民做好充分的沟通，及时反馈居民意见，还成立改造小区项目及其周边地区综合社区营造协议会，从制度层面做好居民之间的沟通、不同利益主体间的协调，充分保障了小区改造的稳妥进行。

6. 德国

德国的城市更新机制是伴随着战后重建过程逐渐完善的，即由二战后的大拆大建式开发，逐渐向兼顾各方利益和公众参与的谨慎式城市更新转变。德国的城市更新十分关注社会不同群体的利益协调，建立了一套解决利益冲突问题的政策议程机制。

四、各国城镇老旧小区改造实施办法

1. 英国

英国是最早开始城市化的国家之一，其真正意义上的城市更新始于20世纪30年代的清除贫民窟计划。1930年，英国工党政府制定格林伍德住宅法，采用"建造独院住宅法"和"最低标准住房"相结合的办法，要求地方政府提出消除贫民窟的5年计划。在清除地段建造多层出租公寓，并在市区以外建一些独院住宅村。这一法规首次提出对清除贫民窟提供财政补助。

为了解决城市更新的资金问题，中央政府设立了专项基金，各地方政府与其他公共部门、私有部门、当地社区及志愿组织等联合组成的地方伙伴团体进行竞争，获胜者可用所得基金发展他们通过伙伴关系共同策划的城市更新项目。

英国在城市改造中，不仅仅是注重物质性的再开发，更注重城市更新的综合性、整体性和关联性，在综合考虑物质性、经济性和社会性要素的基础上，制定出目标广泛、内容丰富的城市更新战略，制定各种不可分割的政策纲领。

英国城市改造既注重城市物质环境的改善，同时又注重社区特有意象和性格以及区域特色的保护与创造，维持好原有城市空间结构和原有社会网络与社区。值得一提的是，英国城市更新是在原有城市的基础上进行改造和修缮，使之达到可接受的程度，英国在城市更新的过程中注重文物保护，采用整旧如旧的方法，把对历史建筑物的破坏程度降到最低。在城市更新过程中进行全面调查，建立技术档案，编制旧城改造计划；对古迹和历史建筑进行登录注册；划分保护区；对旧城区进行改造规划设计，对旧城改造提出了如降低建筑密度、改善环境和交通、增加绿化等具体要求。同时，配合这些建筑物的风格、特色，建造与其相适应的配套建筑，使其自然和谐地融入周围环境中。

英国的城市更新从大规模以开发商为主导的剧烈推倒重建方式，转向小规模的、分段的、主要由社区自己组织的谨慎渐进式改造，对旧城区内建筑分别采取改建、扩建、部分拆除、维修养护、实施住宅内部设施现代化或公共服务设施完善化，旧居住区居住环境，保留原有风貌特色，提高土地利用价值。

政府由原来的直接介入旧城改造转向间接引导，工作重心集中于维护社会稳定、促进住房保障、营造健康环境、建设公共设施、引导公众参与等。旧城改造的主体则主要由私人开发公司和社区团体组成。开始重视城市改造的社会经济意义，城市改造不仅停留于表面形式的更新改造，仅解决一些物质和社会性表象的问题，而是探寻其深层结构性问题，彻底解决城市衰退。

2. 美国[1]

美国城市更新是将影响城市整体功能发挥的破旧房屋予以拆除，代之以崭新的建筑物和街区。不同于英国，美国采用的税收奖励推动更新改造的办法。美国的城市更新运动是自上而下开展的。它先通过国会立法，制定全国统一的规划、政策及标准，确定更新运动的重点及联邦拨款额度。而且，由联邦统一指导和审核更新规划，并资助地方政府的具体实施。更新项目的实施更加强调地方性，充分考虑不同城市的更新需求，由地方政府来提出和确定具体的更新项目。

（1）美国有三种实施办法推进城市更新：

第一种是授权区，分别在联邦、州和地方层面上运作，将税收奖励措施作

---

[1]　唐健，王庆日，谭荣. 国外城市更新经验与启示［N］. 中国国土资源报，2017-02-24.

为城市更新的政策工具。

第二种是纽约"社区企业家"模式，纽约市旧城改造过程中，鼓励贫困社区所在的中小企业参与旧城改造。其目的不只是解决废弃房屋的维修与重建问题，更重要的是对贫民区进行综合治理。

第三种是新城镇内部计划。1977年的《住房和社区开发法》（卡特政府）实行了城市开发活动津贴来资助私人和公私合营的开发计划。新城镇内部计划即为其中一种，使私人开发商和投资者获得至少等同于投资在其他地方的回报。根据该法案，联邦政府还提供抵押担保，鼓励金融机构利用抵押贷款资金来资助城市开发项目。

（2）美国城市更新的资金来源，主要是基于税收：一种是税收增值筹资（TIF），是州和地方政府使用的一种融资方式，为在特定地区吸引私人投资，促进地区再开发。税收增值筹资通过发售城市债券，筹得的资金可以用于改善公共设施，也可用于向私人开发商贷款进行划定区域的建设。城市债券通过20～30年期的地产税收入来偿还。另一种是商业改良区（BID），是基于商业利益自愿联合的地方机制，征收地方税为特定地区发展提供资金来源。BID是一种以抵押方式开展的自行征税，通常是用于划定区域物质环境的改善。

1954年，美国对城市更新政策进行修正，提出要加强私人企业的作用、地方政府的责任、居民参与。一方面，联邦政府对用于搬迁的公共住房增加拨款；另一方面，允许将10%的政府资助用于非居住用地的重建，或者是开发后不用作居住用地，建设商贸设施、办公楼或豪华高层公寓。

3. 荷兰[①]

荷兰主要采取的分类别更新差异化改造的办法。荷兰按计划内和计划外来区分改造内容，住房改造是由政府购买改造区域的大部分私有产权，进行差异化住房改造，专家和居民可参与项目改造方案的制定。对于质量和状况相对较好的地区，采取以技术和硬件改造为主的更新改造方式，目的在于节约成本、降低造价，避免因高价改造而产生高租金。对于质量和状况相对较差的地区，

---

① 唐健，王庆日，谭荣. 国外城市更新经验与启示 [N]. 中国国土资源报，2017-02-24.

则采取替换重建的方式，起到改善城市衰败境况的作用。

荷兰城市改造的资金主要来源于政府投资。20世纪90年代后期，因经济环境的变化，该国开始将私人资金与公共资金相结合，成立更新基金等，填补复杂问题与有限资金之间的差距。

4. 法国[①]

在法国，其居住改善措施是依据不同的实施范围、地区和社会目标，采取不同模态的措施。居住改善计划措施包括几个不同模态，"单一"居住改善计划措施、"特殊"居住改善计划措施和"复合"居住改善计划措施。在法国首个居住地方计划的修复工作中，针对不同住宅类型，采取不同措施。

法国的城市更新注重对旧城区的保护性更新。在对旧城区的活化和再利用中，法国十分注重保护性更新。特别是对于历史文化悠久的城市，在保护好历史文化遗产的基础上，对建筑物进行维修，改造现有城市街区（图3-3）。

图3-3　法国巴黎城市全貌

在城市土地储备方面，法国主要依靠规划协议发展区（ZAC）和延期发展区（ZAD）两种手段，处理土地空置问题。ZAC由城市制定，开发已规划开发的区域，为公共和私人开发商提供合同安排，包括土地整合、基础设施投资和其他与已定综合计划相一致的安排，并将规划和发展批准权下放到土地利用计划已获批的城市。ZAD是将土地征收权赋予国家或其他政府，用于开发或者储

---

① 唐健，王庆日，谭荣. 国外城市更新经验与启示［N］. 中国国土资源报，2017-02-24.

备土地。

为了保障城市更新的资金来源，法国公共部门完全或者部分投资城市建设、基础设施、居住、活动场所或者公共空间，法国每年平均用于历史古迹修缮的预算达3.05亿欧元。例如：巴黎市政府的做法是市政府出资获得51%的股份，与私营公司合资成立一个旧城改造的专业化投资公司。政府为该公司提供信用担保，该公司从银行贷款取得主要的改造资金。另外，私人投资者在市场条件下投资大部分的城市建设活动，但是依附于公共部门的决策。

目前，法国大约有4万处历史古迹受到保护。其中约一半为私有财产，它们也可以享受国家资助。如果是被列为建筑保护单位的建筑，其修缮费的50%由国家提供；如果是在建筑遗产清查单上注册备案的建筑，其修缮费的15%由国家提供。

5. 德国

在德国，对于城市旧住宅区的复兴，德国按"硬件"和"软件"来区分改造内容，主要改造措施是改善交通和停车问题，增设服务性设施和公共设施，重新规划绿化和环境，规划功能混合区域；对于城市补丁，加入新的功能，力求和老住宅保持良好的邻里关系；对于单栋住宅的更新，利用新的技术和新的能源。在城市更新过程中，政策议程机制的建立促进了广泛深入的公众参与和协商，有效增进了政府与民众之间的沟通，使得各利益相关者能够通过议程达成对更新政策的价值认同，从而形成更具可实施性的法定规划，形成地区长期的法律保障。

（1）城市更新的规程

在德国的《建造法典》和《建造法典实施条例》中，对城市更新进行了专门的法律规定，包括城市更新区确立前的准备、更新区的确立、更新相关规划的制定和实施以及法定更新区的废除。

城市更新的准备。主要是指对更新区的预备性调查和研究，评价城市更新的社会、空间和环境条件，为更新区目标的确立、规划的制定和实施提供基础。

法定更新区的确立。在预备性调查完成之后，需要通过专门的立法确立城市更新区。更新区的确立条例应该包括更新区确立的时间、空间范围、更新原则和适用的法律条例。

规划的制定和实施。在更新区确立之后，政府需要正式拟定更新区的目标，并制定和实施相关规划。更新区的规划包括：城市建设指导规划（土地利用规划和建造规划）、结构规划以及社会规划等。

法定更新区的废除。在更新区的改造基本完成之后，政府应通过法律条例撤销更新区的法定地位。在撤销之前需对更新成果进行评价，以此来决定是否废除更新区。建造法典中规定，当满足下列情况时，必须撤销法定更新区：更新改造已被实施了；更新被证明是不能实施的；更新改造被放弃了或者其他原因。法定更新区撤销之后，相关的法律条例、原则不再发挥效力。

（2）城市更新中参与者权责界定

政府的权责。建造法典中对城市更新区的政府责任进行了明确的界定，主要包括规划的制定、实施以及更新改造监管。

城市更新中的更新机构权责。在德国，城市政府可以委托专门的城市更新管理机构来管理城市更新，建造法典中对城市更新机构的责任进行了界定。建造法典规定，被委托的公司必须具备以下条件：不能是建造公司或者为建筑公司服务的公司；具有较好的经济运作情况；委任的公司代表必须具有专业的素质。建造法典中规定的更新机构责任包括：开展和组织地区的更新改造工作、按照法律条例对土地进行管理、提供城市更新的改造和管理方法。

城市更新中的利益相关者参与规定。城市更新中利益相关者的参与受到建造法典保护，主要体现在两个方面，一是管理者必须保障城市更新信息的公开性；二是鼓励地区的公民对更新区的更新措施提出意见，管理机构必须考虑相关意见，并对意见的采纳与否给予解释。

（3）城市更新的议程机制

德国城市更新主要包括两方面的内容，一方面是常规的项目实施，这一过程主要由更新区的上位规划、行动计划以及相关的详细设计来指导；另一方面是针对更新过程中出现的政策问题，启动政策议程，这一过程主要是依赖于建造规划的编制来进行的。

　　德国更新区建造规划的编制过程是解决更新区矛盾冲突的政策议程。德国绝大多数更新区的建造规划并不是在更新区确立之前制定的，而是在更新区确立之后开始编制，一般在更新改造基本完成之后才被正式确立。建造规划的制定过程一般为：发现城市更新中的矛盾和问题——将问题转换为政策议题——公众参与和决策——形成有效的政策文件和法律文件，这个过程充分体现了规划的公共政策属性，可将其视作公共政策议程。建造规划的作用并不是指导城市更新区的改造，而是协调各方利益，形成长期有效的法律文件，保障更新区的长远发展。

　　政策议程的参与者主要包括行政管理机构、决策机构、公民组织和民众。其中，行政管理机构主要由联邦政府、地方政府和政府委托的城市更新管理机构组成；决策机构主要指联邦和地方议会；公民组织由地方民众选举出来的公民代表组成；民众主要指更新区中的居民、租客和办公者等利益相关者（图3-4）。

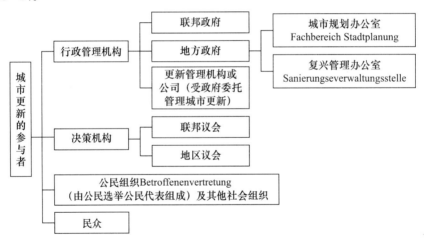

图3-4　德国城市更新的议程参与者

　　参与者的行为过程。参与者的行为过程是一个利益博弈的过程，主要分为三个阶段，即政策议程的启动阶段、政策问题的协商阶段和政策条例的确立阶段。首先，在政策议程的启动阶段，民众及社会组织向行政管理机构传达对于更新相关问题的诉求和意见，促使行政机构设置公众参与来对其进行商讨，在公众参与之后，结合参与结果和实际情况，行政机构将主要的社会问题界定为政策问题，并在设置建造规划目标时将其纳入考虑范畴；随后，行政机构开启多阶段的公众参与，组织各利益相关者和规划技术工作者参与讨论，提出问题的解决方案，将其纳入到规划初步方案中；最后，地方议会对讨论提出的方案进行决议和审查，确立最终的法律和政策文件，相关的条例主要在建造规划中呈现（图3-5）。

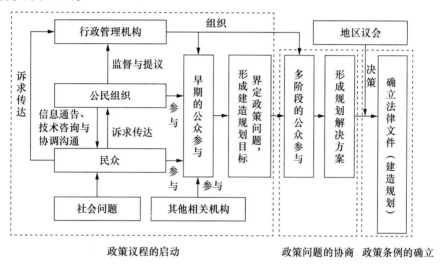

图3-5　德国政策议程参与者的行为机制

　　参与者的作用评价。（1）行政管理机构的作用：行政管理机构是政策议程的组织者，其作用主要是通过制度性的程序启动规划议程、组织公共参与和讨论以及协同决策，从而有效推进了政策议程。（2）决策机构的作用：决策机构的作用主要是对方案进行最终裁决，通过审查和决议对政策方案赋予法律效力，同时限制行政机构在政策议程中的作用。（3）公民组织的作用：公民组织是政策议程过程中的第三方，其作用主要是拓展了议程的参与渠道和促进规划决策。一方面，公民组织通过提供政府未提供的公共服务拓展了民众在议程中的参与深度，促进了民众和行政机构的沟通；另一方面，社会组织通过为行政机构和民众提供专业的技术咨询，为规划方案提供了决策的依据。（4）民众的作用：民众在议程过程中主要通过自身利益诉求的表达和提出建议，促使社会问题受到重视，影响议程的进行。

6. 日本[①]

城市更新成为日本政府2000年以来十分重视解决的关键事业。日本的城市更新，往往是以街区、社区、市政道路甚至单体建筑等小地块为更新改造对象，通过强化市政基础配套、提升公共服务等综合措施，提高土地空间利用率和土地空间价值，打造具有现代化特色的新城区，并特别注重传统历史建筑或者历史街区与现代化城市建设的融合协调。日本的城市更新，是土地所有者内部及与政府长期不断沟通协调，实现各方诉求平衡的结果，也是相关法律法规和制度不断完善的过程，因此一个城市更新项目需要十几年到二十几年的逐步演替发展。

日本的老旧小区更新包含4种主要方式：小区再生、存量活用、用途转换和让渡返还。各种方式可以单独使用，也可以在同一个小区更新中混合使用。由都市基盘整备公团和地方都市开发整备部门合并而成的UR开展的更新工程已基本覆盖全日本范围内的所有老旧小区（图3-6）。

更新方式		详细说明
小区再生	全面建替	将整个小区的房屋拆除，并修建新房屋
	部分建替	一部分房屋拆除重建，一部分房屋使用改装等改善措施
	集约更新	拆除一部分房屋以缩小小区规模，并继续运营管理剩下的房屋
存量活用		改善和运营管理现有空间存量。部分住宅引入在家养老服务
用途转换		转换整个小区的本来用途。根据向公共团体的让渡或者拆除房屋等不同措施，达到地域内社区总体营造的目标
让渡返还		适用于没有土地所有权的小区。向土地或者建筑物的所有者等让渡或返还权利

图3-6 日本的老旧小区更新方式及说明

日本提出了"确立专业咨询机构技术核心地位、提倡紧凑型城市建设理念、适当放宽城市更新限制条件、注重都市功能复合化更新改造、强调历史文化和城市记忆传承"五个方面。

日本城市更新主要针对老城区的社区、街区或建筑物，通过土地、建筑物等产权等价置换实现更新改造，原则上利用提高土地容积率新增建筑面积替换

---

① 刘佳燕，冉奥博. 日本老旧小区更新经验与特色——东京都两个小区的案例借鉴 [J]. 上海城市规划, 2018（4），2018-09-28.

等价的公共用地和公共设施投资，增加公共空间和绿地，提升老城区功能和品质，实现老城区更新改造。

日本的城市更新改造都是基于具体地块来开展，开发地块小，利益相关者复杂。在指定的城市更新地块上，政府作为公共利益代表与土地所有者充分协商，通过放宽土地用途、容积率、斜线限制、建筑密度等限制，建立了一系列都市开发制度。在日本城市土地利用规划中，可根据特定功能需要，如商业开发、历史文化保护等，指定特定街区。在特定街区要求有一定规模的有效空间，并放宽建筑容积率、斜线限制、绝对高度限制等，该类区域政策宽松，但往往要体现该地块的特定功能，尤其注意历史文化的保护。

日本政府指定一些城市核心区可以最大限度利用垂直空间，鼓励建筑向高空发展，降低建筑密度，放宽容积率限制（指定容积率600%～700%），使城市立起来。并且可以通过放宽建筑容积率、斜线控制等限制，将住宅、商业等建筑物与街区道路、市政管网等公共设施进行一体化综合设计，特别要注意公共空间建设以及高层建筑与原低层建筑之间的协调统一。为了提升城市防灾救灾功能，在一些特定区域需要建防止火灾蔓延或提供避险空间的森林绿地，这些区域的指定容积率（特例容积率）可以进行有偿迁移，增加容积率的有效利用。为了提升城市防灾救灾功能，在一些特定区域需要建防止火灾蔓延或提供避险空间的森林绿地，这些区域的指定容积率（特例容积率）可以进行有偿迁移，增加容积率的有效利用。

在日本城市更新中融入智慧能源、智慧交通等设计理念，建设低碳街区。同时，按照老龄化社会需求，对公共街区、社区等更新改造提出更高的智慧化要求。城市更新过程中提高了城市防灾减灾的能力，更加注重城市空间的多样性和亲和性。注重城市风格营造和历史文化遗存的保留，实现城市街区现代与历史的协调共生。

五、各国改造案例

1. 英国

旧城改造在英国沉淀多年，已不仅停留于表面形式的更新改造，在注重城市物质环境的改善基础上，注重引导政府、社会资源和公众参与，提高土地利用价值同时，也彻底解决了城市衰退的根本矛盾。

【案例1】历史住区改造：本斯海姆和索尔特维尔（Bensham and Saltwel）

本斯海姆和索尔特维尔地区历史悠久，可追溯到19世纪早期，是盖茨黑德市水边区域和文化长廊的重点之地。该地区的住宅多为泰恩式公寓，并以组团形式而建，在尺度、体量和高度上保持了一致性，同时也具有各色各样的建筑细部。20世纪80年代，盖茨黑德的建筑遗产被认可，并建立了相应的保护措施和实施了投资计划（图3-7）。

图3-7 从北看去的本斯海姆和索尔特维尔的鸟瞰

开发机构：盖茨黑德市政府及相关的城市更新机构。

改造方式：（1）政府计划阶段：盖茨黑德市政府递交了盖茨黑德房地产革新试验的计划书，获得了6900万英镑的革新试验基金。其后，政府进行了先期分析和框架计划，它提供了连接住房、环境、循环、社区和街区管理为目标的一个空间复兴计划结构。

（2）地区改造：索尔特维尔路地区：更新改造废弃街道以提供高质量住房的选择；新建开敞空间和大力改善公众领域；将对索尔特维尔路和保留下的住宅进行全面美化，改善绿化，提高环境质量；社区设施群将通过设施分享计划联合投入使用。

大道地区：市政府采用80/20的资金分配比例来修缮房屋，即市政府提供修缮总费用的80%，各家住户出剩余的20%来修复住房，住户必须在规定的时间内完成自家的修复并且住满一定的年限。同时，通过街道绿化，柔和公众领域，采取制定"住家区域"形式来减少机动车的交通；对后巷进行改造，重新使用后花园使住房后部空间更宜人。

寇兹沃斯路地区：传统的街边零售店被升级为一个更加可行的商业中心；改善公众领域环境和减少交通流量；在废弃空地建立新建住房；泰恩式公寓被改建成独立家庭住宅；全面改善社区内的公共设施群和开敞空间，鼓励社会内聚性。

（3）公众参与：在本斯海姆和索尔特维尔已有3300人参与了35个咨询事宜。盖茨黑德市政府对参与者的活动非常重视，确保达到地区和人口上的平衡。咨询的方法包括了设立研究小组、与利益相关者面对面的交谈，住户调查、外展工作和学校项目。

（4）居住者的所有权：居住者的所有权是开拓者革新试验的重要部分，保护当地房东的利益可以稳定房地产市场，也能提高当地的私有投资。共享所有权是市政府提出的一项机制，使当地资金有限的居民可以获得房屋的所有权成为可能。居民和市政府联系起来共同购买房产，然后居民分月付给政府属于政府部分的房产租金，直到居民有足够的资金能力可以买下全部房产。

（5）福利计划：住区的福利还包括了提供地方培训和工作机会的计划，以降低本斯海姆和索尔特维尔的失业率。这项计划历经10到15年，整个地区就业机会得到可持续性的提高。

改造成效（图3-8）：

图3-8　索尔特维尔公园边连排式住宅

　　虽然试验革新项目的物质利益是可观的，并且很有可能促进经济的增长，但房地产价值的升高所带来的社会压力也会影响本斯海姆和索尔特维尔的居民的负担。住房市场革新社会经济试验已经做了特别规划以鼓舞住宅房地产市场和确保人们有适当的住房选择。重新组建的空间和迁入的富裕居民也许会使一些当地居民和商业者不能适应新的环境。虽然试验革新已经在许多大小规模的复兴活动中被实施，但仍然需要制定一些措施来保护当地的居民和商业者免遭价格太高而被排挤出该区域。

【案例2】滨水风貌区城市更新：城市路船坞（City Road Basin）

　　从18世纪60年代起，为了满足商业的需要，伦敦建立了很多从泰晤士河通往城市各地的水路。沿着河道的两旁也随之建起工厂、码头、仓库、围场等，随着水运贸易的衰败，这些河道边的建筑随之萧条。城市路船坞就是其中之一，它虽然靠近伦敦市金融中心，但仍一直走向衰败。在城市路船坞内，围绕运河湾畔有一些工业码头，一个公园和少数的居住房屋（图3-9）。

　　开发机构：PTEA作为设计者、联合投资者和联合开发者的身份参与了整个项目，并吸引了英国水运局、其他开发商和政府的承租者，带动了周边社区的发展。

图3-9　城市路船坞地区鸟瞰图

改造方式：城市路船坞改造的目标是在原有城市的脉络组织上综合融入新的功能，组成新的城市脉络。同时创造新的城市空间、建筑物和城市活动，建立舒适的公共领域环境。

（1）总体规划

PTEA为整个城市路船坞社区作了总体规划，在原有的住房群中加建新建住房，注入办公和休闲使用的功能，并且考虑了不同收入水平的人群居住、教育以及社区设施等问题（图3-10）。

（2）地区改造

区域内的迪斯派克码头改造成为综合居住及办公空间的大楼。其间，为了保留"集体记忆的城市"，PTEA 保留了主要仓库建筑边的旧烟囱、起重机、庭院的旧铺地、旧铁路线和废弃的机械装置。这些美丽的符号元素被融进了周围的景观中，并很好地和其他现代建筑物结合起来。

在安琪儿水滨的开发项目中，新建了水晶码头大楼，展示了在现有的环境中融入明显不同时代的建筑物的原则，高档住宅的建设和当地环境很好地结合在一起。

图3-10　总体规划

区域再开发。改造与新建使得地区的地价得以提升，之后，PTEA又设计了城市码头，这是一个混合使用和混合居住权的开发项目，正在施工的城市码头项目包含了经济适用房、单身公寓和供销售的商品房，同时提供了一些办公空间和一个与运河边相连的公众庭院。

改造成效：通过的PTEA的改造，城市路船坞地区的环境逐步得到改善，开始吸引更多的人在此地居住和工作（图3-11、图3-12）。

图3-11　在旧厂房建筑上的现代扩建部分

图3-12　新旧建筑结合组成和谐有序的水滨地带开发

【案例3】旧城居住区的改造：罗斯蒙特三角地块（Rosemont Triangle）

　　罗斯蒙特三角地块是被两条铁路主线和一条城市主干道围合的规模较小的密集居住区。居住片区的大部分建筑建于20世纪初，主要的产业建筑在20世纪60年代建成，部分年代久远的建筑已经属于危房。居住片区内的居民主要是一些低收入者或是短期的租赁者。地块的主要问题有：铁路线的穿越，失败的地产开发，严重的停车问题和不适合的办公环境导致商业境况不佳等等（图3-13）。

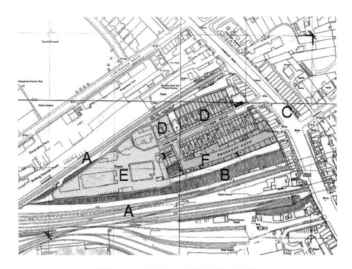

图3-13　改造之前的现状平面图
A.主要的铁路线；B.长满草木的铁路防护堤；C.主要交通道路；
D.很多人合住的百年历史老房；E.变电站地块和仓库旧址；F.小型工厂车间。

开发机构：通过与规划部门协商，PTEA获得了片区改造的规划许可证，编制了针对整个居住片区的结构性规划。为了保证项目开发的顺利进行，PTEA还邀请了主要的土地所有者以及一家私人地产开发商参与合作，以达到他们共同的期望目标：在保留现有可利用建筑的基础上改善居住区环境，形成稳定社区，提升土地和房产价值，并从中获利。

改造目标：

（1）重新安置现居住在该片区的低收入租户。

（2）整修维护历史老建筑，协调融入可持续的新建住房。

（3）加大居住开发强度，新建多种单元尺寸的高品质住宅。

（4）组织所有房东重新分配社区管理和维护的责任。

（5）充分利用有潜力的工业和荒废的铁路用地新建可私人所有的商品住宅，形成产权形式多样化的居住社区。

（6）对居住区进行整体更新改造，改善绿化景观环境，加强交通管理。

改造方式：

（1）改造地块内废弃的工业用地，并转卖给城市住宅联合协会，利用政府拨款和私人基金，专为低收入租户提供社会住房。

（2）新建景观公园提升环境品质，并在其周围开发居住用房。

（3）对于年代久远的旧建筑，住房协会运用政府资金进行拆除新建，就地安置了原有的租户，新住宅以现代理念与保留的历史建筑取得协调。

（4）大量新建住宅的开发，使改造地区不再是贬值的孤立地块，随着地价上扬的趋势，PTEA进行新一轮的开发建设。

（5）对于对现有地区文脉、特征的留存和加强起到了积极作用的少量私人住宅也予以了保留，并将原来由几户合租并共用屋内设施的住房改造成为拥有自带厨卫的独立住房单元。住房单元的改造在保留历史传统肌理的前提下，满足了人口变更以及现代化的居住需求。

（6）对于被拆除住宅，其租户回迁时，他们将入住整修改造过的沿街公寓或新建住宅。此外，多余的住宅将会作为"产权共享"住房（购买部分产权，交付部分租金，以帮助低收入者获得产权）。

改造成效：经过数年的土地收购整合，该地区成功转变成一个融合了办公、作坊、私人别墅以及当地自然保护区的综合区，并形成稳定的社会住房和活跃的市场住房的居住格局（图3-14）。

2. 日本

城镇老旧小区改造不能仅仅依赖于政府主体，更要发挥市场的作用，发挥社区居民、本地文化团体的力量，通过制度层面实现地域内居民的共同参与，做好有效沟通，实现改造更新的长期稳定推进。

【案例1】花田小区更新活动[①]

（1）小区概况

花田小区位于东京市足立区，距离市中心15km。占地面积19.1万m^2，共计80栋楼房，2725户。建成于1964年，公共空间少，建筑密度高，老龄化率达54%，是东京典型的老旧小区。2011年，花田小区启动了更新改造获得成功，

---

① 刘佳燕，冉奥博. 日本老旧小区更新经验与特色——东京都两个小区的案例借鉴［J］. 上海城市规划，2018（4），2018-09-28.

图3-14　利多斯路上的新旧建筑结合的街景

是日本城镇老旧小区改造的成功案例，获得2015年好设计奖和环境宜居设计优秀奖。

（2）参与主体

花田小区的更新改造主要通过市场机制运行，同时充分结合政府和民间的力量。花田更新改造的参与主体包括UR（由都市基盘整备公团和地域振兴整备公团等地方都市开发整备部门合并为UR）、足立区政府、花田协议会、社区居民和鱼沼市。UR和足立区是项目的主要推动者。UR作为独立行政法人，进行更新的主要动力是经济因素。空屋率上升使得老旧小区运营维护成为UR的经济负担，更新改造可以通过空间改造直接减少空屋率，也可以提高人居环境吸引更多的住户。

足立区主要负责在社会层面推动项目实施。一方面与UR沟通，对更新的相关信息进行公示和宣传；另一方面与居民沟通，收集反馈居民意见。2010年2月，UR和足立区牵头成立了"花田协议会"，各个相关的参与者通过花田协议会沟通交流，对现有问题进行识别，并提供规划上的解决途径，使得居民参与在一定程度上得到了有效保障。

还有一个特色之处是新潟县鱼沼市的参与。鱼沼市作为足立区的友好城市，为社区活动中心建设提供鱼沼杉等原材料，并参与举行一些颇具地方特色的社区活动。因为日本存在严重的中小城市衰落问题，足立区意图通过东京都的老旧小区更新拉动地方中小城市的发展，提升地方中小城市的活力（图3-15）。

花田団地地区計画

1984（S59）10.1決　定
1995（H7）10.13最終変更

名称			花田団地地区計画
位置			越谷市花田五丁目の一部
面積			約3.3 ha
区域の整備・開発及び保全に関する方針		地区計画の目標	本地区は、市施行の花田土地区画整理事業（面積94.2 ha）地内にあり、基盤整備の完了した街区となっている。事業による基盤整備の効果や良好な住宅地としての環境が損なわれることのないように、敷地の細分化の防止、建築物の用途や高さの制限等により市街地形成を誘導し、良好な住環境の保全を図ることを目標とする。
		土地利用の方針	本地区は、低層住宅を主体とした街区とし、敷地の細分化を防止するため、敷地面積の最低限度を設定して、良好な住宅街区としての土地利用を図る。
		地区施設の整備方針	地区施設は、土地区画整理事業により整備されており、本地区の区画道路は、地区計画の目標にてらして安全で快適な生活道路とする。
		建築物等の整備方針	良好な住宅街区とするため、建築物の高さ、壁面の位置の制限並びに地震時における倒壊防止の観点からかき又はさくの構造の制限を行い、同時に生垣による緑化の推進を図る。
地区整備計画	建築物等に関する事項	建築物の用途の制限	次の各号に掲げる建築物以外の建築物は、建築してはならない。 1　住宅（建築基準法（昭和25年法律第201号）別表第二（い）項第一号に定める「住宅」。ただし、長屋を除く） 2　住宅で事務所、店舗その他これらに類する用途を兼ねるもののうち建築基準法施行令（昭和25年政令第338号）第１３０条の３に規定するもの 3　診療所 4　前各号の建築物に付属する物置又は車庫
		敷地面積の最低限度	１４５m²
		壁面の位置の制限	建築物の外壁又はこれに代わる柱の面から道路境界線までの距離（以下「外壁の後退距離」という。）は、１メートル以上でなければならない。ただし、外壁の後退距離の限度に満たない距離にある建築物又は建築物の部分が次の各号の一に該当する場合についてはこの限りでない。 1　外壁又はこれに代わる柱の中心線の長さの合計が３メートル以下であること 2　物置その他これに類する用途に供し、軒の高さが２.３メートル以下で、かつ、床面積の合計が５平方メートル以内であること
		建築物の高さの最高限度	9 m
		かき又はさくの構造の制限	道路に面する側のかき又はさくの構造は、次の各号の一に掲げるものとする。ただし、門柱についてはこの限りでない。 1　生垣 2　れんが造、石造、コンクリートブロック造その他の組積造 ック造を除く。）以外のもので道路面から高さ１.７メートル以下のもの

图3-15　花田小区更新计划图

（3）更新手段

花田更新的基本目标是在地域中与生活相连，多世代相连，与环境相连，与街道相连，形成人人都能安心生活、充满生机的居住区。更新项目整体采取“按块划分，分块完成”的模式，将整个小区根据既有路网划分为若干地块，针对不同地块采取不同的更新方式，包括部分建替、集约更新、存量活用、用途转换等（图3-16）。

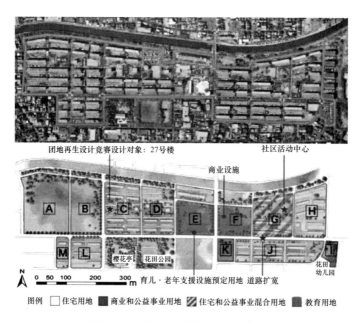

图3-16　更新前状况与更新规划对比

在分块更新的基础上，花田还设计了生活轴、都市轴、地域轴和绿轴来连接各个地块，统合整个小区的空间秩序（图3-17）。

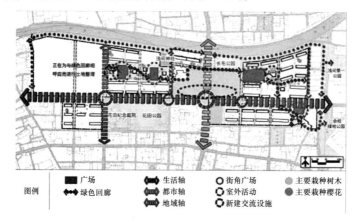

图3-17　花田小区空间结构图

（4）议事机制

花田的议事机制采取典型的委托模式，议事权和管理权均由居民委托给其他组织。居民的议事权通过居民承认的代表转移到花田协议会。居民对社区的管理权经由花田协议会委托给UR和足立区政府相关机构执行。关于社区的公共事务相关议题，经花田协议会讨论后，由UR或足立区具体实施，UR和足立区政府也通过承担部分管理职责，换取社区居民对于改造的支持。同时，花田协议会的组成上还吸纳了更新地块周边的多个町会，覆盖了周边居民，一定程度上增加了间接协商成本，但也较好地保障了花田更新的顺利推进。

花田更新的议事程序和公众参与主要体现在问题识别和具体方案讨论等方面，涉及较大规模的规划改造项目，花田协议会更多发挥宣传和告知的作用。

【案例2】高岛平小区更新活动[①]

（1）小区概况

高岛平小区位于东京市板桥区，距离市中心14km。占地面积36.5万m²，共计64栋楼房，10170户，鼎盛时期居住人口规模超过3万，高岛平建成于1972年，老龄化率为49%，建筑物和配套设施过时老化，更严重的是，高岛平的地域性社会活力不足，更新开始于2004年。

（2）参与主体

高岛平小区的更新改造主要来自社区的自发组织和运行。随着更新活动影响力的逐步扩大，项目后来获得了政府支持。高岛平更新改造的参与主体包括大东文化大学（简称"大东大"）、高岛平报社、学生、社区居民、三者协议会和文部科学省（简称"文部省"）。

高岛平更新主要依托"高岛平未来网络项目"，其主要推动者是大东大的环境创造学部和高岛平报社。两者本身是高岛平社区的组成部分，是地域力量的代表。环境创造学部拥有大东大的特色学科，倡导考虑环境的自然与社会两方面。高岛平报社是不以营利为目的的社会组织，主要工作人员都是居住在小区内的家庭主妇。更新项目在提高社区活力和凝聚力的同时，还可以为学校提供教学、科研、实践的平台，也为报社提供宣传内容。

---

① 刘佳燕，冉奥博. 日本老旧小区更新经验与特色——东京都两个小区的案例借鉴［J］. 上海城市规划，2018（4），2018-09-28.

学生通过两种方式参加到活动中：一是以项目优惠价格租住高岛平内房屋，二是参加项目组织的活动。学生进入小区，一定程度上改变了小区的社会结构。社区居民自然增加了与年轻一代的交流，除此之外也可通过各种活动参与到更新中。

三者协议会是包含研究者、学生和社区居民的联席会议，负责更新项目的日常运行。研究者在其中发挥主要作用，学生和社区居民可以通过协议会成为更新项目的重要决策者。文部省通过科研经费的方式资助更新。

（3）更新手段

高岛平更新的基本目标是针对地域活力的衰退，支持居民的活动。更新侧重于社会层面，以既有空间再利用作为支撑。主要手段包括：推动学生入住小区、组建三者协议会、举办各类社区活动，以及创造"地域货币"等。

整个更新的关键在于整合学校力量推动UR空置房屋的再利用。大东大统一向UR征借空置房屋，然后以低价租给学生，学生需要通过参加公共活动来获取低价租赁的资格，这使得小区内多年龄层次和社会背景的互动具有了客观基础。

搭建三者协议会是项目运行的组织保障。多元主体有了协商平台，并通过协议会举办各类活动。大东大环境创造学部利用学校闲置的活动室，为活动提供场所。学校的示范行为还带动了周边商店的空间再利用，如利用地铁站前的咖啡店开展社区咖啡活动。除此之外，学生还与当地居民一同制作广播节目，定期上传到互联网媒体，一方面促进了学生与居民之间的交流，另一方面也扩大了更新项目的社会影响力，进一步激发了居民和参与者的自豪感与归属感。

高岛平更新活动中还创新性地进行了"地域货币"的实践探索，旨在实现地域环境和地域社会的可持续发展。学生只要参加社区志愿活动就能获得"地域货币"，用于支付房租、餐费、共享汽车，或者获取折扣。最近，这项活动由于遭遇过度商业化的质疑，担心其脱离了仅作为地域社会助推器的初衷，而被终止实践。

（4）议事机制

高岛平更新活动的运作模式更多体现出自治的特点，从问题识别、更新手段到落实执行都由协议会操作。居民的议事权、决议权、管理权都可以通过协议会直接行使。具体运作办法是由居民、学生、研究者三方提出活动相关的提议，大家共同讨论，通过三者协议会运营活动。在更新过程中，还不断加入留学生、地方小企业等新的议事对象，甚至还包括不属于本地区、但热心于高岛平更新事务的各方主体（图3-18）。

图3-18　更新后高岛平小区

六、总结与比较

总体来看，欧美国家城市更新的实施不仅美化了城市形象，为城市发展拓展空间，而且有效防止了城市退化现象，增强了城市中心的吸引力，还带来了一定的经济和社会效益。

从城市更新的发展来看，欧美国家都经历了从大规模的清除贫民窟运动到中心区商业复兴，再到注重整体社会经济效益的过程；也都从大规模的以开发商为主导的推倒式重建，转向小规模、分阶段、主要由社区自己组织的循序渐进式更新。

改造模式多数从政府主导到市场化改造模式的转变；在实施主体方面，欧美国家基本都经历了从中央、地方政府为主，到政府与私人投资者合作，再到政府、私人部门和地方团体三方共同进行和控制城市更新开发的过程。政府成立相似职能的组织对城市更新授权，执行政府的财政措施，对授权区的土地、基础设施进行经营开发，实现更新改造的目标。

许多国家还设有权威部门开展重建更新等工作，包括政府专管部门、隶属于政府部门的机构（如新加坡的城市重建局）、独立于政府的机构（如英国城市开发公司），同时还有政府、私人及居民共同组成的机构。不同部门各司其职、协同配合，对需要改造的工程制定详细的调查、规划与管理策略，从而形成了良好的实施管理体制机制。

多元化改造模式多样化资金渠道。在改造资金的来源上，也是渠道多样化、参与主体多元化、市场化的资金筹措方式多样而灵活，市场投资和自助化改造是住宅改造资金来源的趋势，而各国政府对住宅小区改造均提供了不同程度的经济支持。欧美国家提供大量的财政补贴，利用资金的杠杆效应力图以较小的公共资金带动私人资金投入到城市更新中。包括直接投资改造、资金补助、低息贷款、减税免税、提供优惠政策、提供土地、提供促进计划以及购买旧住宅翻新等措施。国家改造资金运用的形式多样，包括直接运用于支付改造费用、设立专项基金、国家补助、低息贷款、津贴等形式。来源于市场的住宅改造资金包括银行和私人投资机构，如房地产公司、城市开发公司以及投资商等。私人资金包括业主、租房者、住宅管理机构、自助团体等。私人资金不足，可通过向政府申请补助、低息贷款和申请专项基金获得改造资金。在不同时期，由于改造政策、改造目标、改造对象的不同，各国的改造资金供给结构也不同。

在城市更新过程中，各国各地资金运作方式多样，有通过政府财政支持运作的，有通过地方机构和联邦政府的补贴来筹集改造资金的，也有利用私人和社区资金包括超级基金、政府部门的资助以及各社会经济团体投资的。英美等国家政府既运用一些激励性政策吸引私有部门对城市更新进行投入，又维护公众利益、为社区创造条件，在三方伙伴关系中起到协调、引导、监察和调解的作用，确保社区利益不为商业利益所吞没。

在城市更新过程中，存量用地再开发应遵循城市发展的客观规律，秉承有机更新的原则，从不同城市、不同地区的实际问题出发，采用保护、整治、重建、开发利用等不同途径实施。各国不同模式的存量用地再开发，都建立了一套严格的法律政策体系，详细规定了实施的内容、目标、程序、各方的责任义务等相关内容，以法制约束和指导管理工作，确保在有各方参与和资金保障的前提下，顺利推进存量用地再开发。如日本以立法为基础明确规定了土地重划的内容、目标、程序、规划设计、资金来源以及处罚措施等；新加坡、韩国市区重建也借助完善的法律体系，解决了多种所有制下土地配置及社会分配利益等问题。

在实施城市更新过程中，欧美国家也遇到了多种多样的问题。例如：城市更新破坏了原有的社会关系，加大基础设施建设压力，无法解决影响城市整体功能发挥的制约因素，城市建设单一化、缺乏多样性，损害社会公平，加剧城市与郊区、社会不同阶层的隔离与不平等。

综上，借鉴国外的实践经验，将绿色、低碳、可持续发展理念贯穿于整个改造过程，实现城市由外涵式发展向内涵式发展转变，将传统的改造更新向融合社会、文化、经济和物质空间为一体的全面复兴，强调改造更新规划的连续性及城市的继承和保护，而不仅仅是旧建筑物、旧设施的翻新或重建，也不是单纯以房地产开发为主导的经济活动。

我国在城镇老旧小区改造和城市更新过程中可建立多种融资渠道，降低融资风险，从而在资金上保证改造工作顺利开展；在运作模式上，可建立多元化的改造模式，对于不同的改造对象、改造方向，在符合规划的前提下可以采取灵活的改造模式。如鼓励私营机构参与改造，也可以采取与开发商合作改造的方式或由政府自行改造，给市场提供较大的选择余地，从而缓解政府在市区重建中因人力、物力和财政压力而影响改造进程。

第二节　城镇老旧小区改造的国内经验

一、GZH市老旧小区"微改造"经验 [①]

2016年1月，GZH市正式提出"老旧小区微改造"这一概念，所谓微改造，是指在维持现有建设格局基本不变的前提下，通过建筑局部拆建、建筑物功能置换、保留修缮，以及整治改善、保护、活化，完善基础设施等办法实施的更新方式，主要适用于建成区中对城市整体格局影响不大，但现状用地功能与周边发展矛盾、用地效率低、人居环境差的地块。

GHZ市老旧小区"微改造"由市城市更新局组织牵头推进，负责制定计划，对资金进行监管，对项目进行监督、备案。各区也相应成立了区级城市更新局，负责协调各街道。各区是老旧小区"微改造"第一责任主体，区委书记是第一责任人，负责组织开展数据摸查、项目评估、方案审定、计划制定、资金筹集、项目实施等工作，协调街道、居委会组织实施，充分调动居民参与的积极性，形成了"市城市更新局-区城市更新局-街道"三级管理机制。此外，GZH市在市级城市更新局上面成立了更新领导小组，统筹全市老旧小区"微改造"工作，协调调度各相关职能部门。市政府各相关部门依职能各司其职，积极推进简政放权，密切沟通，形成合力。

二、SHH市旧住房综合改造经验

SHH市2003年开始启动旧住房综合改造三年行动计划，集中对城市规划予以保留、建筑结构良好、建筑标准较低的住房进行综合改造并完善配套，之后

---

① 邱伟荣. 696个社区微改造传承文化留住乡愁 [N]. 广州日报，A17版，2018-10-30.

旧住房综合改造行动计划滚动进行，改造覆盖面更广、改造力度更大，政策体系也逐渐完善。通过大规模的综合整治，基本解决了当时居民在房屋使用中遇到的房屋渗漏、管道堵塞、电线老化、路面坑洼积水等问题。在"十三五"规划中，SHH市进一步加大旧住房整治力度，计划实施成套改造、厨卫改造、屋面及相关设施改造等三类旧住房综合改造1500万m²，实施老旧小区综合整治3500万m²[①]。在综合整治改造过程中，遵循"业主自愿、政府主导、因地制宜、多元筹资"原则，提出成套改造、拆除重建改造、对里弄房屋进行修缮改造以及保留建筑内部整体改造等多种改造方式。结合旧住房实际和居民群众所需，市区联动，不断完善配套政策，积极创新探索旧住房综合改造的方式路径，因地制宜、多样并举、分类施策，多渠道多途径地改善市民群众居住条件、居住环境和居住质量。

SHH市住房城乡建设委员会是旧住房综合改造工作的主管部门，负责制定相关政策和制度、汇总编制全市年度项目计划、协调落实市级财力补贴资金以及进行综合管理、统筹协调和监督检查等工作。各区房管局是旧住房综合改造工作的具体组织推进部门，负责编制各区域改造计划、筹措改造资金、组织居民意见征询、协调推进项目建设，并对项目的进度、安全质量进行监管等具体工作。市、各区住建和房管部门以及各区房地集团、街道、居委等相关部门和单位按照工作责任分工，各司其职，加强信息互通和协调沟通，全面完成工作任务。

三、BJ市老旧小区综合整治经验

2012年B市发布《BJ市老旧小区综合整治工作实施意见》[②]，正式开始推进老旧小区综合整治工作。BJ市按照自下而上、以需定项、理顺机制、强化服

---

① 上海市房屋管理局城市更新和房屋安全监督处（历史建筑保护处）《关于"十三五"期间进一步加强本市旧住房修缮改造切实改善市民群众居住条件的通知》，2019-02-18.

② 北京市人民政府办公厅关于印发《老旧小区综合整治工作方案（2018-2020年）》的通知［Z］.京政办发［2018］6号，2018-03-04.

务、标本兼治、完善治理的原则，健全完善老旧小区各类配套设施，补齐短板，优化功能，提升环境，旨在解决好群众最关心、最直接、最现实的问题，实现法治、精治、共治，努力把老旧小区打造成居住舒适、生活便利、整治有序、环境优美、邻里和谐、守望相助的美丽家园，不断增强居民的获得感、幸福感和安全感。

2012年BJ市建立了由有关政府委办局参加的老旧小区综合整治工作联席会议制度，联席会议办公室设在重大工程建设指挥部，由市政府分管，副秘书长任主任，市重大工程建设指挥办公室、市住房城乡建设委、市市政市容委、市财政局任副主任。联席会下设办公室和资金统筹组、房屋建筑抗震节能综合改造组、小区公共设施综合整治组3个工作组，工作组由市重大工程建设指挥部办公室、市财政局、市住房城乡建设委、市政市容委等部门牵头组成。各区县政府参考市级机关的设置模式，也建立了各区县的老旧小区综合整治工作推进机制，确定了机构与相关责任。在联席会议制度的保障下，BJ市共发布涉及老旧小区综合整治规范性文件46个，涉及重大问题的签报41个、纪要73个，有力地保证了老旧小区综合整治工作的开展。

【案例】BJ市海淀区志强北园改造①

位于海淀区的志强北园30多栋楼房，是BJ市老旧小区的一个缩影，却成了"难啃"的骨头。30余年来，小区囊括了10个院落，34栋楼房，居民2410户，常住人口5328人，住区单位有中影公司、中国电影资料馆、西城华联公司、星火小学、明天幼稚园等。违建犬牙交错，加上小区长期无封闭围墙、无门岗、无电子防盗装置、无路灯照明等情况，以及物业管理的缺失，志强北园的生活就像陷入了恶性循环。

在市人大常委会的推动下，志强北园在改造思路上，以疏解非居民服务功能为突破口；工作方式上，政府和居民共议需求；腾退出的空间，还成了引进社会投资的新场地。

---

① 黄颖. 老旧小区改造的"志强模式"改造一年房价翻番［N］. 新京报，2017-01-11.

志强北园的整体改造便是从首层违建拆除起步，"违章建筑多"，共有97家涉及153户，居民工作非常难做。市人大常委会曾就此多次进行现场调研和督办，并在调研中发现，居民工作难做、改造意愿不强，是城镇老旧小区改造过程中遇到的问题，其背后更深刻的原因是与居民沟通不畅，小区面貌改观不明显。居住在老旧小区里的都是北京市最普通的老百姓，这些老职工、老市民的经济收入相对较低，尤其是一些离退休较早的老同志，收入上没有能力改善自己的居住环境或者购置新房，只能一直住在老旧小区里，政府不出钱改善，他们很难改善自己的居住环境。

居民从最初的不理解、不配合，到部分居民主动先拆自家违建，保障了拆违工作顺利进行。经过多方努力，志强北园拆除了全部340处7261m²违建。就这样，志强北区150多户违建，在2015年10月9日至20日的11天里，完成了拆除工作，啃下了整块硬骨头。

考虑到一层住户集中反映的没有阳台，政府投入3000多万元，为具备条件的17栋楼152户一层住户统一加建了与楼上齐平的阳台。之后的腾退空间内，新建了7个自行车棚，3500m²绿地和7100m²的沥青混凝土道路；考虑到原本居民爱去的乒乓球场地略显简陋，社区为其加装了护网防止球乱飞，铺上了塑胶地面。

2016年，志强北园在社区改造的基础上，对社区内五处3594m²地下空间进行了清理整治，疏解外来人口1215人，并利用腾退空间引进了休闲娱乐、文化教育、游泳健身等。

困扰多数老旧小区的物业管理难题也得到破解，2016年3月，这里实现了卫生和停车的专项物业管理，采取的方式是物业公司免费服务半年"试用"，让居民体验的方式，同时逐步转变老居民没有物业收费意识的局面，目前全小区已经有390多辆汽车登记，缴费比例在80%到90%之间。

志强北园改造正是顺应了居民对增强公共服务功能的期盼，带领大家在改造中实现了利益"放小得大"的升级。同时，有效发挥了在辖区内统筹协调解决各类公共服务、管理和安全事项的作用，在街道层面实现了相关政策、资金、资源的整合利用，为创新城市治理方式、加强城市精细化管理、治理城市病提供了新的思路和经验。

转变传统的行政运行方式，把腾退空间作为引进社会投资和支持社会组织发育的资本，在满足居家养老、休闲健身、停车服务等基本公共服务中，与企业合理分担成本，并支持企业在部分高端服务和满足个性化需求中获取合理利润。

现在这片楼房砖红色搭配乳白色的外漆因"规模效应"而格外显眼，翻新的外墙漆是老楼翻新的一种证明。其内也是"五脏俱全"——小学、幼儿园、社区便利店、活动广场，乃至房屋维修站一应俱全。部分楼对面用鲜亮的白漆画出了停车位的范围和编号，入口处还有电子杆和摄像头，为进小区的车辆拍照计时。年过三十的志强北园路面干净，垃圾桶边无杂物溢出，草地树木整齐，车辆停放有序，互不影响（图3-19）。

图3-19　志强北园改造前后对比

"志强模式"也有望向北京更多老旧小区延伸。它的背后，是政府部门由包办一切的"主人"，向社会共治的"主持人"的角色转变。

四、XM市城镇老旧小区改造经验[①]

XM市属最早开展城镇老旧小区改造的城市之一，改造经验较为丰富。XM

---

① 袁舒琪，吴晓菁，吴燕如，郭筱淳，廖闽玮. 我市全面打响老旧小区改造提升"攻坚战"［N］. 厦门日报，2016-05-25.

市以"共同缔造"的理念和方法开展城镇老旧小区改造工作，遵循"先民生后提升"的提升路径，以为民惠民为出发点；在改造过程中首要解决居民的用水、用电、用气等问题，重在补齐民生"短板"，使老旧小区的居住品质得到改善，注重改造过程中的"统筹协调"和改造后的"长效治理"。2016年10月，XM市城镇老旧小区改造提升作为范例之一，被选送参加"第三届联合国住房和城市可持续发展大会"展览。

XM市建设局依托XM市宜居环境建设指挥部办公室，建立市级工作协调机制，负责全市城镇老旧小区改造提升工作的指导协调和督促检查。市发改委、公安局、民政局、财政局等部门根据各自工作职责，负责配合、支持城镇老旧小区改造提升相关工作。供水、供电、供气、通信、有线电视等管线单位指定专人负责城镇老旧小区改造提升相关工作，配合各个区协同设计、施工等。各区作为实施主体，对辖区内城镇老旧小区改造提升工作负总责，区级领导亲自挂帅，通过建立健全工作机制、强化组织领导、严格任务考核、加强资金监管、加大宣传引导，统筹实施辖区内城镇老旧小区改造提升各项工作；区建设局、民政局、行政执法局、市政园林局等及各街道根据其工作职责给予积极配合。

五、CHD市老旧院落改造经验

CHD市2015年开始启动城市建设管理转型升级十大行动，老旧院落改造便是其中之一。CHD市老旧院落改造坚持"先自治后改造"和"因地制宜，一院一策"的原则，坚持安全性、适用性和经济性相结合，通过建立组织机构、完善政策、制定改造计划并实施、打造院落文化、建设长效机制等一系列举措实现了从政府主导逐渐转变为政府引导的跨越，形成了居民积极参与的良好局面。

CHD市老旧院落改造在市（区）级层面成立了市（区）老旧院落改造推进小组办公室统筹安排全市（区）老旧院落改造工作，市（区）院落办的职责是确定全市（区）改造目标，制定、完善配套政策，督促协调各市（区）级政府职能部门共同推进城镇老旧小区改造工作。各街道办事处负责老旧院落改造的具体组织与实施，包括招标等工程相关的工作。社区在老旧院落改造中负责群众工作，如收集管理维修资金、征求群众意愿等。

六、YCH市西陵区老旧小区综合改造经验

西陵区城镇老旧小区改造作为全国试点之一，一直备受关注。2018年，西陵区创新实施"业委会＋人本化"改造模式，全年启动城镇老旧小区改造55个，完成改造45个，改造面积约7.09万㎡，加装电梯4部，完工2部，受益群众6200多户15000多人。截至目前，该区居民实际出资率达95%以上，社会投资近1000万元，城镇老旧小区改造的"西陵经验"得到总结推广。

1. 顶层设计、高位推进是基础

西陵区委、区政府把城镇老旧小区改造作为一项重要民生工程和提高城市社区治理能力的重要抓手，纳入区委常委会工作重点和区政府惠民十件实事，举全区之力统筹推动工作落实。

领导重视，高规格设置组织机构。组建了由区委书记任组长，区长任第一副组长，其他区委常委和分管副区长为副组长的城镇老旧小区改造领导小组，各街办比照区级标准成立由党工委、行政主职挂帅的工作专班，层层压实责任。

全面统筹，高标准制定行动计划。区政府先后3次专题研究《西陵区城镇老旧小区改造三年行动计划实施方案》，经区委常委会讨论通过后，以区委、区政府名义印发实施。该方案明确提出，努力探索"业委会＋人本化"改造新模式，力争在全市、全省乃至全国创造可复制、可借鉴的试点经验。

强化督办，高效率推进工作落实。组建由分管副区长任组长、两办督查室、相关部门及各街办负责人为成员的协调推进工作组，区政府一周一通报推进情况，分管副区长一月召开一次工作例会，及时督查、研究和解决改造工作中的突出问题，确保改造工作落细落实落地，扎实有序推进。

2.党建引领、创新模式是关键

充分运用该区"业委会组建100％"成果，紧密依托"社区＋业委会＋物业"的三方平台，按照"业委会主导、居民参与、社区组织、街办实施、政府统筹"的总体思路，让"共同缔造"深入人心、聚得民心。

坚持党建引领，凝聚参与活力。各街道党工委通过组建"小区临时党支部"，开展"党员责任区闪光行动"，把小区党员发动起来。紧紧围绕改造内容"谁来定"、改造资金"谁来出"、改造过程"谁监督"、改造之后"谁维护"等重大议题，反复开展协商，有效激发了居民群众参与改造的活力。实现了过去政府主导改造，居民"不买账"，变为现在业委会主导、政府统筹、居民满意的重大转变。比如：西陵街道嘉明花园小区先后召开10多次会议，化解改造难题，在小区业委会4名党员的带动下，小区280户居民主动交纳了132万元的小区改造费和物业管理费，确保改造工作取得了良好成效。

注重分层分类，体现个性差异。坚持"一居一策"，将老旧小区改造分为小区环境及配套设施、建筑物本体、公共服务设施、小区治理体系四大方面，明确小区改造"6＋2＋N"的达标、提高、特色三类具体标准。对于"功能达标型老旧小区"，采取"微改造"模式，主要改造基本功能设施（供水、供电、供气、路灯、排水）、通行设施、停车设施、消防设施、安防系统、环卫设施6项内容；对于"功能完善型老旧小区"，在达标基础上增加弱电规整和景观美化2项内容；对于"功能提高型老旧小区"，在功能完善基础上增加了文体活动设施、屋面防水、楼道修缮、单元门禁、加装电梯、立面整治、功能用房、智慧社区等N项内容。

强化主体地位，彰显人本特色。该区出台《西陵区背街小巷及老旧小区基础设施改造管理办法》，推出"1＋4＋N"服务体系。由小区业委会牵头抓总，街道干部、社区工作者、政法干警、法律工作者（律师）4支固定力量对口联系，相关职能部门、社会组织等"N"支弹性力量联系帮扶小区改造。创新组建四方堰片区改造"工作坊"，邀请市政、园林、景观等行业专家群策群力。白龙岗小区业委会主任、四方堰小区业委会主任，参与改造全过程，监督改造全天候，被居民亲切地称为"小区总理"；四方堰社区84岁居民主动捐赠改造资金5000

元；YCH市地质环境检测站出资30万元支持小区改造。

3. 多元共建、长效管理是保障

该区将完成改造的老旧小区清单式移交业委会，由业委会负责管理维护，为加强业委会规范建设，出台了《关于深化"党建主导型业委会"建设提升城市社区治理能力的决定》，从业委会的阵地建设、制度建设、能力建设等方面精准施策，聚焦长效管理目标，努力提升城市社区治理能力。

推进"八有"标准，发挥业委会主导作用。区委成立了"党建主导型业委会"建设工作领导小组，负责年度工作方案制定、实施和落实，推进全区范围内的小区业委会达到"八有"标准，即：议事协商有阵地、日常运行有制度、物业费收取有保障、业主行为有公约、财务公开有监督、诉求解决有渠道、小区文化有特色、和谐共治有力量，为业委会在老旧小区长效管理中发挥主导作用提供基础保障。

落实组织保障，强化政策资金支持。区政府每年安排"社区自治金"500万元，采取"以奖代补"方式扶持业委会发展，各社区整合每年20万元的"惠民资金"，优先向运行规范的居民小区倾斜。该区住房城乡建设局（物业办）推进健全物业公司信用评价体系，建立老旧小区业委会和物业公司双向选择的平台，助推建立长效管理机制。

强化文化建设，推进和谐共建共治。采取区内结对帮扶、区外学习标杆等方式，打造"生态小区""孝老小区""法治小区"等特色小区，全面提升业委会委员的业务工作能力。完善多方参与小区自治的治理体系建设，打通"区级、街道、社区、小区"参与社区治理的新路径，实现多元共治、多元共建、多元共享。

七、PZH市城镇老旧小区改造经验

1. PZH市改造简介

2018年PZH市被住房城乡建设部确定为全国15个城镇老旧小区改造试点城市之一，秉承"共同缔造"理念，根据实际确定了"先民生、后提升，先急需、后改善"的改造原则，覆盖了老旧小区市政配套设施、小区环境、建筑物本体、公共服务设施等改造内容，改造方案顺应群众期盼推进迅速，改造后小区灯亮、路平、管网畅通，配套功能更加完善，空间布置更加合理，小区旧貌换新颜，居民生活品质上了一个新台阶。

经统计，全市2000年以前建成的老旧小区共计504个，涉及2929栋住宅楼，90062户住户，面积约660.50万m²。2018—2020年全市共计划投资改造老旧小区项目30个，涉及住户13785户，总投资预计约2.58亿元。2018年，完成7个城镇老旧小区改造项目，总投资6346万元，涉及4003户，户均1.58万元。2019年，计划实施改造12个老旧小区，涉及126栋楼，3484户，预计投资额8492万元，户均2.43万元。目前，西区、盐边县的3个项目已进入施工阶段，其余9个项目正在准备前期工作。在城镇老旧小区改造工作中，米易县率先试点开展了既有建筑增设电梯工作，截至目前，共申请增设电梯74部，已竣工验收30部，已完工待验收35部。向住房城乡建设厅争取了64部电梯的以奖代补资金共计960万元，平均每部电梯补助15万元。

2. PZH市老旧小区综合改造经验

（1）发挥"四个作用"，党建引领破解推进难

由于城镇老旧小区改造和棚改货币化安置政策差异，居民对城镇老旧小区改造的积极性和参与感不强，居民改造意愿达不到实施标准。街道、社区在具体实施过程中，形成了"四个作用发挥"的工作方法。一是充分发挥党支部的引领作用。充分发挥基层党组织的作用，街办、社区牵头在部分小区成立党支部，形成"支部引领、党员担当、发动群众、小区自治"的治理思路，形成共建、共管、共享、共治的长效机制，为后期管理打下基础，共同建设美好生活，共享党中央、国务院城镇老旧小区改造政策的红利，让人民群众在党的领导下更有凝聚力。二是充分发挥党员的带头作用。成立了由老党员、老干部组成的改造委员会，发挥老党员、老干部的先锋模范作用和带头示范作用，及时协调解决改造中遇到的困难问题。三是充分发挥社区及社会组织的桥梁纽带作用。社区在前期调查摸底、宣传发动、征集意见以及引导小区成立业委会或自改委等工作中发挥了重要的桥梁纽带作用。四是充分发挥居民的主人翁作用。通过

老党员、热心人的带头参与，在改造意愿征集、改造内容协商、改造方案制定、改造过程监督、改造后管理机制建立等方面充分调动居民积极性共同参与，发挥居民主体作用。

（2）引导居民参与，多元共建破解资金难

一是创新筹资模式。按照政府主导、社会参与、居民共担的原则，城镇老旧小区改造费用原则上由市、县（区）、小区居民按5∶4∶1比例共同承担，居民的出资可以以直接捐款、缴纳物业费或维修资金、捐赠绿化植物、投工投劳参与小区管理等多种方式进行。二是分段分担费用。水、电、气、通信等管线表前改造费用由管线单位和政府按8∶2比例承担，表后改造费用由小区居民承担。截至目前，2018已实施的7个小区改造项目，均顺利完成管线改造及费用分摊。三是整合"三供一业"专项资金。以大企业"三供一业"改造分离移交为抓手，支持使用其他专项资金参与城镇老旧小区改造。如景怡东小区整合了攀煤"三供一业"改造资金3900余万元，极大缓解了资金难问题。下一步，还将继续拓宽节能改造、养老、体育、文化等方面筹资渠道。

（3）突出功能特色，优化设计破解配套难

一是注重需求导向。以解决居民实际需求，规划基本功能，不拔高标准，不降低品质，针对不同类型小区、不同居民诉求，在征求居民意见的基础上，确定改造重点，将打造宜居环境和提升居民服务融入小区改造全过程。如米易县教师园区电瓶车较多，居民充电困难，在全覆盖征求意见基础上，小区改造中特增设了充电装置。同时，针对山地城市特点，顺应社会经济发展和人口老龄化需求，鼓励和引导有条件的小区加装电梯。二是保留建筑风貌，传承历史文脉。在推进城镇老旧小区改造过程中，围绕"因矿而生、因钢而兴"的三线建设城市定位，将现存的红砖房纳入改造整体区域设计，保留红砖房特色，加大建筑保护与更新，保护城市历史风貌。如春风巷啤酒厂家属小区，改造设计中结合居民意愿，对小区红砖楼外立面做了原貌保留。三是融入核心价值观和党建元素。在注重实体内容改造的基础上，加强精神文明建设，让人民群众共享改革成果。如仁和机械化小区、林业大院小区设置了党员活动室、张贴了核心主义价值观、党风廉政建设的宣传内容，将城镇老旧小区改造打造成为宣传党的政策和社会主义核心价值观的前沿阵地。

（4）创新管理模式，分类施策破解治理难

一是"物业管理＋社区居委会"模式。对国有企业移交的保障性住房小区，引入物业管理公司实现小区物业管理服务社会化，社区居委会承接小区周边的日常清扫保洁、绿化管护等。如景怡东小区原属攀煤集团的家属房区，改造后由企业直接推荐物管公司承接小区的物业管理，社区居委会负责小区周边地段的清洁维护等，圆满解决了大型老旧小区由企业移交地方后的管理问题。二是"居民服务公司＋国有公司"模式。该模式主要在老旧保障性住房小区和公租房小区使用。由社区兴办从事居民服务的社会企业，对小区居民免费开展环境清洁卫生工作；国有公司协助开展重大基础设施和公共配套设施的维修等工作。如河门口廉租房小区，由社区成立服务公司负责小区内简易的卫生清扫，国有资产管理公司作为国有企业平台承担小区内基础设施和公共配套设施的管理维护。三是"居民自治＋国有公司"模式。该模式主要在移民安置小区和廉租房小区使用。由社区组织各种志愿者服务队伍，动员居民投工投劳，实现物业管理的居民自治；对于重大基础设施维修等项目，采取政府补贴一点，居民自筹一点，国有公司集中统筹解决。如清香坪廉租房小区，社区邀请老旧小区离退休党员干部、楼栋长、居民代表组建"业主委员会"，参照现代物业管理标准共同议定小区公约、楼栋公约，动员居民投工投劳，探索邻里互助"爱心储蓄银行"，实现物业管理居民自治。

八、NB市城镇老旧小区改造经验 ①

2017年12月，NB市成为全省唯一入选全国首批城镇老旧住宅小区改造试点的城市，重任在肩、谋划在前、行动在先，持续在工作组织、资金筹措、长效管理等方面探索创新，实现从"政府主导"到"共同缔造"，从"最多100天"到"只要20天"，从"筹资难"到"即交即用即补"等多个转变。

①　王聪婕. 组织引领治理创新 共同缔造美好家园—宁波老旧小区改造试点纪实［N］. 浙江日报，2019-09-22.

　　NB市在实践中获取成果，从成果中提炼经验。老旧小区实现华丽"转身"的同时，一套"政府引导、基层推动、业主点单、多元共建、建管并举"的NB市模式逐步形成。NB市也从中开启了共建共治共享的社会治理新格局。

　　1. 遵循"共同缔造"全民全程参与

　　围绕住房城乡建设部提出的"共同缔造"理念，NB市积极调动居民、社区、政府以及社会各界力量，突出问题和需求导向，聚焦改造意愿共同征集、改造内容共同商议、改造方案共同研究、改造过程共同参与、改造效果共同评议，真正彰显"共同缔造"的理念精神，实现城镇老旧小区改造全民参与、全面参与、全程参与。2017年，NB市通过成立"全市老旧住宅小区整治改造工作领导小组"，各地建立专项小组，确保工作全面开花、推进有序、水到渠成。

　　"群众的事群众商量着办，群众的事群众参与着办。"鄞州区采用"量力而行、核定规模、项目入库、竞争上岗、清单管理、点单服务"的模式，把改什么、怎么改、谁先改的权力还给居民，极大地调动居民参与的积极性。

　　北仑区把"小区业主全程参与，社区干部全程跟踪"作为主要工作原则和手段，将社情民意贯穿于改造始终，形成"群众点菜，政府接单"的改造经验。

　　三分建、七分管。改造提升小区硬件设施后，如何巩固改造提升成果，培育居民的共同缔造意识，打牢长效管理的基础，也是NB市在工作推进中一直思考的问题。

　　特别是针对一批无物业的老旧小区，推动治理模式从"靠社区管"向"自治共管"转变。通过建立社区居委会、小区业委会、物业公司三方联动机制，完善小区后续自治管理，解决改造后期管理难题，避免因管理缺失、无序而造成改造成效不能持续，结果又走回老路。

　　改造的是环境，凝聚的是人心。改造工程如火如荼开展，唤起了居民共建家园的热情，如今走进NB市的各个街道社区，自治小组、义工队伍随处可见，形成了社区洁美、人人有责的良好风气。而且越来越多的居民自愿承担起小区的后续管理事务，改造治理的效果不断提高，百姓的获得感、幸福感、安全感也随之大幅提升。

2. 创新基层自治 打造示范"标杆"

居民是改造主力军,基层组织是核心牵引力。NB市充分发挥干部在基层自治组织、街道社区(小区)的带头引领作用,当好先锋模范,鼓励城镇居民积极参与改造,充分达成基层自治的共识。

贝家边小区、砖桥巷小区、茗雅苑小区曾是江北白沙街道的三大"老破小",自改造以来,通过组织引领,创新基层治理模式,已逐渐蜕变成为全市破解老旧小区民生顽疾的"三大典范"。

通过基层干部带动群众广泛参与,推动基层自治和改造工作相融合、两促进。鄞州还结合当地的"周二夜学"、"三进三服务"、选派"第一书记"等工作,深入基层、接近百姓,确保居民诉求表达无障碍、互动联动无断档、信息反馈无拖延、增强小区自治管理和自我更新的向心力和凝聚力。

改造过程中,不可避免会遇到一些业主对改造成果存在疑虑的情况,各地基层干部的榜样示范作用就不可小觑。他们积极带头响应,以榜样的力量带动整个小区居民的改造积极性,变"要我改"为"我要改"。

NB市住房城乡建设局坚持党建引领,践行共同缔造,以改革的思路和创新的理念,理清责任清单、权力清单和执法清单。规范物业企业信用管理,建立社区、业委会、物业服务企业共同治理的新机制,全力推动物业管理与基层治理的有机结合,真正做到共管共治、共建共享。

3. 项目"打包"改造 提速更要提质

推进并延伸浙江的"最多跑一次"改革,NB市还把行政审批制度改革的精神,落实到了城镇老旧小区改造工作中。结合国务院在浙江和全国15个城市开展工程建设项目审批制度改革试点,NB市创新提出"5+N"试点方案,即实施设计、施工、监理、市政、绿化等全过程EPC总包模式,采取一次性招投标,尽可能把城镇老旧小区改造的审批时间压缩到最短。

据悉,当前全市老旧住宅小区改造开工前的审批事项已压缩在5项,审批时限也压缩至20个工作日。压缩审批时限,同时也要保障审批制度改革后的质量不降低、安全隐患不遗留,为此,NB市全面推进全过程工程咨询试点。现场派驻全过程工程咨询服务单位,全面承担从方案设计、立项审批、施工图设计、工程招标、施工管理（包含工程监理）等各环节管理工作。

这种"全过程工程咨询服务"的新模式，在海曙区老旧住宅小区改造中已得到充分应用。该区先选出问题多、矛盾多、困难大，群众改造意愿强烈的3个试点小区形成"群雁方阵"，再通过典型引路、示范带动，其他小区紧随其后，陆续启动立项、设计以及全过程咨询、施工等各类招投标工作。

面对改造项目繁杂、时间紧、任务重，为将居民身边的"痛点"一网打尽，鄞州区还提出"最多改一次"。就是通过多元一次性立项、一次性审批、一次性完工，实行改造项目"全打包"，避免反反复复进场动工。

"最多改一次"，改的是方法、理念。通过前期仔细"摸底"，NB市着力对老旧小区普遍存在的路面、墙面、水箱、管道、管线等不同程度的破损，进行统一集中的修缮、整理和更新；同时还集合NB市的海绵城市建设，把雨污分流、地下管网改造、停车位改造、无障碍设施配置等一连串难题融入其中，务求在改造中一并解决。

"最多改一次"，改出了NB市特色，也改出了NB市速度。通过统筹主干道整治、停车位改建、污水零直排创建、电梯加装等项目内容，又重点布局垃圾分类"新时尚"，NB市不仅全面提升了老旧小区环境质量，还大大缩减了老百姓的改造"阵痛期"。

4．"联合审""零次跑"提速电梯加装

既有多层住宅加装电梯，不仅认定条件专业，而且审批手续繁多、群众意见不一，也是各地城镇老旧小区改造的工程项目中公认的难题。而NB市在创新审批模式上下足功夫，开全国之先河，将加装电梯的性质定性为"特种设备安装"，合理简化了建筑工程施工所需要的繁杂流程，为老旧小区加装电梯开辟出了一条"快速通道"。

NB市老旧小区加装电梯"破冰"，是在2017年年底鄞州区孔雀小区首部电梯的动工。而且短短2个月电梯就竣工投用，让受益的楼道居民兴奋不已，也让街坊邻居羡慕不已。

紧随其后，各地老旧小区纷纷提交申请，加装电梯越来越多，审批开工的速度也越来越快。"加速度"的背后，是NB市的部门"联合审"制度。原先需要17个部门总共40多个公章的审批流程，最终简化为5个部门自己内部联合审批，让电梯企业及工程队进场动工的时间大大提前。

值得一提的是，镇海区通过各级部门和各行业单位紧密协作，实现进一步流程简化，为加装电梯再次按下"加速键"，在全市率先实现电梯加装的群众"零次跑"。

把复杂的事情简单化，分散的事情集约化。镇海多部门联合，采用进小区现场勘查，进社区上门办理申请手续的办法，探索尽可能让群众少跑腿的审批方式。

一接到业主有加装电梯的意愿，区建设交通局就会提前介入，判定其是否具备电梯加装的条件。随后做好方案、造价及费用分摊解释等工作。公示期间，街道、社区等还会做好周邻房屋业主的相关解释工作，取得周围群众的理解和支持。

前期工作完成后，相关部门会指导业主代表填写申请表，并在5个工作日内，组织属地街道、规划、城管、市场监管、经信、消防、供电等部门，联合自来水公司、燃气公司、广电、通信等专业部门到现场踏勘，会议集中联审，一日办结。

针对前期反应集中的加装过程中的困难和难点，NB市住建局方面不断总结研究，持续细化和完善相关政策，出台"高阶版"加装电梯指南，持续推进全市既有住宅加装电梯工程。目前，NB市六区已经全面实现多层住宅加装电梯审批"零次跑"。

目前，全市已明确的电梯加装有上百部，其中44部电梯已完工并投入使用，另有39部正在施工中，21部电梯已完成审批或正在审批，约190个楼道正处于电梯加装前期准备阶段。

5. 资金多元筹措 破物业"提价难"

几乎所有城市都会面临同一道难题：城镇老旧小区改造需要实实在在的资金注入，那么改造资金从何而来？如何分摊更合理？又该如何保障小区"养老金"的来源？NB市从未停止过对这些问题的探索。

基于"共同缔造"的理念，政府补贴加业主自筹的模式，是NB市开展各类项目改造时较为普遍采用的。但并非仅止于此，鼓励社会资本参与，积极探索资金多元化筹措，达到共同实施城镇老旧小区改造的目标，也已成为各区县市的共识。

江北区与多家国企深度对接和协调，企业发挥自身技术优势的同时，为改造和更新项目提供资金支持，尽显各自的社会责任。例如该区中马街道槐树公寓改造时，国家电网投入500万元更新母线、配电房等所有电力设备；自来水公司出资50余万元全面更换小区内的主供水管道等。

"对于社会资本投入部分，我们允许其抵扣居民出资额。同时，鼓励社会资本积极参与建设卫生服务站、幼儿园、室外活动场地等公共服务设施，为城镇老旧小区改造注入多方面的动能"，镇海区建设与交通局有关负责人介绍。

奉化区在楼宇智慧门禁系统改造方案中，通过与第三方合作，将"小资金"实现了"大利用"。政府投融资平台承担总费用的25%，街道也承担25%，第三方承担50%。同时，承担资金"大头"的第三方公司可获得每栋楼宇门上 $0.5m^2$ 广告位的10年经营权。相比政府上门工作让居民直接支付改造费用，这样的方式更能被大众所接受。

同样难得的是，22年房龄的鄞州孔雀小区实现了物业专项维修资金补缴，这在全省都实属罕见。而且小区通过"即缴即补即用"给小区"治病"，让老百姓看到了补缴的实际好处，进一步激发了大家共治共享的意愿。这一经验随后被推广至区内外。比起筹资改造整治，巩固改造效果，提高后续管理服务水平，是老旧小区所面临的更大挑战。在物业费难收、物业服务水平跟不上这一"恶性循环"问题上，NB市海曙区却走出了一条"以质定价、质价相符"的路径。

"门卫24小时有人值班，车辆出路有登记，物业费没白涨。"海曙梅园社区的李先生对现在的小区服务赞不绝口，这个20多年没涨过物业费的小区，年初引进新的物业公司，街道、社区和业委会讨论提出"年度考评"方式，对物业公司进行"阶梯式"提价，要提价就用质量说话。

梅园社区只是一个缩影，海曙全区已有22个小区物业费完成了提质提价的工作，为各地提供了宝贵经验。事实上，2018年10月NB市就出台了中心城区老旧小区物业服务收费的指导意见，确定最低收费标准。随后，各地通过探索及相互学习，物业收缴率大幅提升。

北仑区为维护巩固改造成果，许多原本无物业的"老破小"也陆续引入物业企业。外洋新村自年初迎来物业公司以来，着重处理环境问题，同时全程参与小区微改造、微更新，让居民们持续体验到看得见、摸得着的日常管理服务，物业费提高至0.6元/（m²·月），许多小区顽疾也因此迎刃而解。

6. 建筑工程设计师进社区

建筑工程设计师进小区是技术支持城市更新的重要实践，是提升社会治理能力和治理水平现代化的有益探索，是落实勘察设计单位质量责任制的有效途径。2019年NB市住房城乡建设局印发《关于在全市开展社区规划师试点工作的通知》。按照"市级统筹、属地管理，党建引领、专业务实"的总体思路，和"以点带面，逐步推展"的基本原则，并指出通过几年的努力，实现千名设计师进小区，确保所有的住宅小区都有1～2名设计师建立联系点，部分街道、社区和设计院（所）以及大专院校建立实践基地，设计院（所）设计队伍的业务能力和水平得到明显提升，设计质量负责制走出一条新途径，实现设计院（所）和街道、社区"共赢"。

建设工程设计师进小区实行属地乡镇（街道）负责，由区县（市）住房城乡建设部门进行指导。支持设计师优先以业主身份参与到本小区的业主委员会等日常事务工作，推动设计师从专业角度为社区治理提供服务，提升社区治理能力和治理水平。原设计单位设计的住宅小区应当由该设计单位优先落实设计师进小区；原设计单位注册地不在NB市域范围内或已停业、歇业的，由本地设计单位以志愿者身份进小区。有多个设计单位的设计师居住同一小区，或同一住宅小区存在两个以上设计单位的，可以按照"谁设计、谁负责"原则确定，由乡镇（街道）、社区居委会或业主委员会推荐一名"首席设计师"，切实打造舒适、宜居的居住条件。原住宅小区经过老旧住宅小区整治改造设计的，按"先新后旧"原则，由整治改造后的设计单位落实设计师进小区责任。

设计师进小区后，应当和乡镇（街道）、社区居委会、业主委员会和物业服务企业建立工作联系。设计师参加社区楼门会议等议事机构，听取并收集业主关于老旧住宅小区改造方面的意见和建议；接受街道、社区邀请，参与社区规划方案论证，推动形成了自然、历史文化与现代文明交相辉映的新城区；配合新设计单位提出合理化意见，熟悉了解小区的历史渊源和文脉社情，推动建设新时代社区改造样板；从住宅小区街角、墙角、边角提升着手，通过微改造、微更新、微提升活动，进一步提升住宅小区建设品质；配合驻街道规划师做好细部设计工作等五个方面为小区提供技术咨询和服务。

7. 实施城镇老旧小区改造项目竞争性管理

为了顺利推进NB市城镇老旧小区改造工作，合理确定项目实施计划，提高资金使用效率，鼓励配套设施与服务缺失严重、居民改造需求迫切的老旧小区尽快列入项目计划等改造工作，NB市老旧住宅小区整治改造工作领导小组办公室还印发了《关于NB市城镇老旧小区改造项目实施竞争性管理的指导意见》（甬住整办〔2019〕41号）。

该意见指出老旧小区项目改造方案表决通过后，由业主委员会向街道提交城镇老旧小区改造方案和改造申请，无业委会的，社区居委会可以代为申报。街道根据老旧小区基本情况、改造方案、居民表决情况，综合社区党建工作、业委会运行、维修资金筹措、物业管理等情况，统筹社区整体服务功能完善、专项工程整合实施及小区改造的实施时序，避免零打碎敲、重复建设，对辖区内城镇老旧小区改造项目实施提出初步方案。

区县（市）住建局会同区县（市）发改局、财政局对各街道上报的项目实施初步方案进行论证评审，参考有关评分标准进行计分。

NB市城镇老旧小区改造实施项目评分标准　　　表3-1

序号	类别	评审内容	主要评判依据与分值				最高分
1	基本状况	建成交付时间	小区中大部分建筑交付年代	1990年之前（6~7分）	1991~1997年（2~5分）	1998~2000年（1分）	7

续表

序号	类别	评审内容	主要评判依据与分值				最高分
2	基本状况	建筑结构	小区中大部分房屋的建筑结构形式	砖木结构、砖混结构空斗墙、砖混结构超六层（7~8分）	砖混结构（3~6分）	钢混结构（1~2分）	8
3		配套基础设施与服务	小区及周边区域配套设施与服务供给状况	涉及安全或基本生活需求的基础设施缺损或公共服务严重不足（15~20分）	涉及正常使用功能的基础设施老化缺损或服务供给不足（7~14分）	涉及小区环境的配套设施老化缺损或社会服务配套不足（1~6分）	20
4	共同缔造	改造方案	改造方案的完整性、针对性、可操作性	改造方案经初审、表决、深化，资料充分扎实，针对性强，居民支持率高（8~10分）	改造方案较为详细，居民支持率高还有待提高（3~7分）	改造方案内容完整（1~2分）	10
5		共同缔造资金	改造资金由小区居民、政府、企业共同筹措。共同缔造资金满足相关要求	业主自筹资金占总投资10%（含）及以上（9~10分）	业主自筹资金占总投资5%~10%（4~8分）	业主自筹资金用于小区改造的（1~3分）	10
6		居民表决	居民对改造事项进行表决，双三分之二的业主同意，公示表决结果	赞同率大于95%（15分）；85%~95%（12~14分）	赞同率68%~85%（4~11分）	达标双三分之二（3分）	15

续表

序号	类别	评审内容	主要评判依据与分值			最高分
7	长效管理	党建引领	小区业主或社区成立党组织，参与领导基层自治与社区管理情况	基层已设立党的基层组织，正常开展党的活动，有效参与管理，实现业主自治和社区管理的有机统一（8~10分）	基层已设立党的基层组织，正常开展党的活动（4~7分）	小区党支部未建立或筹备中（0~3分）	10
8		物业费价格	《关于NB市中心城区老旧住宅小区物业服务收费的指导意见》（甬价费〔2018〕39号）	改造前已达最低收费标准且建立物业服务收费水平与物业服务质量挂钩的机制（8~10分）	前期已部分调价，拟分阶段到达最低收费标准（4~7分）	拟改造完成当年达到最低收费标准（1~3分）	10
9		物业专项维修资金	启动物业专项维修资金补缴工作，建账到户	启动物业专项维修资金补缴工作并建账到户，收缴率大于80%（8~10分）	启动补缴工作，逐步建账到户。收缴率50%~80%（4~7分）	启动补缴工作，收缴率小于50%（0~3分）	10
10	加分项	引入物业管理	无物业管理小区引入物业服务管理	原无物业管理小区在城镇老旧小区改造前已引入物业服务管理（7~8分）	原无物业管理小区在城镇老旧小区改造前已开始物业企业的招标工作（4~6分）	原无物业管理小区拟引入物业服务管理（1~3）	8
11		居民参与具体行动	居民参与城镇老旧小区改造积极投工投劳配合或建立小区改造协调小组	居民组成小区改造协调小组或以实际行动支持小区改造等（9~12分）	居民拟组建小区改造协调小组或承诺参加小区整治支持小区改造等（5~8分）	居民组建小区改造协调小组或参加小区整治支持小区改造等处于发动阶段（1~4分）	12

序号	类别	评审内容	主要评判依据与分值				最高分
12	加分项	区域统筹与专项统筹	小区改造与社区整体功能提升、专项工程协同推进的关联性	小区改造与社区功能完善、专项工程实施有高度协同性（8～10分）	小区改造与社区功能完善、专项工程实施的共同推进举措需完善（3～7分）	小区改造与区域统筹、专项统筹的关联性低（0～2分）	10

区县（市）人民政府根据项目计分排序情况、年度经费情况，区域统筹、专项统筹，尽力而为、量力而行，优先安排配套设施缺损严重、业主改造意愿强的项目尽快列入城镇老旧小区改造项目年度实施计划。未能列入当年度实施计划的改造项目可在下一年度实施计划中优先考虑。

NB市将力争通过3年时间，至2022年，基本完成2000年底以前建成的全部老旧小区的改造任务。未来，NB市还将继续优化顶层设计、坚持"共同缔造"理念、积极发挥基层力量、科学整合改造内容、着力创新构建长效机制，在吸取各地优秀经验的同时，努力为全国城镇老旧小区改造工作提供可复制、可推广的NB市经验。

第四章

城镇老旧小区改造的
目标、原则、内容及机制

本章在城镇老旧小区改造指导思想的基础上，阐述了我国城镇老旧小区改造的目标，城镇老旧小区改造的原则，城镇老旧小区改造的内容及一般的流程。

城镇老旧小区改造的指导思想。以习近平新时代中国特色社会主义思想为指导，全面贯彻党的十九大和十九届二中、三中、四中全会精神，按照党中央、国务院决策部署，坚持以人民为中心的发展思想，坚持新发展理念，按照高质量发展要求，大力改造提升城镇老旧小区，改善居民居住条件，推动构建"纵向到底、横向到边、共建共治共享"的社区治理体系，让人民群众生活更方便、更舒心、更美好。

第一节　城镇老旧小区改造的目标

城镇老旧小区改造对象范围：城镇老旧小区是指城市或县城（城关镇）建成年代较早、失养失修失管、市政配套设施不完善、社区服务设施不健全、居民改造意愿强烈的住宅小区（含单栋住宅楼）。各地要结合实际，合理界定本地区改造对象范围，重点改造2000年底前建成的老旧小区[①]。

一、在"两个一百年"总目标下实现城市可持续发展目标

十九大提出"两个一百年"奋斗的目标，到建党一百年时建成经济更加发展、民主更加健全、科教更加进步、文化更加繁荣、社会更加和谐、人民生活更加殷实的小康社会；到中华人民共和国成立一百年时，基本实现现代化，把我国建成社会主义现代化国家。

2020年，是全面建成小康社会决胜期。突出抓重点、补短板、强弱项，使

---

① 国务院办公厅. 关于全面推进城镇老旧小区改造工作的指导意见［Z］，国办发〔2020〕23号，2020-7-10.

全面建成小康社会得到人民认可、经得起历史检验。

从十九大到二十大，是"两个一百年"奋斗目标的历史交汇期。我们既要全面建成小康社会、实现第一个百年奋斗目标，又要乘势而上开启全面建设社会主义现代化国家新征程，向第二个百年奋斗目标进军。

从2020年到2035年，国家治理体系和治理能力现代化基本实现；人民生活更为宽裕，中等收入群体比例明显提高，城乡区域发展差距和居民生活水平差距显著缩小，基本公共服务均等化基本实现，全体人民共同富裕迈出坚实步伐；现代社会治理格局基本形成，社会充满活力又和谐有序；生态环境根本好转，美丽中国目标基本实现。

从2035年到21世纪中叶，实现国家治理体系和治理能力现代化，成为综合国力和国际影响力领先的国家，全体人民共同富裕基本实现，我国人民将享有更加幸福安康的生活，中华民族将以更加昂扬的姿态屹立于世界民族之林。我国将建成富强民主文明和谐美丽的社会主义现代化强国。

在"两个一百年"总目标下实现城市可持续发展目标。城市可持续发展就是指在一定的时空尺度上，以长期持续的城市增长及其结构优化，实现高度发达的城市化与现代化，从而既满足于当代城市发展的现实需要，又满足未来城市的发展需要。城市可持续发展既包括经济的可持续发展，又包括文明的可持续发展和生态环境的可持续发展①。

借鉴国际惯例并结合中国国情，中国城市可持续发展目标主要四方面：一是总体目标，中国各城市都以人口、经济、社会、资源、环境协调的可持续发展，实现社会文明公正、经济高度繁荣、环境优美洁净、生态良性循环的宏伟目标。二是结构目标，蕴含人口结构（人口密度合理、人均预期寿命持续延长等），基础设施（人均道路面积、人均住房面积增加等），城市环境（控制污染、提升大气质量等）和城市绿化（人均公共绿地、绿地覆盖率增加等）4个方面的目标。三是功能目标，包括物质还原（提升废水处理率、废气处理率等），资源配置（人均生活用水、人均生活用电节约等）和生产效率（人均GDP增长、土

---

① 徐宏. 中国城市可持续发展的目标和对策［J］. 城乡建设，2001-10-21.

地产出率提升等）3个方面的目标。四是协调度目标，涵盖社会保障（人均保险费合理、失业率下降等），城市文明（卫生达标率提高、刑事案件发生率下降等）及可持续性（环保投入占GDP的比重、科教投入占GDP的比重增加等）3个方面的目标。

二、提升小区居民生活品质，让居民拥有获得感和幸福感。

实施城镇老旧小区改造坚持以国家"两个一百年"奋斗目标为目标，能够提升小区居民生活的品质，让居民拥有获得感和幸福感，补全面建成小康社会的短板，让老旧小区居民共享改革开放的新成果。

党中央、国务院高度重视城镇老旧小区改造工作。2019年，城镇老旧小区改造首次被纳入中央财政专项资金支持范围。城镇老旧小区改造，既是民生工程，也是发展工程。它不仅要在改善人居环境方面发挥作用，还要注重提高城市柔性化治理和精细化服务的水平，让城市更加宜居、更具包容性和人文关怀。

进入高质量发展阶段后，以人为本的新型城镇化是提升城市品质的必然要求。在增量发展的同时，存量优化的短板亟待补齐，城镇老旧小区改造同时连接民生和发展两大工程，也承担着城市的复兴和更新职能。城镇老旧小区改造工作的科学部署和稳步推进，将让城市通过新陈代谢进一步焕发活力。

三、"十四五"期间城镇老旧小区改造的目标

"十四五"期间城镇老旧小区改造的目标为：2020年新开工改造城镇老旧小区3.9万个，涉及居民近700万户；到2022年，基本形成城镇老旧小区改造制度框架、政策体系和工作机制；到"十四五"期末，结合各地实际，力争基本完成2000年底前建成的需改造城镇老旧小区改造任务①。

---

① 国务院办公厅. 关于全面推进城镇老旧小区改造工作的指导意见［Z］. 国办发〔2020〕23号，2020-7-10.

通过城镇老旧小区改造，完善小区配套和市政基础设施、环境，提升社区养老、托育、医疗等公共服务水平，完善小区长效管理机制，提升小区品质，规范小区管理，达到城镇老旧小区改造的预期目标，实现城镇老旧小区：安全耐久、经济实用；空间合理、功能完善；健康舒适、节能环保；绿化亮化、和谐美丽；适老宜居、人文关怀；功能扩进、增质增效；专业管理，保养到位；智能感知、人文美观等获得感和幸福。

第二节　城镇老旧小区改造的原则

顺利推进城镇老旧小区改造要坚持国务院办公厅《关于全面推进城镇老旧小区改造工作的指导意见》的五项基本原则[①]。

一、坚持以人为本，把握改造重点原则

从人民群众最关心最直接最现实的利益问题出发，征求居民意见并合理确定改造内容，重点改造完善小区配套和市政基础设施，提升社区养老、托育、医疗等公共服务水平，推动建设安全健康、设施完善、管理有序的完整居住社区[②]。

1. 坚持以人为本，要维护公共利益，落实两个2/3原则

维护社会公共利益是民事主体行使民事权利的题中应有之义。《中华人民共和国民法总则》第131条和第132条规定，民事主体行使民事权利时，应当履行法律规定的和当事人约定的义务；民事主体不得滥用民事权利损害国家利益、社会公共利益或者他人合法权益。

---

①、②　国务院办公厅. 关于全面推进城镇老旧小区改造工作的指导意见［Z］. 国办发［2020］23号，2020-7-10.

　　联合国人居委早已将老旧住宅区的改造列入政府的公共责任范畴。城镇老旧小区改造适用范围直指市民基本居住生活条件的改善和生命财产安全的保障，完全符合"为了公共利益的需要"的法律规定。在城镇老旧小区改造过程中往往会遇到"一票否决"制的难题。如加装电梯，是一个典型的公共利益与私人利益存在冲突的问题。比较而言，解决高层住户特别是老人的上下楼难题所获得的公共收益，高于给低层住户带来的个人利益的相对降低（实际上，只要改造方案合理，低层住户可以获得利益补偿从而得到比改造前更大的利益）。《中华人民共和国物权法》规定，"改建、重建建筑物及其附属设施，应当经专有部分占建筑物总面积三分之二以上的业主且占总人数三分之二以上的业主同意"即通常简称的"两个2/3"原则。老旧小区加装电梯，实行多数同意并不违背法理精神，小区居民从公共利益出发，考虑到高楼层老人的生活便利问题，应该服从公共利益，签字同意。为了小区公共利益，有时必须对个人利益作出合理限定，所有权人在一定期限内不表态的视为同意。

　　政府制定城镇老旧小区改造的新法规和规章制度要明确规定：达到物权法两个2/3要求的老旧小区改造项目，地方政府相关部门必需批准。对于老旧小区改造中，达到物权法规定的两个2/3同意的项目通过政府部门审批后，仍有楼内居民不同意该项目，不支付增加的套内面积的费用和部分安装电梯费用的，在此项目工程完工后，该住户不得使用新增面积房间和加装电梯，由愿意支付费用的其他楼层居民使用新增面积房间和电梯；凡干预项目实施、造成工期严重滞后的人员，属于触犯治安管理处罚条例的违法行为，要按照治安管理处罚条例进行处罚，触犯刑法的要依法承担刑事责任。

　　2. 以人为本，电梯平层入户

　　城镇老旧小区加装的电梯坚持以人为本，加装电梯应该平层入户。一是电梯平层入户，实现居家养老，能很好地解决悬空老人的垂直交通问题，独生子女父母中如果有一个人行动不便，另一个也能推着轮椅下楼，减轻独生子女家庭负担，让这些独生子女更好地为建设现代强国而努力工作。二是电梯平层入户能够促进户内装修及家具家饰更新，增加居民消费。三是有利于协调小区不同楼层居民的利益，就电梯平层入户而言，一楼住户增加了套内房间，该房间的面积与二楼以上住户进入防盗门后的连环廊面积相当，适当调节了一楼与其他楼层居民的利益，有利于改造的老旧小区居民共建共享，弱化了低层居民对房屋相对贬值的担忧。四是方便老弱残幼轻松出行，有效地促进小区楼宇中居民消费，特别是有钱又有闲的老人消费，发展银发经济。

二、坚持因地制宜，做到精准施策原则

科学确定改造目标，既尽力而为又量力而行，不搞"一刀切"、不层层下指标；合理制定改造方案，体现小区特点，杜绝政绩工程、形象工程。

创新思路，合理制定改造方案，充分体现小区特点，需要适当增加建筑面积即通常所称的增加容积率。李克强总理最近强调的"改造后的小区不光要'好看'，关键要'好住'"，为了"好住"，老旧小区改造中必然要适当增加面积。与新建楼宇增加建筑面积是为了实现开发商利润最大化不同，老旧小区改造适当增加面积：一是电梯平层入户，安装符合医用可以通过的电梯，需要增加建筑面积，而且一楼增加防雨雪坡道，也需要增加面积。二是居民从电梯出来后通过连廊进入自家的防盗门，防盗门内也要有连廊进入原来的住宅，因而，电梯连廊需要增加建筑面积。三是考虑到老旧小区住宅原有的设计标准低，套内面积小，为了满足小区居民对美好生活的向往，需要增加建筑面积。四是改造或建设小区及周边适老设施、无障碍设施、停车库（场）、电动自行车及汽车充电设施、智能快件箱、智能信包箱、文化休闲设施、体育健身设施、物业用房等配套设施，需要增加建筑面积。五是改造或补建小区及周边的社区综合服务设施、卫生服务站等公共卫生设施、幼儿园等教育设施、周界防护等智能感知设施，以及养老、托育、助餐、家政保洁、便民市场、便利店、邮政快递末端综合服务站等社区专项服务设施，需要增加建筑面积。六是有利于吸引社会资金进入老旧小区改造，增加建筑面积，可以提升老旧小区改造工程投资回报率，改变新建住宅投资收益高于老旧小区改造工程的现状，吸引更多的社会投资进入城镇老旧小区改造。

三、坚持居民自愿，调动各方参与原则

广泛开展"美好环境与幸福生活共同缔造"活动，激发居民参与改造的主动性、积极性，充分调动小区关联单位和社会力量支持、参与改造，实现决策共谋、发展共建、建设共管、效果共评、成果共享。

坚持居民自愿，调动各方参与原则，落实"三位一体"模式，即在城镇老旧小区改造坚持"居民主体、政府引导、市场导向"的"三维一体"的模式，以共谋共建共治共享的理念顺利地推进改造前、改造中和改造后的所有的工作事项。

1. 政府引导协调

政府制定城镇老旧小区改造的法律法规和政策，制定城镇老旧小区改造中协调居民委员会、企业和居民之间关系的规范并给予专业指导，对城镇老旧小区改造的项目招投标、实施、改造后小区的运营与维护综合服务进行监督和管理，政府部门根据相关的法律和法规给予城镇老旧小区改造财政资金支持。

街道及居委会等政府基层组织协调居民利益。在街道办的协调下，居委会联合居民业主委员会（或住户各楼楼长），负责做好城镇老旧小区改造项目工作的宣传工作，协助企业居民之间进行相关的利益协商等工作，做好业主意向征询和意见反馈工作，做到业主利益之间的有序协商，建立起利益主体之间的协商以及费用分摊等多种事宜的协商工作，积极协调和配合业主委员会选择施工单位，代行相关政府职能部门对改造工程的管理监督职责。

2. 居民主体、多方参与

城镇老旧小区改造的核心是提升小区内居住的宜居性和舒适性，城镇老旧小区改造的受益的主体是小区内的业主，因此，坚持居民为主体，业主"自主申请、自主改造"是最基本的出发点。

坚持以人民为中心，充分运用"共同缔造"理念，构建"纵向到底、横向到边，共同治理"的社区治理体系，激发居民群众热情，调动小区相关联单位的积极性，共同参与城镇老旧小区改造。由居民业主委员会（或能代表业主利

益的主体）自主地向住房城乡建设部门（或政府城市更新局）等政府部门提出改造的申请。城镇老旧小区改造申请被批准后，居民业主委员会全程参与改造项目的实施和后期管理。

3. 市场导向推进

据居民业主委员会（或业主委员会委托街道办）选择施工单位作为城镇老旧小区改造的实施主体，全程负责城镇老旧小区改造工作的实施以及后续的运营和维护更新，并给居民提供新的社区福利或新的收入来源，形成一次改造、长期保持的长效管理机制。

四、坚持保护优先，注重历史传承原则

兼顾完善功能和传承历史，落实历史建筑保护修缮要求，保护历史文化街区，在改善居住条件、提高环境品质的同时，展现城市特色，延续历史文脉。

城镇老旧小区改造中实现改善居住条件、提高环境品质的同时，展现城市特色，延续历史文脉，要落实统筹改造且单一实施主体模式。

统筹改造，优化配置资源。老旧小区改造要坚持统筹改造，综合推进，统筹老旧小区平层加装电梯、气电暖水路、环境优化、微电、停车位等改造，可以优化社会资源配置，获得最大的经济效益和社会效益。摒弃分项改造，切忌一事一议一办（如去年改管道、今年改外墙、明年改善道路化环境），既浪费资源，又干扰居民正常生活，政府花钱却遭居民埋怨。

权责明确，单一实施主体。落实统筹推进城镇老旧小区改造，需要在老旧小区改造中坚持单一实施主体，这个实施主体可以是国企、民企和混合所有制企业。单一实施主体有明显的优势：一是明确项目实施的责任主体，充分保证新材料和新技术在施工过程应用，有利于降低成本和提高质量，也便于政府相关部门监督管理。二是能够落实统一规划、统一设计、统一施工的责任。三是单一实施主体，可以减少扯皮等交易成本，将改造对居民生活的干扰降到最低，节约老旧小区改造的经济成本和社会成本，如期或提前完成改造项目，获得最大的经济效益和社会效益。四是有利于改造后建立健全小区物业长效管理机制，

明确小区改造后的运营和维护更新及综合治理的责任主体。五是主体全程负责综合改造工作的实施以及后续的运营和维护更新等，是整个项目实施的核心和项目顺利推进的唯一执行者和责任者。

五、坚持建管并重，加强长效管理原则

以加强基层党建为引领，将社区治理能力建设融入改造过程，促进小区治理模式创新，推动社会治理和服务重心向基层下移，完善小区长效管理机制。

1. 加强基层党建为引领，将社区治理能力建设融入改造过程

城镇老旧小区改造事关人民安居乐业、国家长治久安，需要以基层党建为引领，形成共建共治共享的小区社会治理。党建引领的小区共建共治共享的社会治理格局，是适应中国特色社会主义的新时代推进国家治理体系和治理能力现代、提升社会治理水平的必然要求。建立完善多方主体参与的城镇老旧小区改造决策统筹协调治理体系和机制，让更多的主体参与社会治理、更加多元的方式实现社会治理、小区居民更加公平地享受社会治理成果。

社区治理与协调贯穿于老旧小区改造的事先、事中与事后，创新社区治理，健全社区治理体制机制，处理好社会管理、公共服务和居民自治三者的关系、持续激发小区活力，改造前、改造中和改造后遇到的形形色色的难题也就迎刃而解了。

城镇老旧小区改造与社区治理与协调，是相辅相成的。城镇老旧小区改造的各项任务都需要在社区层面落实，社区治理与协调能力是推动老旧小区改造前的各项工作、改造中实施与监督、改造后建立长效管理机制的有效保障。

2. 以社区治理能力提升落实谁使用谁享受谁付费原则

高质、高效、顺利推进城镇老旧小区改造，资金是基本支撑和保障，坚持谁使用谁享受谁付费原则，可以有效地解决资金难题。城镇老旧小区改造，涉及范围广，需要改造内容项目多，改造所需的资金量大，尤其对于小区基础市政配套改造、小区服务配套改造，单靠某一方出资都不能满足改造资金的需求，政府、居民、企业应该根据谁使用谁享受谁付费原则建立共担机制，实行

分担责任的"居民出一点、政府补一点和社会筹一点"的"三位一体"的出资方式。

（1）谁使用谁享受谁付费原则建立共担机制

城镇老旧小区改造中，以党建为引领加强社区治理，建立改造资金政府与居民合理分担的机制尤为重要。依据谁使用谁享受谁付费原则，建立政府与居民及企业共担改造资金机制。共担机制合理确定城镇老旧小区改造差异化资金筹集方案，建立健全居民与政府合理共担机制。供水、供电等市政基础设施计费表后部分的改造，小区环境改造及加装电梯停车设施，建筑物本体修缮，增加套内面积等费用，由居民承担。公共设施采用政府投资与社会资金相结合方式多渠道筹措资金，采取财政以奖代补方式给予企业支持。

（2）城镇老旧小区改造的"三位一体"出资方式

根据共担机制，推进城镇老旧小区改造的"三位一体"出资方式为：

第一，城镇老旧小区改造，最终受益的是居民，改善了居民居住环境，提高了居民生活品质，按照"谁受益、谁出资"的原则，正确引导居民积极主动参与小区改造提升，多方筹集资金。对于设计房屋主体改造、小区内部环境改造、小区加装电梯等根据居民改造的意愿应由居民出资为主。

按照谁使用谁享受谁付费的原则，个人出一点，居民作为房屋产权人，对自己的房屋本体负主要改造责任，居民出资部分可以通过直接出资、使用（补交）住宅专项维修资金、公积金贷款、消费贷款、让渡小区公共收益等多方式落实。允许居民提取个人公积金，用于所居住小区的改造及同步进行户内装修。鼓励居民通过个人捐资捐物、投工投劳等志愿服务形式支持改造。

用于基础类公共设施改造方面的，居民的出资占比不会很大，居民的出资主要是表明一种态度和责任，不依赖政府，重在引导居民群众参与，体现"共同缔造"的理念。因此，在居民筹资的过程中，提倡不限金额，不论数额多少，重在参与度和出资率。要求全面动员居民群众广泛参与，力争参与率和出资率双百分百。从基层的实践来看，只要居民群众发动和组织到位，居民的积极性和参与性都是很高的，尤其是老旧小区的低收入者，都表现出了非常高的支持力，党员和党员干部更是要带头捐款和出力，发挥党建引领的作用，特别需要基层组织和基层干部巨大付出和艰辛努力。居民发动好了，主动参与了，城镇老旧小区改造工作才能顺利进行。

第二，按照政府提供公共产品和服务的原则，政府补一点，特别是中央财政投入资金，主要用于小区水、电、气、热、通信等管网和设备及小区节能环保改造的等公共设施改造。

在政府资金投入的分配、资源的整合利用方面作出探索与改革。由于政府投入资金都是一年一拨付，而在城镇老旧小区改造过程中，项目改造周期较短，与棚改不同，一般改造项目都可以在3~6个月内就可以完成，引入市场化的运作机制，积极实施"以奖代补"等举措，通过设立资金拨付前置条件对有关单位和部门的花钱行为实行硬约束，既可以减少不必要的资金浪费，又可以增加资金使用的频率，资金的使用效率将会大大提高。

第三，用市场化方式吸引社会力量参与，创新投融资机制，以可持续方式加大金融对老旧小区改造的支持。

（3）共担机制的内容

城镇老旧小区的改造内容，包括小区市政配套基础设施改造提升、小区环境及配套设施建设。完整社区的建设不仅包括基本居住空间的"硬件"建设，还包括安保、教育、医疗保健、休闲娱乐等"软件"建设，即建设美好的居住环境，同时，提供完美的社区服务。根据共担机制，改造项目建设的资金来源见表4-1：

<table>
<tr><td colspan="4" align="center">城镇老旧小区共担机制相关内容*</td><td>表4-1</td></tr>
<tr><td>改造内容</td><td>指标</td><td>说明</td><td colspan="2">共担方案</td></tr>
<tr><td rowspan="4">小区市政配套基础设施</td><td>水</td><td>小区供水和排水设施</td><td colspan="2">管线产生单位</td></tr>
<tr><td>电</td><td>小区供电和弱电设施</td><td colspan="2">管线产生单位</td></tr>
<tr><td>气</td><td>小区供气设施</td><td colspan="2">管线产生单位</td></tr>
<tr><td>信</td><td>指光纤入户</td><td colspan="2">管线产生单位</td></tr>
</table>

* 注：市政道路和市政基础设施原则上是政府投入，社会资本同样可以参与或全投入。

续表

改造内容	指标	说明	共担方案
小区环境及配套设施	小区环境	拆除违建和环境治理、绿化、照明	政府投资
	配套设施	生活垃圾分类、无障碍、适老、安防、消防、充电、智能信报箱、文化休闲、体育健身设施及物业用房、停车库（场）等	政府投资
建筑物本体及附属设施	建筑本体	建筑物本体屋面、外墙、楼梯等公共部位维修，建筑节能改造	居民出资、政府奖补
	附属设施	加装电梯	居民出资、政府奖补
社会服务设施建设	综合服务站	提供基本的社区服务、卫生服务、养老服务，提供图书等文化资源，设立社区快递点等	社会资本
	幼儿园	考虑儿童出行的交通安全性，避免幼儿园主要出入口直接面对车流量大的公路	社会资本
	公交站点	尽量在居民步行区500m范围内，综合设置自行车停车设施	社会或政府
	公共活动区	利用街头巷尾、闲置地块改造为公共活动空间，在老龄化社区注重无障碍设施，建设友邻中心，在北方地区注重增加室内公共空间	社会或政府
	完善市政设施	建设海绵城市与绿色基础设施，配备消防设施、垃圾分类设施、公共厕所等；在老旧小区解决上下水排放、电力漏损等；农村社区推广雨污分流、生活污水再利用等	政府投资
	便捷慢行系统	包括步行和自行车道。慢行系统与车行道分离，串联社区公共节点与主要居民区	政府投资

第三节 城镇老旧小区改造的内容及流程

一、城镇老旧小区改造的主要内容

2020年4月14日国务院常务会议明确，城镇老旧小区改造的主要内容为：重点改造2000年底前建成的住宅区，完善小区配套和市政基础设施、环境，提升社区养老、托育、医疗等公共服务水平。

1. 完善小区市政配套基础设施

小区内以及小区内红线外与小区直接相关的水电路气信以及架空规整（入地）、北方地区供热项目的建设、改造；其中，"水"主要是小区供水和排水设施；"电"主要是小区供电和弱电设施；"路"主要是小区内部以及与小区联系的道路；"气"主要是小区供气设施；"信"主要指光纤入户。

2. 改善小区环境及配套设施

拆除违法建设和环境整治，生活垃圾分类、无障碍、适老、安防、消防、绿化、照明、充电、智能信报箱、文化休闲、体育健身设施等设施及物业用房、停车库（场）等建设、改造。

3. 增加建筑物本体及附属设施

小区加装平层入户电梯；对小区建筑物本体屋面、外墙、楼梯等公共部位维修，建筑节能改造。

4. 整合小区资源、提升服务功能

老旧小区内的服务功能需求多，为了进一步提升居民的获得感、幸福感，充分整合小区资源，建设、改造社区综合服务、卫生服务、养老、扶幼、助餐、家政保洁、便民市场、便利店等社会服务设施。提升老旧小区的物业服务、停车服务、居家日间照料、阳光老人家、社区便民服务、小区便民食堂、托幼等服务。

5. 建立小区长效管理机制

2019年6月19日召开的国务院常务会议，会议提出的"推动建立小区后续长效管理机制"。"三分建、七分管"，城镇老旧小区改造后如何巩固改造成果，如何让居民长期共享改造成果，重要的是建立长效管理机制的良性循环，加强"建管同步"的实施，坚持"改造一个、管好一个"。结合各地的城镇老旧小区改造后的实施管理的实例，主要的管理模式有专业化物业管理模式、居民自治管理模式、社区统筹管理模式等形式。改造后的老旧小区只有加强长效管理才能够使居民有充分的获得感、幸福感和安全感。不断创新，充分运用"共同缔造"理念，引入社会化管理力量，逐步探索"城市运营商"管理模式是未来城镇老旧小区改造后长效管理的发展方向。

城镇老旧小区改造的内容和长效管理体现为"六治七补三规范"。一是六治，治危房、治违法建设、治开墙打洞、治群租、治地下空间违规使用、治乱搭架空线，提升小区品质，居住更安全。二是七补，补抗震节能（加装保温层、更换保温窗等）、补市政基础设施、补居民上下楼设施（老楼加装电梯）、补停车设施、补社区综合服务设施、补小区治理体系、补小区信息化应用能力，方便居民，提升小区生活舒适度。规范小区自治管理、规范物业管理、规范地下空间利用。

二、城镇老旧小区改造内容及分类

城镇老旧小区改造内容，按照居住区功能属性可分为：安全适用工程、配套设施工程、健康节能工程、环境美化工程、运维管理工程、空间改造工程、适老宜居工程、功能增值工程等工程及小区长效治理机制。

城镇老旧小区改造内容，应坚持先民生后提升再配增的原则，从问题出发，顺应群众期盼，满足居民安全需求和基本生活需求。因而，按照轻重缓急、难易程度可分为：基础类、完善类、提升类3类[1]。

---

[1]　国务院办公厅. 关于全面推进城镇老旧小区改造工作的指导意见［Z］. 国办发〔2020〕23号，2020-07-10.

1. 基础类（民生工程）

为满足居民安全需要和基本生活需求的内容，主要是市政配套基础设施改造提升以及小区内建筑物屋面、外墙、楼梯等公共部位维修等。其中，改造提升市政配套基础设施包括改造提升小区内部及与小区联系的供水、排水、供电、弱电、道路、供气、供热、消防、安防、生活垃圾分类、移动通信等基础设施，以及光纤入户、架空线规整（入地）等。

以党建为引领，建立长效治理机制，提高社区治理水平和服务能力，完善和健全小区物业管理，规范小区物业管理。同时，清理楼宇间和楼道内乱堆杂物，疏通小区消防通道，增设小区户外休息、健身、娱乐、文化宣传等设施；更换破损窨井盖，清理、整修化粪池，修缮雨篷，维修疏通给排水管道，改造雨水管网、污水管网。

2. 完善类（提升工程）

为满足居民生活便利需要和改善型生活需求的内容，主要是环境及配套设施改造建设、小区内建筑节能改造、有条件的楼栋加装电梯等。其中，改造建设环境及配套设施包括拆除违法建设，整治小区及周边绿化、照明等环境，改造或建设小区及周边适老设施、无障碍设施、停车库（场）、电动自行车及汽车充电设施、智能快件箱、智能信包箱、文化休闲设施、体育健身设施、物业用房等配套设施。

具体而言，一是公共设施工程。加装平层入户电梯和增加停车设施（立体或地下停车、停车库等）二是健康节能工程。围护结构改造，对外墙、屋面、门窗等保温改造及外立面整治；室内采暖系统改造，供热计量及室温调控系统改造；室外供热系统改造，热源（热力站）及供热管网热平衡改造。三是环境美化工程。对现有的草坪、花灌、乔木进行分类提升，见缝插绿，增加绿量；硬化路面，结合生态停车改造，健全小区交通系统；拆除小区内的违章建筑，清理小区内的乱搭乱建、乱堆乱放、菜地等；架空线路整治，对电信、移动、联通、有线电视、电力等各类管线做到杆管线布局合理、规范捆扎，能入地的统一入地，拆除废气多余线缆。四是运维管理工程。完善小区门禁系统、增设小区门卫值班室、维修或安装楼宇单元防盗门和对讲系统；有条件的，搭建物联网维护管理信息平台。五是空间改造工程，对居住空间不成套的老旧房屋进行空间成套改造，实现卧式、起居室、厨房、卫生间配套空间齐全，完善。

3. 提升类（配增工程）

为丰富社区服务供给、提升居民生活品质、立足小区及周边实际条件积极推进的内容，主要是公共服务设施配套建设及其智慧化改造，包括改造或建设小区及周边的社区综合服务设施、卫生服务站等公共卫生设施、幼儿园等教育设施、周边防护等智能感知设施，以及养老、托幼、助餐、家政保洁、便民市场、便利店、邮政快递末端综合服务站等社区专项服务设施。

推进适老宜居工程。小区主要道路、出入口及单元出入口实现无障碍；增设楼道及其他公共空间扶手；居住区内增补老人活动场地；养老活动中心、医疗保健用房、公共活动用房、老年人日间照料用房等养老服务设施。

国务院办公厅〔2020〕23号文件指出，各地可因地制宜确定改造内容清单、标准和支持政策。

三、城镇老旧小区改造的基本流程

城镇老旧小区改造项目的流程主要包括八大步骤：业主意见征询、建筑结构安全鉴定、设计方案公示、办理设计方案规划审批和申领建设工程规划许可证、部分拆迁安置（涉及危旧房拆迁重建的）、建设施工、办理电梯安装监督检验和使用登记及后续的运营和维护。

1. 业主意见征询

首先，社区居委会负责开展前期城镇老旧小区改造意见征询。社区委员会应该借助于多种途径加强宣传工作。一方面反复上门给群众做工作，讲道理，赢得群众支持和理解；另一方面通过张贴拆违通告、发放倡议书、发放致居民一封信、悬挂拆违条幅、用广播车在小区进行循环广播等形式，号召小区群众支持参与，并分片组织召开业主代表问策恳谈会，征求意见建议，梳理长效措施；同时，组织部分热心公益的业主代表，聘为社区环境监督员，监督举报小区整治和日常管理情况，建立QQ群或微信群，实施在线互动，强力宣传动员，营造浓厚的城镇老旧小区改造的氛围，树立共同管理和治理小区事务的居民意识。社区居委会应广泛向居民宣传城镇老旧小区改造的受益和具体出资状况，尤其是加强向底层居民说明老旧小区改造的补偿方案。

其次，在初步征询的基础上，居委会可将相关居民的基本利益诉求和改造要求，上报街道办及区（县）住建部门，并委托相关设计单位编制城镇老旧小区改造初步方案。改造的老旧小区的初步方案需要结合底层居民的补偿诉求的需要，以及居民普遍期望的改造项目和相关财政专项项目可以提供资金的项目，在此基础上，相关部门和设计单位制定改造项目的初步方案。城镇老旧小区改造的初步方案应包括：本次意向改造的基本的项目，以及各个项目费用状况，以及大约各个居民户基本的出资水平等内容。在全体居民对初步的设计方案达成初步一致的意见的基础上，居委会同居民签订初步的同意改造协议。城镇老旧小区改造的初步协议应该包括：综合改造规划用地、建筑结构、消防安全等可行性分析，增设电梯的总平面布局初步设计，资金概算及费用筹集方案，电梯运行维护保养分摊方案等综合改造项目的基本的要求并征得居民的同意。

再次，居委会或者城镇老旧小区改造委员会就初步改造方案征得居民的同意。改造项目方案应该得到同单元、同栋楼、同小区业主大多数业主的同意初步方案并全体业主一致签订相应的改造协议之后，并授权代建单位代为办理审批或报备手续，报送相关的综合改造部门进行审查。对改造事项存在异议的业主，与业主代表联系，自行协商处理异议，双方要求在有关方面（居委会）组织、审批部门指派人员进行协调处理。经协商或协调仍无法达成一致意见的，可由主管部门召开听证会并依据听证会情况提出处理意见。有异议的业主可依法通过法律途径主张权利，双方最终均应服从司法裁定并承担相关的经济责任。

2. 建筑结构安全鉴定

代建单位向专业建筑安全鉴定机构对小区建筑安全状况展开鉴定。代建单位结合安全鉴定机构的基本情况，设计满足建筑安全需要等级的小区改造施工方案。

根据《民用建筑可靠性鉴定标准》GB 50292—2015，由专业机构进行安全性鉴定，鉴定结果为D级的，存在安全隐患问题，需要进行拆除，鉴定结果为C级以上的需要进行加固改造。

3. 设计方案公示和签订正式的改造协议

代建单位在取得建筑安全结构鉴定的基础上，制定相应的老旧小区改造实施方案，并在小区内进行公示，代建单位同步书面向相关业主具体说明改造后对居民的生活可能产生的负面影响，主要包括：明示包括加装电梯在内的综合改造方案，及改造后在日照、绿化等方面产生的影响。

在取得业主的同意之后，由申请人（或居民委员会）与全体业主分别签订改造项目协议。城镇老旧小区改造项目协议应当包括：城镇老旧小区改造项目相关设计方案，城镇老旧小区改造项目相关资金筹集方案、城镇老旧小区改造项目后续的电梯运行维修保养费用、停车位分配方案、停车位管理费用分担方案以及其他需要约定的重要内容。同时应建立相应的惩罚机制，避免反悔协议造成的损失。

4. 办理设计方案规划审批和申领建设工程规划许可证

建设项目的开展应严格按照建设项目的程序进行，工程的安全、质量是城镇老旧小区改造项目成功之本，只有把好安全、质量关才能顺利推进城镇老旧小区改造项目的实施。工程项目开工前需办理施工许可证，由于城镇老旧小区改造项目的特殊性，按照正常程序和新建项目的规定无法办理建设工程许可手续。为此，区县住建部门应本着"实事求是、为民办实事"的原则，针对城镇老旧小区改造项目的开工许可手续制定简易程序。

在抗震承重、结构安全性能等方面符合建筑规范的基本要求，且代建单位在取得业主的一致认可和同意，就改造的方案、费用、后续的运营和维护达成一致意见，并签署相应的出资建设协议之后，代建单位可以根据业主委员会的委托向相关的单位提出申请。代建单位作为申请人按有关规定向区（县）建设行政管理部门办理小区改造（含增设电梯等）工程报建手续，并在申领建设工程施工许可证后组织实施。市城乡规划局负责老旧小区改造（含加装电梯等）方案审查备案。涉及供水、供电、煤气、电信等，相关部门应简化审查审批手续，并减免费用。城建部门同步征求消防、环保、卫生、市政、财政、房管、质量技术监督等按相关行政主管部门的意见。为了加快推进改造项目，可借鉴2018年1月29日北京市规划和国土资源管理委员会颁发的《关于加快推进老旧小区综合整治规划建设试点工作的指导意见》。该意见指出，按照服务公众、改善民生、保障权益、权责统一的原则，试点项目的实施方案在不损害周边群众权益，同时确保满足日照、安全等国家法律、法规、规范中的强制性要求的基础上，由街道办事处报区政府研究同意后，直接组织实施，不需办理相关规划手续。

5. 部分拆迁安置（涉及危旧房拆迁重置）

依照《国有土地上房屋征收与补偿条例》的规定给予的补偿。拆迁补偿的方式，可以实行货币补偿，也可以实行房屋产权调换，还可以选择货币补偿和产权置换相结合的补偿方式。根据国务院《城市房屋拆迁管理条例》规定了拆迁货币补偿标准确定的基本原则——等价有偿，采取的办法是根据被拆迁房屋的区位、用途、建筑面积等因素，以房地产市场评估的办法确定。产权调换，是指拆迁人用自己建造或购买的产权房屋与被拆迁房屋进行调换产权，并按拆迁房屋的评估价和调换房屋的市场价进行结算调换差价的行为。也就是说以易地或原地再建的房屋，和被拆除房屋进行产权交换，被拆迁人失去了被拆迁房屋的产权，调换之后拥有调换房屋的产权。产权调换是房屋拆迁补偿安置的方式之一，其特点是以实物形态来体现拆迁人对被拆迁人的补偿。房屋拆迁安置费＝搬迁补助费＋没有提供周转房情况下的临时安置补助费＋超过过渡期限的临时安置补助费＋非住宅房屋因停产、停业造成的损失赔偿费。

6. 建设施工

代建单位在取得规划许可证的基础上编制施工方案，施工方案应坚持"少扰民、少搬迁"的基本原则。施工方案应该在小区内公示，提前向小区内的居民传达，以使居民能够及时地作出相应的生活安排，尽可能降低施工期间对于居民正常生活的干扰。为了积极鼓励推动城镇老旧小区改造项目，相关城镇老旧小区改造项目施工涉及的审批费用给予一定的优惠和减免。

为了保证施工质量，可以借鉴上海在旧房综合改造工程当中的经验，城镇老旧小区改造项目应该建立政府专业监督部门、居委会、业主委员会应该共同参与施工监督，构建起专业监督、群众监督、社会监督三位一体的监督机制。

7. 办理相关工程项目的监督检验和使用登记竣工验收备案

城镇老旧小区改造完工后，代建单位负责按有关规定向区（县）建设行政主管部门、规划局申请竣工验收或备案。尤其是增设的电梯和停车设备必须经过特种设备检验检测机构监督检验合格，并经区（县）特种设备安全监督管理部门登记。

8. 产权与后续的运营管理

根据依法经土地出让方和规划管理部门批准同意改变土地使用条件的，适用《国土资源部关于严格落实房地产用地调控政策　促进土地市场健康发展有关问题的通知》（国土资发〔2010〕204号）的有关规定："经依法批准调整容积率的，市、县国土资源主管部门应当按照批准调整时的土地市场楼面地价核定应补缴的土地出让价款。"因此，测算方法为：补交土地出让金差额＝市场楼面地价×改变容积率增加的建筑面积。业主根据相关的法律规定补交土地出让金后，土地部门和住房部门应该向相关业主换发新的房产证。根据《中华人民共和国宪法》和《中华人民共和国物权法》的相关土地使用权和住宅产权的精神，新增住宅的所有权永久归业主，而土地的使用权仍然维持原土地产权证的年限执行。

后续的社区综合服务管理。一是对已实施物业服务，小区改造的单一实施主体可委托物业服务企业对电梯和停车位进行运营管理，并由物业服务企业与依法取得许可的电梯安装、改造、维修单位签订电梯日常维护保养合同，对电梯进行日常维护保养。二是未实施物业服务的，借助于城镇老旧小区改造的契机，由小区改造的单一实施主体，构建老旧小区的物业管理体系。通过引入专业化的物业管理体系，使得小区的相关卫生、安全、停车、环境、电梯等均能够做到有人管、能管好，彻底改变老旧小区"有人住无人管"的局面，最终实现城镇老旧小区改造的终极目的，提升社区居住生活环境，提高居民获得感、幸福感和安全感。

第四节　城镇老旧小区改造的机制、政策和组织保障

城镇老旧小区改造，利国利民，涉及政府政策、居民利益、企业盈利新模式、投融资体系等多个领域，需要政府行政体制深化改革，创新城镇老旧小区改造的机制。

城镇老旧小区改造，不仅是老旧小区楼体管网翻新等"硬件"改造，而且要根据小区居民需要提供养老托幼、医疗助餐等"软件"服务，还必须创新城镇老旧小区治理的机制，才能有效地增强改造的内生动力、刺激改造的活力，切实推动改造惠民生扩内需。因而，在国务院颁发的城镇老旧小区改造指导意见中，住房城乡建设部等部门明确了统筹、优化城镇老旧小区改造的机制、政策和组织保障[①]。

一、城镇老旧小区改造的机制

1.建立健全组织实施机制

（1）建立统筹协调机制。各地要建立健全政府统筹、条块协作、各部门齐抓共管的专门工作机制，明确各有关部门、单位和街道（镇）、社区职责分工，制定工作规则、责任清单和议事规程，形成工作合力，共同破解难题，统筹推进城镇老旧小区改造工作。

政府建立城镇老旧小区改造项目生成机制。一是摸清城镇老旧小区的数量、户数、楼栋数和建筑面积基本情况，建立城镇老旧小区改造项目储备库。二是确定城镇老旧小区改造对象范围，优先将2000年前建成，配套设施欠账较多的房改房等非商品房小区纳入改造范围。三是编制城镇老旧小区改造规划和年度

---

① 国务院办公厅. 关于全面推进城镇老旧小区改造工作的指导意见［Z］. 国办发〔2020〕23号，2020-07-10.

改造计划，区分轻重缓急，尊重群众意愿，切实评估论证财政承受能力，有序组织实施。四是建立激励先进机制，同等条件下，优先对居民改造意愿强、参与积极性高的小区实施改造。

（2）健全动员居民参与机制。城镇老旧小区改造要与加强基层党组织建设、居民自治机制建设、社区服务体系建设有机结合。建立和完善党建引领城市基层治理机制，充分发挥社区党组织的领导作用，统筹协调社区居民委员会、业主委员会、产权单位、物业服务企业等共同推进改造。搭建沟通议事平台，利用"互联网＋共建共治共享"等线上线下手段，开展小区党组织引领的多种形式基层协商，主动了解居民诉求，促进居民达成共识，发动居民积极参与改造方案制定、配合施工、参与监督和后续管理、评价和反馈小区改造效果等。组织引导社区内机关、企事业单位积极参与改造。

建立健全动员群众共建机制。一是运用美好环境与幸福生活共同缔造理念和方法，将城镇老旧小区改造与加强基层党组织建设、社区治理体系建设有机结合，充分发挥基层党组织统领全局、协调各方的作用，推动构建"纵向到底、横向到边、协商共治"的社区治理体系。二是搭建沟通议事平台，利用"互联网＋共建共治"等线上线下手段，开展小区党组织引领的多种形式基层协商，改造前问需于民，改造中问计于民，改造后问效于民，实现决策共谋、发展共建、建设共管、效果共评、成果共享。三是充分发挥社会监督作用，畅通投诉举报渠道，组织做好工程验收移交。

（3）建立改造项目推进机制。区县人民政府要明确项目实施主体，健全项目管理机制，推进项目有序实施，制定城镇老旧小区改造工作流程、项目管理机制，明确相应的责任制。积极推动设计师、工程师进社区，辅导居民有效参与改造。为专业经营单位的工程实施提供支持便利，禁止收取不合理费用。鼓励选用经济适用、绿色环保的技术、工艺、材料、产品。改造项目涉及历史文化街区、历史建筑的，应严格落实相关保护修缮要求。落实施工安全和工程质量责任，组织做好工程验收移交，杜绝安全隐患。充分发挥社会监督作用，畅通投诉举报渠道。结合城镇老旧小区改造，同步开展绿色社区创建。

（4）完善小区长效管理机制。结合改造工作同步建立健全基层党组织领导，社区居民委员会配合，业主委员会、物业服务企业等参与的联席会议机制，引导居民协商确定改造后小区的管理模式、管理规约及业主议事规则，共同维护改造成果。建立健全城镇老旧小区住宅专项维修资金归集、使用、续筹机制，实现改造后的小区实现自我管养。

2. 建立改造资金政府与居民、社会力量合理共担机制

结合不同改造内容明确出资机制。结合拟改造项目的具体特点和改造内容，合理确定改造资金共担机制，通过居民合理出资、政府给予支持、管线单位和原产权单位积极支持，实现多渠道筹措改造资金。

原则上，基础类改造内容，即满足居民安全需要和基本生活需求的，政府应重点予以支持；完善类，即满足居民改善型生活需求和生活便利性需要的，政府适当给予支持；提升类，即丰富社会服务供给的，以市场化运作为主，政府重点在资源统筹使用等方面给予政策支持。

（1）合理落实居民出资责任。按照谁受益、谁出资原则，积极推动居民出资参与改造，建立居民对不同改造内容，按不同比例承担出资责任的规则。可通过直接出资、使用（补建、续筹）住宅专项维修资金、让渡小区公共收益等方式落实。研究住宅专项维修资金用于城镇老旧小区改造的办法。支持小区居民提取住房公积金，用于加装电梯等自住住房改造。鼓励居民通过捐资捐物、投工投劳等支持改造。鼓励有需要的居民结合小区改造进行户内改造或装饰装修、家电更新。落实居民出资，探索动员、引导居民按规定出资参与改造的有效工作方法；明确居民出资参与改造，可通过直接出资、使用住宅专项维修资金、个人提取公积金、捐资捐物、投工投劳等多方式。

（2）加大政府支持力度。将城镇老旧小区改造纳入保障性安居工程，中央给予资金补助，按照"保基本"的原则，重点支持基础类改造内容。中央财政资金重点支持改造2000年底前建成的老旧小区，可以适当支持2000年后建成的老旧小区，但需要限定年限和比例。省级人民政府要相应做好资金支持。市县人民政府对城镇老旧小区改造给予资金支持，可以纳入国有住房出售收入存量资金使用范围；要统筹涉及住宅小区的各类资金用于城镇老旧小区改造，提高资金使用效率。支持各地通过发行地方政府专项债券筹措改造资金。

政府以奖代补给予支持。一是多渠道安排财政奖补资金。通过财政资金安排、土地出让收入等多渠道安排财政奖补资金。二是实现财政性资金统筹使用。统筹中央补助资金、地方各渠道财政性资金及有关部门各类涉及住宅小区的专项资金，用于城镇老旧小区改造，提高资金使用效率。

以政府债券方式融资。一是通过调整优化地方政府一般债券支出结构，调剂部分资金用于城镇老旧小区改造。二是通过发行地方政府专项债券筹措改造资金，要合理编制预期收益与融资平衡方案、因地制宜拓展偿债资金来源。

（3）持续提升金融服务力度和质效。支持城镇老旧小区改造规模化实施运营主体采取市场化方式，运用公司信用类债券、项目收益票据等进行债券融资，但不得承担政府融资职能，杜绝新增地方政府隐性债务。国家开发银行、农业发展银行结合各自职能定位和业务范围，按照市场化、法治化原则，依法合规加大对城镇老旧小区改造的信贷支持力度。商业银行加大产品和服务创新力度，在风险可控、商业可持续前提下，依法合规对实施城镇老旧小区改造的企业和项目提供信贷支持。

积极培育城镇老旧小区改造规模化实施运营主体，为金融机构提供清晰明确的支持对象。充分利用金融机构提供的住房租赁金融产品和服务，积极推进增加租赁住房供应的城镇老旧小区改造。

（4）推动社会力量参与。鼓励原产权单位对已移交地方的原职工住宅小区改造给予资金等支持。公房产权单位应出资参与改造。引导专业经营单位履行社会责任，出资参与小区改造中相关管线设施设备的改造提升；改造后专营设施设备的产权可依照法定程序移交给专业经营单位，由其负责后续维护管理。通过政府采购、新增设施有偿使用、落实资产权益等方式，吸引各类专业机构等社会力量投资参与各类需改造设施的设计、改造、运营。支持规范各类企业以政府和社会资本合作模式参与改造。支持以"平台＋创业单元"方式发展养老、托育、家政等社区服务新业态。

政府引导管线单位或国有专营企业出资参与改造。政府通过明确相关设施设备产权关系，给予以奖代补政策等，支持管线单位或国有专营企业对供水、供电、供暖、供气、通信等专业经营设施设备的改造提升。

政府引导原产权单位出资参与改造。鼓励国有企业等原产权单位结合"三供一业"改革，捐资捐物共同参与原职工住宅小区的改造提升工作。

社会力量以多元化市场化方式参与老旧小区改造。一是采取政府采购、新增设施有偿使用、落实资产权益等方式，吸引专业机构、社会资本参与养老、抚幼、助餐、家政、保洁、便民市场、便利店、文体等服务设施的改造建设和运营。二是在改造中，对建设停车库（场）、加装电梯等有现金流的改造项目，鼓励运用市场化方式吸引社会力量参与。三是从土地、规划、不动产登记等方面创新支持市场化、可持续推进城镇老旧小区改造的政策。

（5）落实税费减免政策。专业经营单位参与政府统一组织的城镇老旧小区改造，对其取得所有权的设施设备等配套资产改造所发生的费用，可以作为该设施设备的计税基础，按规定计提折旧并在企业所得税前扣除；所发生的维护管理费用，可按规定计入企业当期费用税前扣除。在城镇老旧小区改造中，为社区提供养老、托幼、家政等服务的机构，提供养老、托幼、家政服务取得的收入免征增值税，并减按90％计入所得税应纳税所得额；用于提供社区养老、托幼、家政服务的房产、土地，可按现行规定免征契税、房产税、城镇土地使用税和城市基础设施配套费、不动产登记费等。

二、完善配套政策

1. 加快改造项目审批

各地要结合审批制度改革，精简城镇老旧小区改造工程审批事项和环节，构建快速审批流程，积极推行网上审批，提高项目审批效率。结合工程建设项目审批制度改革，建立城镇老旧小区改造项目审批绿色通道。采取告知承诺、建立豁免清单、下放审批权限等方式，简化立项、财政评审、招标、消防、人防、施工等审批及竣工验收手续。

可由市县人民政府组织有关部门联合审查改造方案，认可后由相关部门直接办理立项、用地、规划审批。不涉及土地权属变化的项目，可用已有用地手续等材料作为土地证明文件，无需再办理用地手续。探索将工程建设许可和施工许可合并为一个阶段，简化相关审批手续。不涉及建筑主体结构变动的低风险项目，实行项目建设单位告知承诺制的，可不进行施工图审查。鼓励相关各方进行联合验收。

2.深化行政体制改革，实行"一门审批"

顺利地推进城镇老旧小区改造，需要深化行政体制改革，简化行政审批，实行"一门审批"。目前，可以实行区住房城乡建设局负责的"一门审批"：由区住房城乡建设局牵头，住房城乡建设局负责协调城镇老旧小区改造项目实施中相关部门的审批文件和材料，住房城乡建设局将需要审批的材料给各部门审定并给出审批时限，超出规定的时限不答复，即视为同意，并报规划部门备案。同时，区住房城乡建设局负责协调统筹推进城镇老旧小区改造项目的审批及后续开工、施工、监督、与居民代表共同验收等工作。

实行"一门审批"后，该部门要按照属地原则，受理所管辖区域内所有产权（包括央产房、国企房、军产房及其他产权房）的老旧小区改造项目申请材料，负责审批监管事宜。

3.完善适应改造需要的标准体系

各地要抓紧制定本地区城镇老旧小区改造技术规范，明确智能安防建设要求，鼓励综合运用物防、技防、人防等措施满足安全需要。及时推广应用新技术、新产品、新方法。城镇老旧小区改造技术规，要明确旧小区改造需要按照一类建筑标准执行，保障老旧小区改造工程的安全和质量。

因改造利用公共空间新建、改建各类设施涉及影响日照间距、占用绿化空间的，可在广泛征求居民意见基础上一事一议予以解决。

4.建立存量资源整合利用机制

各地要合理拓展改造实施单元，推进相邻小区及周边地区联动改造，加强服务设施、公共空间共建共享。加强既有用地集约混合利用，在不违反规划且征得居民等同意的前提下，允许利用小区及周边存量土地建设各类环境及配套设施和公共服务设施。如以加层加梯，或片区改造方式增加面积，为小区养老、抚育、助残、教育社区医疗和健身等公共服务提供必要的房屋，在小区新增的房屋建公共服务设施和配套设施。加层加梯或片区改造所增加的面积，还可用于公租房、廉租房、社区治理机构用房及便民商业用房。其中，对利用小区内空地、荒地、绿地及拆除违法建设腾空土地等加装电梯和建设各类设施的，可不增收土地价款。整合社区服务投入和资源，通过统筹利用公有住房、社区居民委员会办公用房和社区综合服务设施、闲置锅炉房等存量房屋资源，增设各类服务设施，有条件的地方可通过租赁住宅楼底层商业用房等其他符合条件的房屋发展社区服务。

统筹利用社区综合服务中心、社区居委会办公场所、社区卫生站以及住宅楼底层商业用房等小区公有住房，改造利用小区内的闲置锅炉房、底层杂物房，增设养老、托幼、家政、便利店等服务设施。

5. 明确土地支持政策

城镇老旧小区改造涉及利用闲置用房等存量房屋建设各类公共服务设施的，可在一定年期内暂不办理变更用地主体和土地使用性质的手续。增设服务设施需要办理不动产登记的，不动产登记机构应依法积极予以办理。

三、强化组织保障

1. 明确部门职责

住房和城乡建设部要切实担负城镇老旧小区改造工作的组织协调和督促指导责任。各有关部门要加强政策协调、工作衔接、调研督导，及时发现新情况新问题，完善相关政策措施。研究对城镇老旧小区改造工作成效显著的地区给予有关激励政策。

政府统筹相关部门政策和资源，结合改造完善社区综合服务站、卫生服务站、幼儿园、室外活动场地等设施，打通各部门为民服务的"最后一公里"。建立协调电力、通信、供水、排水、供气、供热等相关经营单位调整完善各自专项改造规划，协同推进城镇老旧小区改造。

2. 落实地方责任

省级人民政府对本地区城镇老旧小区改造工作负总责，要加强统筹指导，明确市县人民政府责任，确保工作有序推进。市县人民政府要落实主体责任，主要负责同志亲自抓，把推进城镇老旧小区改造摆上重要议事日程，以人民群众满意度和受益程度、改造质量和财政资金使用效率为衡量标准，调动各方面资源抓好组织实施，健全工作机制，落实好各项配套支持政策。

地方政府建立领导小组等城镇老旧小区改造工作机制，由政府主要负责同志任组长，科学划分市、区、街道及有关部门单位的职责，明确责任清单，实现职责明确、分级负责、协同联动。

3. 做好宣传引导

加大对优秀项目、典型案例的宣传力度，提高社会各界对城镇老旧小区改造的认识，着力引导群众转变观念，变"要我改"为"我要改"，形成社会各界支持、群众积极参与的浓厚氛围。要准确解读城镇老旧小区改造政策措施，及时回应社会关切。

第五章

城镇老旧小区
改造的模式

目前，城镇老旧小区改造模式繁多，大体归纳可分为三大类：政府主导的改造模式；市场主导的改造模式；政府与市场混合改造（或政府与市场合作）模式。

这三大类模式都要遵循和执行国办发〔2020〕23号文件（以下简称"23号文件"），开展城镇老旧小区改造。特别是该文件中的"存量资源整合利用机制"和"土地支持政策"，从机制和政策层面，全面地、有针对性解决了当前城镇老旧小区改造遇到新困境，电梯平层入户、加层加梯和片区改造中需要增加面积、楼间距、采光和增加公共设施建筑，以及吸引社会力量参与老旧小区改造等新问题都迎刃而解了。23号文件明确：建立存量资源整合利用机制。各地要合理拓展改造实施单元，推进相邻小区及周边地区联动改造，加强服务设施、公共空间共建共享。加强既有用地集约混合利用，在不违反规划且征得居民等同意的前提下，允许利用小区及周边存量土地建设各类环境及配套设施和公共服务设施。其中，对利用小区内空地、荒地、绿地及拆除违法建设腾空土地等加装电梯和建设各类设施的，可不增收土地价款。整合社区服务投入和资源，通过统筹利用公有住房、社区居民委员会办公用房和社区综合服务设施、闲置锅炉房等存量房屋资源，增设各类服务设施，有条件的地方可通过租赁住宅楼底层商业用房等其他符合条件的房屋发展社区服务。同时，明确土地支持政策。城镇老旧小区改造涉及利用闲置用房等存量房屋建设各类公共服务设施的，可在一定年期内暂不办理变更用地主体和土地使用性质的手续。增设服务设施需要办理不动产登记的，不动产登记机构应依法积极予以办理①。

第一节 政府主导的改造模式

政府主导的城镇老旧小区改造模式，是政府指定专业部门（如城建局等）

---

① 国务院办公厅. 关于全面推进城镇老旧小区改造工作的指导意见〔Z〕. 国办发〔2020〕23号，2020-7-10.

或成立专门的机构（如城镇老旧小区改造指挥部等）制定改造规划、改造目标和改造内容，确定改造项目，以政府财政性资金或地方财政债券（2020年起可以利用国债）或以政府信用担保的商业贷款投入改造项目，政府城市建设投资公司或下属公司承担改造项目的立项、投资、建设以及运营。

政府主导的城镇老旧小区改造模式的特点是：政府出面征求居民需求，直接介入城镇老旧小区改造的全过程，是改造项目的决策者的和主要出资者。

一、政府主导改造的组织和机制

政府主导改造的组织机构，通常采取自上而下、以需定项、理顺机制、强化服务、标本兼治、完善治理的原则，政府组织小区居民改善老旧小区各类配套设施，补齐短板，优化功能，提升环境，解决好群众最关心、最直接、最现实的问题，实现法治、精治、共治，努力把老旧小区打造成居住舒适、生活便利、整治有序、环境优美、邻里和谐、守望相助的美丽家园，不断增强居民的获得感、幸福感和安全感。

政府成立指挥部。有些地方的市政府建立了由有关政府委办局参加的老旧小区综合整治工作联席会议制度，联席会议办公室设在重大工程建设指挥部，由市政府分管，市政府副秘书长任主任，市重大工程建设指挥办公室、市住房城乡建设委、市政市容委、市财政局任副主任。联席会下设办公室和资金统筹组、房屋建筑抗震节能综合改造组、小区公共设施综合整治组等多个工作组，工作组由市重大工程建设指挥部办公室、市财政局、市住房城乡建设委、市政市容委等部门牵头组成。在联席会议制度的保障下，政府开展改造项目的调研、制定改造政策、发布涉及老旧小区改造的规范性文件，保证老旧小区改造工作的开展。

分级统筹、落实责任的机制。有的地方政府采取"省级筹划、市级统筹、县（市、区）级组织、居民参与"的工作机制。一是政府主导，居民参与。省政府坚持以居民为主体，调动居民参与城镇老旧小区改造提升全过程，实现共谋、共建、共管、共享。二是突出重点，回应需求。以完善老旧小区市政配套设施为切入点，顺应群众期盼，重点解决严重影响居住安全和居住功能等群众反映迫切的问题；坚持群众主体地位，服务群众需求，对小区建筑物本体和周边环境进行适度改造提升。三是治管并举。充分发挥基层政府的属地管理职能，指导老旧小区成立业主委员会或业主自治组织。创新老旧小区业主自治管理模式，实现小区后续管理的正常化、专业化，保持改造效果。四是落实主体责任，建立省、市、县（市、区）三级工作体系。城镇老旧小区改造按照"省级政府做好顶层设计、市级政府落实主体责任、县级政府组织实施"和"谁主管、谁负责，谁牵头、谁协调"的原则，建立省、市、县（市、区）三级工作体系。五是周密组织实施。市内各区政府以街道为基础，充分发挥属地优势，做好群众工作，具体负责城镇老旧小区改造实施工作。按照相关工作导则，落实改造资金筹集，积极做好宣传工作，充分征求群众意见，做好拆违等前期工作，抓好各项改造内容协调调度，落实好工程招标、施工、监理及验收工作，建立老旧小区长效治理机制。六是充分征求意见。改造方案及资金筹措方案应充分征求小区居民及水、电、气、热等产权单位意见，确保改造项目经济实惠，改造资金足额到位。超出民生基本需求的改造项目，要结合实际，量力而行；存在争议的改造项目，应反复论证，做好风险评估及应急预案，取得群众统一意见后组织实施老旧小区改造项目。

有的地方政府按照"政府主导＋国企实施＋安置房建设＋保障性住房建设"模式，启动老旧住宅区改造，对使用年限较久、房屋质量较差、建筑安全隐患较多、使用功能不完善、配套设施不齐全等亟须改善居住条件的成片老旧住宅区进行改造更新。市政府是老旧住宅区改造工作的责任主体，负责统筹协调，市属、区属国有企业是老旧住宅区改造工作的实施主体，发挥公益性作用，负责完成拆迁补偿、落实安置、组织施工建设等工作。

二、政府主导改造的投融资模式

1. 城镇老旧小区改造的性质及政府财政责任划分

从目前城镇老旧小区改造涉及的内容看，情况较为复杂，需要根据其性质，明确政府、居民个人和相关企业的责任，作为资金筹集和加强管理的依据。

（1）城镇老旧小区普通道路、环保、绿化、城市防灾减灾等纯公共物品性质的改造，属政府公共管理职责，其费用应由政府财政承担。这类改造由于其消费上的非竞争性、非排他性，以及效用的不可分割性，居民个人和企业无力或不愿承担，只能由政府财政安排支出。

（2）城镇老旧小区供电、供水、供气、加装电梯等准公共物品性质的改造，具有部分非竞争性、非排他性的特点，其支出费用需要在政府财政、居民个人和企业等相关社会组织之间分配，政府财政承担部分支出责任。但费用的分割在城镇老旧小区改造实际业务推进的过程中，是一项复杂、艰巨的任务。

（3）城镇老旧小区设计住宅本身的维护、修缮，如室内装修等属私人物品，由居民个人（家庭）承担费用支出。

在现行财政投融资政策和制度中，政府财政预算中无偿性资金支出安排有一般公共预算和政府性基金预算。根据2019年政府收支分科科目，一般公共预算城乡社区支出类级科目下，有基础设施配套费安排的支出，包括：城市公共设施、城市环境卫生、公有房屋、城市防洪，以及污水处理费等支出。在政府性基金预算中，有基础设施配套费对应专项债务收入安排的支出。地方政府可以在上述科目中安排部分资金，用于城镇老旧小区改造。

根据财政部印发的《中央财政城镇保障性安居工程专项资金管理办法》（财综〔2019〕31号）中规定专项资金支持城镇老旧小区改造。主要用于小区内水电路气等配套基础设施和公共服务设施建设改造，小区内房屋公共区域修缮、建筑节能改造，支持有条件的加装电梯支出。旧小区改造资金，采取因素法，按照各地区年度城镇老旧小区改造面积、改造户数、改造楼栋数、改造小区个数和绩效评价结果等因素以及相应权重，结合财政困难程度进行分配。2019年城镇老旧小区改造面积、改造户数、改造楼栋数、改造小区个数等因素权重分别为40%、40%、10%、10%，以后年度城镇老旧小区改造面积、改造户数、改造楼栋数、改造小区个数因素、绩效评价因素权重分别为40%、30%、10%、10%、10%。年度城镇老旧小区改造面积、改造户数、改造楼栋数、改造小区个数按各地向住房城乡建设部申报数确定，绩效评价结果为经财政部当地监管局审核认定的绩效评价结果。

2. 地方政府一般债券

根据2015年《国务院关于加强地方政府性债务管理的意见》（国发〔2014〕43号）和财政部《地方政府一般债券发行管理暂行办法的通知》（财库〔2015〕64号）等文件规定，地方政府一般债券是指省、自治区、直辖市政府（含经省级政府批准自办债券发行的计划单列市政府）为没有收益的公益性项目发行的、约定一定期限内主要以一般公共预算收入还本付息的政府债券。

地方政府一般债券（普通债券）是指地方政府为缓解资金紧张或解决临时经费不足而发行的债券。一般债券由各地按照市场化原则自发自还，遵循公开、公平、公正的原则，发行和偿还主体为地方政府。一般债券期限为1年、3年、5年、7年和10年，由各地根据自己需求和债券市场状况等因素合理确定，但单一期限债券的发行规模不得超过一般债券当年发行规模的30%。

地方政府债券一般用于交通、通信、住宅、教育、医院、污水处理系统等地方性公共设施的建设。地方政府债券一般也是以当地政府的税收能力作为还本付息的担保。地方发债有两种模式，第一种为地方政府直接发债，第二种是中央发行国债，再转贷地方，也就是中央发国债之后给地方用。

目前地方政府发行的一般债券，主要用于地方经济社会发展中没有直接收益的公益性项目的资本金支出。根据现行财政管理体制，地方债券年度发行额度（包括一般债券和专项债券）由国务院报请全国人大或人大常委会批准财政部将人大批准的额度，根据各省市自治区的债务余额、还本付息额度、财政经济状况等因素，给各省市自治区分配额度，省再分配到市县，目前发债的主体是省级政府。一般债券不和具体建设项目挂钩，由政府统筹使用，由税收等公共预算收入承担还本付息的责任。

在城镇老旧小区改造过程中，市县政府可向省级政府申请一般债券发债额度，债务收入用于城镇老旧小区改造中普通道路、桥梁、环境、绿化、中小学义务教育学校、公共卫生机构等没有直接收入公益性项目的投资，由政府一般公共预算承担还本付息责任。

3. 地方政府专项债券

根据《国务院关于加强地方政府性债务管理的意见》（国发〔2014〕43号）财政部关于印发《地方政府专项债务预算管理办法》（财预〔2016〕155号）等文件规定，专项债收入应当用于公益性资本支出，不得用于经常性支出；专项债务应当有偿还计划和稳定的偿还资金来源，专项债务本金通过对应的政府性基金收入、专项收入、发行专项债券等偿还。

根据现行财政制度规定，地方政府专项债券，是用于地方经济社会发展中有一定收益的公益项目，债券的发行和具体项目相对应，一一对应，或者一笔债券资金对应多个建设项目，要求项目融资和收益相平衡。即用项目产生的收益偿还债券本息。

在城镇老旧小区改造过程中，有些项目，如小区停车场（库）、小区商业配套设施、供电、供水、供气、土地整理等，有一定收益，可申请发行地方政府专项债券，用于上述项目建设，以项目收益偿还债券本息。在各个国家城市发展中，发行市政债券开展城市建设和改造，与我国地方政府专项债券的发行和使用有相似之处。

4. 政策性银行贷款

政策性银行贷款由各政策性银行在人民银行确定的年度贷款总规模内，根据申请贷款的项目或企业情况按照相关规定自主审核，确定贷与不贷。效益也是政策性银行贷款需要考虑的要素之一。政策性贷款是目前中国政策性银行的主要资产业务。一方面，它具有指导性、非营利性和优惠性等特殊性，在贷款规模、期限、利率等方面提供优惠；另一方面，它明显有别于可以无偿占用的财政拨款，而是以偿还为条件，与其他银行贷款一样具有相同的金融属性——偿还性。

政策性银行的特殊性主要体现在利率和期限的优惠上，大部分政策性贷款利率低于同期储蓄存款利率，期限多在5年以上，有长达20年。

在三家政策性银行中，国家开发银行在其职能定位中包括支持基础设施建设，城镇老旧小区改造符合其业务范围，可争取国家开发银行贷款支持。近年来，国家开发银行在棚户区改造等政策性业务中，发挥了重要作用。

此外，现行城市维护建设附加税，属于地方税体系，其收入转款专用，用于城市基础设施和公用事业建设，地方政府将部分资金通过预算安排用于城镇老旧小区改造项目。从长远看，结合国际大城市发展经验，未来如果开证房地产税，也可能未来城市维护建设，以及城镇老旧小区改造政府的资金来源。

5. 政府土地收储

有的地方政府试行市属企业土地整备开发，即市属土地整备开发公司自行成立项目公司，或与市城市更新基金、镇街、村组集体、土地权利人中一方或多方共同成立市属国有资本控股项目公司，整体收购单元内不动产权益后进行自行改造、合作改造或交由政府收储。

第二节　市场主导的改造模式

2019年6月19日，国务院常规会议指出：加快改造城镇老旧小区，群众愿望强烈，是重大的民生工程和发展工程，运用市场化方式吸引社会力量参与城镇老旧小区改造。城镇老旧小区改造过程中，除了中央补助资金及政府的改造资金，资金来源是个关键问题，由于各地政府的财政能力不一样，因而，需要吸引社会力量参与城镇老旧小区改造。

市场主导的城镇老旧小区改造模式，是充分发挥市场作用和社会资金的作用，企业或企业成立专业公司，根据居民的需求，根据政府规划和改造目标，确定改造项目及改造内容，以企业自有资金或企业筹措的社会资金投入改造项目，承担改造项目的立项、投资、建设以及运营。

市场主导的城镇老旧小区改造模式的特点是：企业主导城镇老旧小区改造的全过程，是改造项目的决策者的和主要出资者，政府配合承担改造项目的企业征求居民需求。

市场主导的城镇老旧小区改造模式有多种形式，举其荦荦大端者为：加装电梯平层入户、加层加梯和片区改造等。

一、加电梯平层入户的改造

加装电梯平层入户是提升城镇老旧小区改造适老性、宜居性改造的核心。

1. 加电梯平层入户的意义

一是便捷居民出行提升居民满意度。坚持平层入户，便捷居民出行，提升居民满意度，保证项目顺利实施。

在城镇老旧小区改造过程中，由于加装电梯的各层进楼公共入口通常设置在楼梯休息平台，居民出电梯后仍需上、下半层才能入户，这半层高差对于老人和残疾人仍是难以克服的障碍，不能真正实现无障碍通行要求。只有提高居民的便捷程度，才能充分保证二楼及以上各层居民同意进行加装电梯的改造，以确保改造项目的大范围推广和实施。具体入户形式要根据小区每栋楼的建筑结构而定。

二是落实建设方案和运营方案同步协商推进实施的原则，城镇老旧小区改造后相关的设施的长远维护，是保证城镇老旧小区改造成果能够切实得到保证的基础，也是改造的长期目标。

三是缓解城镇老旧小区改造的资金压力。在改造电梯平层入户过程中，每户都会相应增加住户套内的建筑面积，而增加的住户套内面积的建设成本需要业主户承担，根据每个地方的情况不同，建设实施主体可以收取合理的成本，在一定程度上有效缓解了因加电梯建设资金短缺的问题。同时，也可将后续的电梯维修费用计入扩建面积的成本内一并收取，减少因增设电梯而缺少维修费用的资金压力。

四是有效拉动居民消费。通过加梯平层入户的改造，有些需要对厨房、卧室或是阳台进行改造。施工单位在施工过程中，因改建阳台、增加走廊等工程，会拉动居民对厨房、卧室进行再次装修的需求，进而激发居民对房子全面装修，促进家庭装修业和家电等相关产业发展，增加地方的GDP和财政收入。

2. 加电梯平层入户的思路

一梯两户的楼房选择独立的外挂电梯实现平层入户，需新建入户走廊并增加套内面积，业主可通过新建走廊进入各自的房屋。

3. 加电梯的收费办法

加装平层入户的电梯相关费用应该根据谁受益、谁负担，多受益、多负担的基本原则进行筹集。同时，因增设电梯平层入户会增加一部分面积，增加的面积的受益者为业主，业主应该承担相应的建设成本。同时，根据住房城乡建设部和财政部关于《进一步发挥住宅专项维修资金在老旧小区和电梯更新改造中支持作用的通知》，维修资金可以用于老旧小区电梯更新改造，因此，可以提取一部分维修基金用于加装电梯。

4. 加梯平层入户应坚持的原则

（1）城镇老旧小区改造的核心是提升小区内居住的宜居性和舒适性，城镇老旧小区改造的受益的主体是小区内的业主，因此，坚持业主"自主申请、自主改造"的原则，是最基本的出发点。

（2）坚持物权法的基本要求。《中华人民共和国物权法》规定，"改建、重建建筑物及其附属设施，应当经专有部分占建筑物总面积三分之二以上的业主且占总人数三分之二以上的业主同意"。

按照《中华人民共和国物权法》要求，城镇老旧小区改造增设电梯应当坚持两个三分之二的原则，即经占建筑物总面积三分之二以上且占业主总人数三分之二以上的业主同意。

（3）坚持"公共利益"的原则。维护社会公共利益是民事主体行使民事权利的题中应有之义。《中华人民共和国民法总则》第131条和第132条规定，民事主体行使民事权利时，应当履行法律规定的和当事人约定的义务；民事主体不得滥用民事权利损害国家利益、社会公共利益或者他人合法权益。

在城镇老旧小区改造过程中往往会遇到"一票否决"制的难题。如加装电梯，是一个典型的公共利益与私人利益存在冲突的问题。比较而言，解决高层住户、特别是老人的上下楼难题所获得的公共收益，高于给低层住户带来的利益。老旧小区加装电梯，应按照《中华人民共和国物权法》要求，坚持两个三

分之二的原则，所有权人在一定期限内不表态的视为同意；对于反对者未达到
1/3的改造项目，政府可以通过审批给予开工证；对于不愿意出资的反对者，新
建的新增加的面积部分与新建电梯走廊之间不开门，不出资的居民既无法利用
新增加面积，也不能使用电梯上下楼。

二、"加层加梯"改造

以平层入户为核心的"加层加梯"改造，在原有五、六层住宅建筑顶层加
盖一至两层，用增量出售（出租）所得对老旧小区进行全面的综合性改造，包
括按照设防烈度进行围护结构安全加固，加装保温墙体，更换节能门窗，管网
更新改造，建设无障碍坡道和立体停车设施，安装太阳能光伏发电系统及电梯
安装、维修养护开支，以市场化运作实现成本补偿和投资收益。

1. 加层加梯的改造思路

加层加梯（"6＋1"或"6＋2"）改造，在原有六层住宅建筑顶层加盖一
层或两层，用增量出售（出租）所得补贴电梯安装、维修养护开支，实现成本
补偿和市场运作。业主仅支付套内增加面积的建筑成本，不支付加装平层入户
电梯的费用和小区公共设施改造的费用。

2. 加层加梯改造的意义

（1）有效缓解资金不足的难题

资金是城镇老旧小区改造的难题，加层加梯综合改造是解决资金不足难题
的突破点之一。加层加梯以市场化的办法破解资金难题，即通过城镇老旧小区
原有楼房的"加层"收益形成改造资金来源。"加层"收益主要用于"加梯"的
费用及其对老旧小区进行综合改造的费用，其余部分用于各专项改造及电梯等
设施维修与运营。"加层加梯"改造不同于房地产开发，它是业主委托、改造企
业实施的对老旧小区设施的改造行为，"加层"改造的资金以平衡"加梯"改造
资金缺口为目的，不存在土地征用，只是提高原有土地利用强度。加层加梯改
造之后小区建筑不越红线，仍然在城市控规的要求之内。

（2）有利于协调不同楼层居民利益，加快城镇老旧小区改造进程

城镇老旧小区改造涉及不同楼层之间的利益协调，底层居民受益少，而高层居民受益多。居民自筹部分又该如何分摊，是大家平摊还是"用者付费"，电梯的后续运营费用的如何分摊，这些均是居民争论的焦点，进而使得费用分配的协商成本极高，同时考虑到不同年龄居民的需求和支付能力的差异，费用协调难是城镇老旧小区改造进展缓慢的关键。如何在广大居民中就可开展的改造项目以及相关的建设费用和运营费用做到全面一致的协调统一难度很大。而加层加梯的改造模式，加装电梯等公共设施居民不出钱，既解决了资金筹集难的问题，同时也解决了不同楼层之间利益协调困难的问题（即：在老旧小区改造加装电梯后，住宅会升值，且楼层越高，升值越，低楼层住户，特别是一楼住户觉得自己住房升值不如高层，利益相对受损，导致不同楼层之间利益协调困难的问题。因为一楼居民可以搬到其认为升值最高的新建楼层，获得本小区改造后的最大利益。），从而可以快速推进改造项目。

（3）提升老旧小区生活品质，实现小区楼房增值

根据房地产估价三要素来划分，影响一个小区价格的，包含实物、权益和区位因素。房地产实物是指房地产中看得见、摸得着的部分，如土地的形状、地形、地势、地基、土壤、平整程度等，建筑物的外观、建筑结构、设施设备、装饰装修等。电梯就对应实物因素中的设备设施。不同小区之间存在价格差异，而同一小区不同楼层间，也会有较大的价格差异。在同一个地段即同区位，同样是6~7层的楼栋，有电梯的房子有时能比无电梯的每平方米高出几千元，有电梯的则可称为电梯洋房，无电梯的则是老旧小区，根据市场对比原则，安装电梯后老旧小区将实现较大程度的增值。

（4）城镇老旧小区改造可持续的市场化途径

城镇老旧小区加层加梯的改造，以市场化方式增加老旧小区加层加梯后住房收益权，投资回报明确，改造周期较短，投资回收较快，资金风险低，容易吸引社会资本的参与，是城镇老旧小区改造可持续推进的市场化的途径之一。

3.加层加梯的实施

在现有6层楼的房屋上加一层或两层轻型结构，并且对老旧小区进行加装电

梯平层入户为核心的综合改造，把居住底层的居民搬至新增楼层，既解决日照问题，又解决价值提升后居民心态不平衡问题。腾出的底层可用于社区治理中心和社区服务中心等。

如果城镇老旧小区改造在小区原有楼房上加一层，底层（或顶层）由政府向承担改造项目的企业回购，或者政府给予承担改造工程的企业特许经营权，企业通过经营收回改造成本，取得合理的利润（利润率可稍高于银行的市场贷款利率）。

如果城镇老旧小区改造在小区原有楼房上加两层，底层（或顶层），由政府向承担改造项目的企业回购或政府给予承担改造工程的企业特许经营权，企业通过经营收回改造成本，取得合理的利润（利润率可稍高于银行的市场贷款利率）。另一层由承担改造项目的企业无偿地交给政府，成为政府资产，用于廉租房、人才公寓、社区医养中心、托老所、老年食堂等公共服务用途。

4. 明确加层改造增量房产的产权管理

（1）老旧小区在"加层加梯"改造后，补交土地出让金（或减免土地出让金）并明确增量房产产权年限，实施主体将加层部分以市场价格向小区居民或非小区居民出售。增加面积核发产权证，或以旧房本更换新的不动产登记。

（2）实施主体或投资主体持有并进行租赁经营。2016年6月国务院办公厅《关于加快培育和发展住房租赁市场的若干意见》要求"培育和发展住房租赁市场"，并提出了培育市场供应主体、支持租赁住房建设等措施，包括"发展住房租赁企业"，"允许将现有住房按照国家和地方的住宅设计规范改造后出租"。政府特许实施主体公司持有并进行租赁经营。

【案例】上海永和房地产有限责任公司对航天新苑加层加梯改造

（1）航天新苑改造的迫切性

"航天新苑"状况。航天新苑位于上海市徐汇区虹梅路2015弄，航天新苑始建于1996年5月，一期竣工于1998年2月，二期竣工于1999年12月，总占地面积28369m²，总建筑面积42730m²，共有17栋6层住宅楼，46个单元，552套住房。目前，小区60岁以上居民约占居住总人口的30%，已进入深度老龄化阶段，老人上下楼出行日益困难，成为"悬空老人"，垂直交通设施短缺已成为影响居民正常生活和"居家养老"的瓶颈。建筑经过近20年的使用，建筑内部设施年久失修，管网破损严重，二次供水存在安全问题，上下水管道破损老化，电网容量无法满足需求，用电高峰期跳闸断电，宜居性差，居民出行与生活状况堪忧，停车位不足，居民停车堪忧，严重影响了居民的出行、居住环境及社区安全。

（2）航天新苑通过市场化办法实施"加梯、加层"综合改造的基本思路

航天新苑加梯加层（6＋2）改造，不需要业主出资，在原有六层住宅建筑顶层加盖一层，用增量出售（出租）所得补贴电梯安装、维修养护开支，实现成本补偿和市场运作。

经济上，通过市场化办法，即通过"加层"收益形成改造资金来源渠道，"加层"收益主要用于"平层入户加梯"改造，其余部分用于各专项改造及电梯等设施维修与运营。技术上，以"平层入户加梯"为核心，带动一系列改造，实现全面的综合性改造，包括，按照7度抗震设防烈度进行围护结构安全加固，加装保温墙体，更换节能门窗，管网更新改造，建设无障碍坡道和立体停车设施，安装太阳能光伏发电系统，参照上海既有建筑（老旧小区）绿色改造评价标准，建设绿色住宅小区。

"加梯加层"改造不同于房地产开发，它是业主委托、改造企业实施的对原小区实施的改造行为，"加层"改造以平衡"加梯"改造资金缺口为目的，不存在土地征用，只是提高原有土地利用强度，也就不需要进行土地"招拍挂"。改造之后小区容积率仍然在城市控规对区域土地利用强度的要求之内（图5-1）。

（3）采用唯一实施主体

航天新苑原开发企业——永和房地产有限责任公司全程负责综合改造的实施以及后续的运营和维护更新等，是项目实施的主体和主要执行者。落实统一规划、统一设计、统一施工的责任，便于政府相关部门监督管理和保证质量。

（4）航天新苑加梯加层改造的综合目标

通过以加梯加层为重点的综合改造，包括外立面安全及节能改造，管线改

图5-1　航天新苑老旧小区（6+2）综合改造效果图

造，安保智能化系统安装，增加停车位，环境绿化提升，整合并增加社区管理用房等一系列改造工程，整体提升小区居住质量，提供功能完善、环境优美、绿色低碳、智慧型的宜居社区。实现老楼旧貌换新颜，小区环境和社区服务全面提升的综合目标。

三、"拆、改、留"结合的片区改造

1. 实施片区改造的缘由

第一，老旧小区有大量的老旧危房存在，包括还有一些平房、筒子楼、单身公寓楼。这一类的房屋大部分都建于20世纪90年代以前，房屋建筑质量低，大部分没有抗震结构，房屋面积小，一般在40～70m²之间，基本属于房屋等级中的C、D级（危旧房屋），到现在已经三十多年以上的历史，存在极大的安全问题。即使这些小区经过简单改造后的居住安全问题也很难得到保障。这些危旧房屋在不同的老旧小区所占的比例不一，行政事业单位、金融机构、国有企业的家属院，比例较低，大约在10%～30%之间，而一些大型厂矿企业、破产倒闭企业的生活区普遍在30%以上，这些房屋已经不适于居住，更不符合小康住宅的标准。

第二，这些危旧房屋的功能配套一般都不健全，仅从环境治理、外观修整等角度，而非功能和安全角度进行有限的改造，根本改善不了业主的居住条件。

第三，这类小区一般都没有维修基金，居民收入水平有限，收入水平差异大，居民资金自筹的难度较大，有些小区的卫生费收缴有困难，居民参与共建、共管、共治心有余力不足。

第四，这些数量巨大的危旧房屋若采取只改不拆的方式，长期下来对于一个城市来说变成一个巨大的居住安全问题，居住安全问题直接导致人民生命财产的安全问题，这是城镇老旧小区改造必须重视的一个问题。

2.实施片区改造的意义

（1）通过对老旧小区现存的部分危旧房屋和违建拆除重建，其余部分通过综合改造的方式达到城区整体环境改善的目的。小拆迁大改造的方式不仅最大限度地降低社会资源浪费，同时，小区居民的征询意见更加容易。

（2）采取原地回迁的方式，满足居民故土难离的需求，小区居民征询意见容易通过，并有效解决中心城区推倒重建引发的拆迁矛盾，彻底改善拆迁部分居民的居住面积和条件，能够加速改造项目快速推进。

（3）增建小区综合服务中心，提升小区功能配套服务。通过片区改造模式，从住宅的功能、结构、设施、外观等方面，补齐短板，修旧如新，可以将拆除的未建部分以增加绿地和公共活动中心为主，并增建社区服务中心、居家养老中心、幼少儿教育服务中心、医疗中心、家政服务中心等，完善小区功能配套，可以全面实施社区综合服务、管理、运营，建立长效机制，形成可持续的社区生态管理、服务系统，实现老有所乐、幼有所管、医有所靠、需有所供，实现基层政务下沉，党建党宣进社区等，全面提升居民幸福指数，让老旧小区居民更有获得感、幸福感。

（4）改造资金的重要来源。片区改造是危房拆除重建与综合整治改造并存，在区域性规划调整中需根据实际情况适度放宽容积率。新增的建筑面积既解决回迁居民的安置，通过销售小部分的新建面积的收入，又能解决老旧小区综合改造资金的不足，还能弥补改造后的维修资金不足。改变只依靠财政拨款的局面，是解决城镇老旧小区改造资金不足的有效途径。

（5）运用市场化方式，吸引社会力量参与。采用该模式，投资回收明晰，不同于棚户区改造，片区改造，仅片区小区中的D级楼和部分C级楼要拆建，改造周期短，资金使用频率快，回收周期短，资金风险较小，比较容易吸引社会化资本的进入，从而减少政府的财政压力，可以在城镇老旧小区改造过程中创新投融资机制，也是金融以可持续方式加大支持力度的可采用的有效的改造模式。市场化方式符合市场经济发展的规律，也符合城镇老旧小区改造未来的发展趋势，市场化的改造和居民的自主改造的理念相一致、便于改造后直接在市场化建设主体引入物业化的小区管理模式。

（6）拉动地方经济增长。城镇老旧小区改造能够增加当期GDP的同时，增加了社会财富的存量，使得历年积累的社会财富随着经济增长而递增。采用该模式可迅速增加各地政府和居民的投资需求和消费需求及相关税收，具有明显的经济效益。

3. 实施片区改造的思路

一是对旧片区里的危旧房屋、非成套住宅拆迁重建；二是老旧小区的综合改造内容为：基础类、完善类及提升类同时进行，一次性达到满足居民的需求及解决老旧小区面临的停车难、上下楼难等一系列问题。

（1）通过实施供水、供电、供气、供热、弱电、道路等改造提升项目，重点解决居民用水、用电、用气等问题。

（2）通过对建筑物屋面、外墙、楼梯间等公共部位维修，提升建筑物本体附属设施功能。

（3）通过拆除违建和环境治理，提升照明、安防、消防、绿化、生活垃圾分类、无障碍等小区环境及配套设施水平。

（4）提升工程应以满足居民改善型生活需求和生活便利性需要的改造内容为重点，通过对建筑物节能、环境美化、智能管理、空间及户内设施改造及文化体育等配套设施的提升与完善，加装电梯和停车库（场）等，提高居住的功能性和舒适性。

（5）配增工程应以社区为单位统筹规划实施，推进相邻小区及周边地区联动改造，实现片区服务设施、公共空间共建共享，促进存量资源整合利用。

4.实施片区改造的目标

通过八大类的功能的改造，确保实现安全耐久、经济实用，空间合理、功能完善，健康舒适、节能环保，绿化亮化、和谐美丽，适老宜居、人文关怀，功能扩进、增值增效，专业管理、保养到位的改造目标，成为绿色健康、舒适优美的居住小区，使老旧小区居民增加获得感。

5.改造实施主体

（1）采用市场化的运作模式，由住房城乡建设部门和街道以及居委会进行市场化的招投标，委托代建单位负责项目的审批、建设、运营和维护。

（2）据业主委员会（或业主委员会委托街道办）选择代建单位作为城镇老旧小区改造的唯一实施主体，唯一实施主体全程负责城镇老旧小区改造工作的实施以及后续的运营和维护更新，并给居民提供新的社区福利或新的收入来源，形成健全一次改造、长期保持的管理机制。

在城镇老旧小区改造过程中选择唯一实施主体，以落实统一规划、统一设计、统一施工的责任，也便于政府相关部门监督管理和保证质量。实施主体是项目实施的核心和项目顺利推进的主要执行者。首先项目实施的责任主体，便于把控改造的建筑质量，把控改造建筑质量对于城镇老旧小区改造，充分保证施工过程和施工质量。其次，单一的实施主体是保证节约改造的经济成本和社会成本的重要载体。单一项目实施主体全程在居委会和政府部门的监督和协助下开展城镇老旧小区改造项目。

6.片区改造模式的实施办法

城镇老旧小区改造过程中"拆、改、留"结合片区改造的模式是结合老旧小区实际情况和城市风貌，按照片区管理的原则对老旧小区进行系统的综合更新改造。该模式既非物业管理思维下的局部改造形式，又非房地产思维下的开发模式，是符合城镇老旧小区改造市场化手段的有效途径。

（1）对改造片区里的危旧房屋、非成套住宅拆迁重建

老旧小区有大量的老旧危房存在，房屋年代久远，有的已超过30年，房屋

建筑质量低，大部分没有抗震结构，房屋面积小，属于房屋等级中的C、D级（危旧房屋），存在极大的安全隐患，小区改造的唯一实施主体对老旧小区中不具备改造价值的楼房进行拆除重建。

（2）对改造片区的老旧小区进行综合改造

小区改造的唯一实施主体对改造片区的民生工程（基础类）、提升工程（完善类）及配增工程（提升类）进行改造和完善，并将老旧小区建设成为智慧社区，满足居民的实际需求，提高居住的功能性、舒适性及便利性，并通过改造实现片区服务设施、公共空间共建共享，促进存量资源的合理利用。

（3）存量土地资源空间再规划或城镇老旧小区改造专项规划

利用存量土地资源空间再规划或城镇老旧小区改造专项规划，在土地不流转的前提下，通过小部分拆建、大部分改造等方式，增加新的建筑面积，新增建筑面积产生收入用于老旧小区更新改造、建设方面的投资，政府和个人少出资或不再出资，有效解决城镇老旧小区改造资金短缺的问题。

（4）建立城镇老旧小区改造后续长效管理机制

小区改造的唯一实施主体，结合政府和居民需求，形成长效管理机制，注重社区系统改善后的管理、运营的模式，全面实施社区综合服务、管理、运营，建立长效机制，形成可持续的社区生态管理、服务系统；提升小区居民的幸福指数和生活品质，延续城市历史文脉，实现城市可持续发展，激发城市社会经济活力。

【案例】华城智慧（北京）科技发展有限公司对宜春市委大院的片区改造

（1）项目概况

宜春市市委大院片区建于20世纪90年代，共房屋81栋，办公楼7栋，住房74栋，住户约1700户，建筑面积213253.69m²，占地面积约为190000m²（285亩）。片区内建筑物多建于20世纪80年代到90年代；建设标准相对较低，面积小，户型不合理，居民改善居住环境的必要性明显；多数建筑存在着管线老化、设备年久失修、道路破损、楼体饰面脱落，节能保温效果差等诸多问题，三分之二部分住宅、公房已成为危楼，存在严重安全隐患；居民对于解决垂直交通、提升小区安全、改善基础设施、增加服务配套、引进多元化社区综合服务的呼声和要求十分强烈。

（2）改造思路

华城智慧针对城镇老旧小区现状，利用存量土地资源，结合当地棚户区改造政策、旧城改造政策，对城镇老旧小区进行重新规划，结合老旧城区实际情况和城市风貌，按照片区管理的原则，将危房拆除重建，对老旧小区进行宜居综合改造（拆危改旧）。

通过拆、建、改、修多模式并举及功能配套补添的创新手段，打造完善住宅、商业、养老中心、幼儿园、社区中心及生活配送等公建配套，实现老旧楼院整治提升、道路重铺、空间优化利用、重塑居住环境，建设具有当地特色的老旧社区综合改造模式及示范重点。

增建社区服务中心、养老中心、幼少儿教育服务中心、医疗中心、家政服务中心、安防监控中心、业主健身活动中心、机房、社区食堂、社区医疗服务中心、社区O2O配送中心及基层服务中心等；首先解决老旧小区的住房条件，其次解决社区养老居家养老、儿童教育托管、停车三大难题，引入基层政务下沉，党建党宣进社区，社区食堂、物流托管（快递服务）、家政服务、洗车、有机食品配送、家电维修、代办委托、社区金融保险服务、远程医疗、健康管理等居民生活所需的各种服务，全面提升居民幸福指数。

引进物业管理服务和增加社区综合服务，利用项目社区综合服务平台，建设智慧健康、智慧教育、智慧物业、社区电商、社区金融、智慧党建文化等服务体系；最终形成用户服务系统、社区服务系统、公共服务系统深度融合的社区综合服务平台，为居民省时、省力、省钱。

（3）改造方案

拆除及安置方案：住宅安置面积按原套内面积1∶1，改造后容积率2.28，拆除住宅面积87966.57m²，商业安置面积按原套内面积1∶1，拆除商业面积3000m²。宜居改造面积76220.72m²，新建总建筑面积321180m²，其中康养中心14500m²，新建住宅面积176220m²，新建商业面积5200m²，新建办公公寓面积20000m²，新建幼儿园面积4950m²，新建地下面积86800m²，停车位

2480个（图5-2、图5-3）。

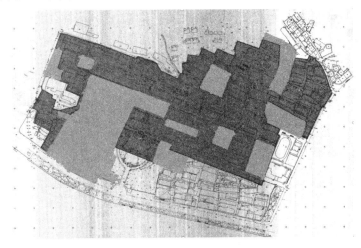

图5-2　市委大院总体规划图
（备注：深色部分为拆除部分，浅色部分为改造部分）

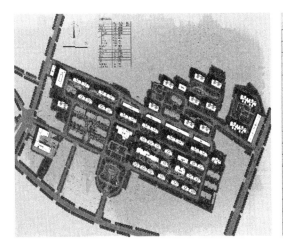

主要技术经济指标			
项目	单位	规划数据	备注
用地面积	平方米	116900	大概范围
总建筑面积	平方米	407980	
地上建筑面积	平方米	321180	
其中	住宅建筑	平方米	289930	
	商业	平方米	5200	
	办公	平方米	20000	
	幼儿园	平方米	4950	
	配套用房	平方米	1100	
地下建筑面积	平方米	86800	
容积率	/	2.75	
建筑占地面积	平方米	25185	
建筑密度	%	21.54%	
绿地率	%	35.01%	
户数	户	2430	
人数	个	7776	
机动车停车位	辆	2480	
非机动车停车位	辆	1450	

图5-3　新建区域及功能规划设计图

　　项目采取原地回迁的方式处置，回迁面积基本按照政府相关补偿规定执行，重建户型沿用中部特色和满足居民需求设计。为创造片区的地缘价值，项目将构建养老、养生及优质生活体验住区主题，旧改工程完成后以智慧社区模式运营，构筑住宅标杆产品（图5-4）。

图5-4　健康养老、养生及优质生活体验住区设计图

增建社区养老服务中心将引进专业机构运营，中心配套社区诊所，为社区老人提供日常问诊、医疗咨询、健康体检、理疗复康等服务。中心日间附设康复护理、老年人托养、长者照料、长者邻舍等，并提供多功能养老娱乐设施及活动空间（图5-5）。

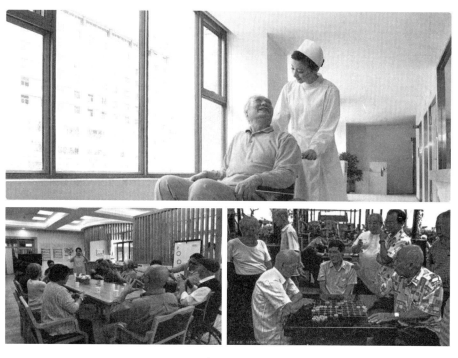

图5-5　社区养老服务中心

（4）改造内容

① 对危旧建筑进行拆除重建，杜绝建筑安全隐患，将老旧小区改善成花园洋房，实现居民的房产大幅度增值；

② 对所有未拆除建筑进行系统的有机更新改造，通过包括加装电梯在内的几项改造项目，使老社区展现新活力；

③ 对管网、线路改造最大限度降低安全隐患；

④ 建设立体车库和停车区域，解决单车、电动车、电动汽车、常规汽车的停放问题，并有效缓解周边区域的停车压力；

⑤ 增设门禁和安防、消防系统，提高小区安全指数，保护社区内居民人身财产安全；

⑥ 部分拆除区域不再重建，用于增加绿地面积，利用立体绿化和屋顶绿化新技术，最大限度提高绿化比例，打造绿色社区。居民居闹市而品静幽，处繁华而亲自然；

⑦ 通过重新修整道路，重新设计路面的使用布局，提供良好的街区体验（图5-6）。

图5-6　改造前后对比

（5）改造后实现目标

① 对危旧建筑进行拆除重建，杜绝建筑安全隐患，将老旧小区改善成花园洋房，实现居民的房产大幅度增值；

② 对所有未拆除建筑进行系统的有机更新改造，通过包括加装电梯在内的几十项改造项目，使老社区展现新活力；

③ 对管网、线路改造最大限度降低安全隐患；

④ 建设立体车库和停车区域，解决单车、电动车、电动汽车、常规汽车的停放问题，并有效缓解周边区域的停车压力；

⑤ 增建社区服务中心、居家养老中心、幼少儿教育服务中心、医疗中心、家政服务中心等；首先改善老旧小区的住房条件，其次为社区养老&居家养老、儿童教育托管、停车提供基础设施，助力基层政务下沉、党建党宣进社区，提供社区食堂、物流托管（快递服务）、家政服务、洗车、有机食品配送、家电维修、代办委托、社区金融保险服务、远程医疗、健康管理等居民生活所需的各种服务，全面提升居民幸福指数；

⑥ 增设门禁和安防、消防系统，提高小区安全指数，保护社区内居民人身财产安全；

⑦ 建立改造后小区有效管理机制和增加社区综合服务，利用华城亿家社区综合服务平台，建设智慧健康、智慧教育、智慧物业、社区电商、社区金融、智慧党建文化等服务体系；最终形成用户服务系统、社区服务系统、公共服务系统深度融合的社区综合服务平台。

⑧ 部分拆除区域不再重建，用于增加绿地面积，利用立体绿化和屋顶绿化新技术，最大限度提高绿化比例，打造绿色社区，居民居闹市而品静幽，处繁华而亲自然；

⑨ 通过重新修整道路，重新设计路面的使用布局，提供良好的街区体验。

四、市场为主改造的投融资模式

2019年7月1日，国务院新闻办公室就城镇老旧小区改造工作情况举行发布会，住房和城乡建设部副部长黄艳表示，为进一步全面推进城镇老旧小区改造工作，将积极创新城镇老旧小区改造投融资机制。她表示，机制将包括探索金融以可持续方式加大支持力度，运用市场化方式吸引社会力量参与等。

1. 借鉴棚改的打包融资模式

《国务院关于加快棚户区改造工作的意见》（国发〔2013〕25号）规定："市、县人民政府应结合当地实际，合理界定城市棚户区具体改造范围……城市棚户区改造可采取拆除新建、改建（扩建、翻建）等多种方式。要加快城镇旧住宅区综合整治，加强环境综合整治和房屋维修改造，完善使用功能和配套设施"；"坚持整治与改造相结合，合理界定改造范围。对规划保留的建筑，主要进行房屋维修加固、完善配套设施、环境综合整治和建筑节能改造。"

根据上述文件要求，以"拆建"为主要内容的棚改可配套进行旧改，旧改的主要内容包括对房屋维修加固、完善配套设施、环境综合整治和建筑节能改造。

2. 拆除重建类融资模式

拆除重建类的城镇老旧小区改造，是以拆除老旧房屋、新建房屋及配套设施为主要内容，主要有广东省"三旧"改造模式、上海市政府购买旧区改造服务模式。

（1）广东省"三旧"改造模式

主要政策依据有《广东省人民政府关于推进"三旧"改造促进节约集约用地的若干意见》（粤府〔2009〕78号）、《广东省人民政府关于提升"三旧"改造水平促进节约集约用地的通知》（粤府〔2016〕96号）。"三旧"指的是"旧城镇、旧厂房、旧村庄"，主要包括：城市市区"退二进三"产业用地；城乡规划确定不再作为工业用途的厂房（厂区）用地；国家产业政策规定的禁止类、淘汰类产业的原厂用地；不符合安全生产和环保要求的厂房用地；布局散乱、条件落后，规划确定改造的城镇和村庄；列入"万村土地整治"示范工程的村庄等。

"三旧"改造模式主要内容包括：① 政府依法收回、收购土地使用权，纳入土地储备。② 原土地使用权人可自行进行改造，涉及划拨土地的补缴地价。③ 市场主体根据"三旧"改造规划和年度实施计划，收购相邻多宗地块进行集中改造。④ 旧城镇、旧村庄改造涉及收回或者收购土地的，可以货币补偿，也可以置换补偿。⑤ 农村集体经济组织可申请将农村集体所有的村庄建设用地改变为国有建设用地，由集体组织自行开发或与有关单位合作开发。⑥ 城市建设用地规模范围外的旧村庄改造，可由农村集体经济组织或者用地单位自行组织实施，但不得用于商品住宅开发。⑦ 腾挪的合法用地可以复耕，进行建设用地增减挂钩指标流转。

可以看出，广东省"三旧"改造模式实施方式和实施主体较为灵活广泛，既包括政府作为实施主体进行土地储备，也包括市场主体收购开发土地，还包括农村集体经济组织自行开发等形式。

（2）上海政府购买旧区改造服务模式

上海政府购买旧区改造服务的政策依据为《关于在本市开展政府购买旧区改造服务试点的意见的通知》（沪府办〔2016〕48号）。

在政府购买旧改服务模式项下，政府通过合法方式选择市场主体作为旧改实施主体，由实施主体负责提供旧区改造征地拆迁服务以及安置住房筹集、公益性基础设施建设；政府将购买旧改服务资金逐年列入财政预算，向提供旧改服务的实施主体支付；实施主体在以相应应收账款作为担保向银行融资作为建设资金。上海的拆除重建类旧改项目即为此种融资模式，此种模式下市场主体可获得项目的投融资及建设机会。

社会力量通过法定的方式和程序，公开择优选择承接主体，由承接主体根据政府购买旧区改造服务合同的约定提供旧区改造相关服务。

上海市政府购买旧区改造服务范围为：旧区改造征地拆迁服务以及安置住房筹集、公益性基础设施建设等方面，不包括旧区改造项目中配套建设的商品房以及经营性基础设施。

通过广东、上海模式可以看出，拆除重建类旧改模式与棚改模式相近，广东"三旧"改造模式由于涉及旧厂房改造，范围比棚改更大，而上海政府购买旧区改造服务模式在内容上则近似于棚改。

3. "拆、改、留"结合片区改造的融资模式

将几个相邻的老旧小区或一个街区划为一个片区,在一个片区内,有大量的老旧危房存在,包括还有一些平房、筒子楼、单身公寓楼。这一类的房屋大部分都建于20世纪90年代以前,房屋建筑质量低,大部分没有抗震结构,房屋面积小,一般在40～70m²之间,基本属于房屋等级中的C、D级(危旧房屋),存在极大的安全问题。这些数量巨大的危旧房屋采取只改不拆的方式进行治理,长期下来对于一个城市来说变成一个巨大的居住安全隐患,居住安全问题直接导致人民生命财产的安全问题。

"拆、改、留"结合片区改造,居民仅承担增加户内面积费用,其余费用由投入资金的企业承担。企业出售一部分新增住房面积获得投资报酬,同时,企业还要将片区改造所产生的另一部分新增住房面积交给政府,形成政府新资产。一楼居民可以根据小区改造方案选择新建楼宇的理想楼层,自己家住房相对贬值问题也随之化解。也可以对一些有条件的小区,拆除其围墙,由开发商增建商铺供出售、出租,所得利益由开发商提前支付政府,用于城镇老旧小区改造。

多数城镇老旧小区改造资金主要依靠财政拨款,通过此种片区改造模式,危房拆除重建与综合整治改造并存,在区域性规划调整中需根据实际情况适度放宽。新增的建筑面积既解决回迁居民的安置,通过销售小部分的新建面积的收入,又能解决城镇老旧小区综合改造资金的不足,还能弥补改造后的维修资金不足。除了拆一部分补另外一部分的方法外,还可以让实施主体在养老、托幼、便利店、日间照料等方面更多参与并实现合理收益,以此提高社会资本参与的动力,改变只依靠财政拨款的局面,解决城镇老旧小区改造资金不足的问题。

采用该模式,"小拆迁大改造"的方式不仅最大限度地降低社会资源浪费,同时,小区居民的征询意见更加容易。投资回收明晰,不同于棚户区改造,该改造模式,不需要大拆大建,改造周期短,资金使用频率快,回收周期短,资金风险较小,比较容易吸引社会化资本的进入,从而减少政府的财政压力,可以在城镇老旧小区改造过程中创新投融资机制,也是金融以可持续方式加大支

持力度的可采用的有效的改造模式。这种市场化方式符合市场经济发展的规律，也符合城镇老旧小区改造未来的发展趋势，市场化的改造和居民的自主改造的理念相一致、便于改造后直接在市场化建设主体引入物业企业建立小区长效管理机制。

4. "加层加梯"综合改造融资模式

加层加梯改造，居民仅承担增加户内面积费用，其余费用由投入资金的企业承担。企业出售一部分新增住房面积获得投资报酬，同时，企业还要将加层所产生的另一部分新增住房面积交给政府，形成政府新资产。低层居民可以选择从原来的一楼的住宅搬到新增的7层或8层住宅居住，解决了一楼居民担忧的自家住房相对贬值的问题。

通过老旧小区加层加梯的改造，引入市场化的运营模式，资金来源于社会投资，投资回报明确，改造周期较短，投资回收较快，资金低风险，容易吸引社会资本的参与，是可持续的市场化途径。

5. 存量资源合理利用的融资模式

随着目前一二线城市增量土地供应的短缺，以存量空间改造为主的内涵式增长成为城市发展新趋势。盘活老旧小区闲置的锅炉房、物业用房或增建社区综合服务中心等存量建筑、为物业资产的增值保值提供保障、推动城镇老旧小区改造成为城市发展的新增长点，形成投资、建设运营的创新融资模式。

要加强既有用地集约混合利用，在征得居民同意前提下，社会资本方或实施主体被允许在城镇老旧小区改造中，推进相邻小区及周边地区联动改造，加强片区服务设施、公共空间共建共享。通过拆除违法建设、整理乱堆乱放区域等方式获得的用地，优先用于留白增绿和各类设施建设，规划存量用地方案，调整土地利用。同时，加强公有房屋统筹，支持利用社区综合服务中心、社区居委会办公场所、社区卫生站以及住宅楼底层商业用房等房屋。

用小区及周边空地、荒地、闲置地及绿地等，新建停车场（库）、加装电梯及各类设施、活动场所等，发展现代服务业，以建设养老设施、体育设施、社区综合服务、停车设施等作为重点，改造利用小区内的闲置锅炉房、底层杂物房等、增设养老、托幼、家政、便利店等服务设施。

6. 收益权定向出售融资模式

收益权定向出售就是将基础资产的未来收益通过在合法的交易平台上发布转让出去，资产所有方通过转让这部分未来收益来达到迅速融资和发展的目的，受让方（投资方）则通过投资获得基础资产的收益。

市场化解决的基本思路是收益期权定向出售，基本路径有三：一是物业捆绑式，即由业主与物业公司签订长期或多年物业服务协议，在此前提下由物业公司支付部分改造费用。二是社区服务捆绑式，即将维修、保养、商业、金融、教育培训、旅游、养老、医疗等社区服务按项目分别与相应的机构签订长期或多年服务协议，由签约机构买断协议期相关服务，同时由签约机构支付一部分改造费用。三是广告捆绑式，由业主与广告公司签订长期或多年广告位出租协议，由广告公司支付一部分改造费用。还可扩大期权出售范围，比如业主再装修期权出售，小区内大件商品采购期权出售等。

7. 停车设施的融资模式

（1）建设—经营—转让模式

停车位具有排他性的特性，停车收费可以带来相对稳定的现金流和收入。因此，老旧小区停车位的建立可以采取建设—经营—转让模式即BOT（Build—Operate—Transfer）模式开展，在取得业主（两个三分之二）同意的基础上，在政府相关部门审批同意后，由企业负责建设的停车位或立体停车设施，政府许可以一定年限的运营费用作为建设企业的费用补偿，达到一定年限后，停车场的运营净收入全部归还业主所有。停车设施的一部分收入用于小区相关物业费用的支出，同时收入用于老旧小区的长期的改造资金来源，推动建立长效化老旧小区的综合改造的资金需求。

（2）停车设施的资产证券化

资产证券化是指将缺乏流动性、但具有可预期收入的资产，通过在资本市场上发行证券的方式逐一出售以获得融资，以最大化提高资产的流动性。资产证券化在一些国家运用非常普遍。资产证券化是通过在资本市场和货币市场发行证券筹集资金的一种直接融资方式。广义的资产证券化是指某一资产或资产组合采取证券资产这一价值形态的资产运营方式，包括实体、信贷、证券、现金等四类资产证券化。

2017年，首单停车场资产证券化项目就已获批，该ABS以停车场收费权作为标的物，将纳入项目范围的9个停车场的特许经营权转让，为期12年，总规模超过3亿元。

2019年4月，证监会发布《资产证券化监管问答（三）》，能发行基础设施收费权ABS产品的现金流应当来自以下三类情况：基于政府和社会资本合作（PPP）项目，国家政策鼓励的行业及领域的基础设施运营维护，另外包括教育、健康养老等公共服务所形成的债权或者其他权利。不过，物业服务费以及缺乏实质抵押品的商业物业租金（不含住房租赁），不得作为ABS基础资产现金流来源。

第三节　政府企业混合改造

政府企业混合（又称政府企业合作）城镇老旧小区改造的模式，是整合政府、民间、社会公众等多方资源，集社会、经济和环境效益于一体，实现财政资金、企业及居民资金在改造项目上的成本共担、利益共享，解决城镇老旧小区改造融资壁垒，推进老旧小区改造。

政府企业混合改造城镇老旧小区模式的特点是：政府和企业及居民共同承担城镇老旧小区改造的决策、投资和运营，政府与承担改造项目的企业共同征求居民需求。

以公私合作为特征的融资能够实现社会和政府资本的有效结合，让企业真正成为改造投入的主体，政府和居民参与项目决策，监管改造项目的施工建设，参与改造的运营和管理。

一、城镇老旧小区改造 PPP 模式

以PPP方式参与城镇老旧小区改造项目，是解决资金问题和可持续发展问题，走市场化的道路，吸引社会资本参与的方式之一。财政部规定，一级政府当年用于PPP项目支出的承诺总额，不得超过当年一般公共预算支出总额的10%，在此限度内，对于有一定收益的城镇老旧小区改造项目，可以优先采用PPP模式，吸引社会资本参与，对于一些PPP存量项目较少，政府当年用于PPP项目支出承诺总额，没有超过当年一般公共预算支出总额的5%的市县，可以适当推广政府付费项目。

1. PPP模式基本思路

坚持"谁投资、谁受益"的原则。由投资人约定的投融资平台公司和第三方企业组成联合体，引入社会资本与政府的相关平台公司组建PPP项目公司，由PPP项目公司负责项目的资金筹措，同时负责项目的投融资管理和建设管理工作；直至项目竣工验收后移交给业主。业主通过人大授权，或人大备案赋予PPP项目公司在所管辖范围内相关资源（包括但不限于土地资源的一级开发整理，或土地的二级开发等）运营、管理的特许经营权，经营期限暂定十年，期满后由政府收回特许经营权（特许经营权收回基本条件为：投资人收回投资本金和约定的收益，收回特许经营权双方暂时约定在工程竣工后商定年限内应完成）。

2. PPP模式的资金运作过程

投资及项目管理协议签订后45~60天内，以注册时注入的一定资本金作为本项目的启动款，对项目区域内进行前期工作。

项目开工后，由PPP项目公司融资（年化收益率10%，期限2~3年），达到工程项目总投资所需的30%资本金〔该笔款项由第三方投融资主体公司（LP）提供融资性保函，通过信托和券商进行市场化实现，含注册资本金〕。

以PPP项目公司为融资平台，向银行以项目贷的形式贷款，政府平台公司＋评级AA＋（含）以上担保公司为PPP项目公司进行担保（评级AA＋（含）以上担保公司收取一定担保费）。

基于以上资金的融入情况，PPP项目公司首期融资，后期融资；以此两年之中实收完成资金，全部覆盖工程建设的需要。

联合体和总承包商从工程总承包中取得相应收益；投资人和政府平台公司可在特许经营的溢价中，取得各自相应的一部分收益。

3.PPP模式的投资回收

社会资本是追逐利益的，要求取得合理回报。这就给城镇老旧小区改造项目设计带来了较大的压力和难度，如不能满足社会资本方合理回报的要求，银行、保险以及企业和个人等社会资本就难以进入城镇老旧小区改造领域。从财政部PPP项目库中完成采购，落地建设的项目看，社会资本方回报率一般在7%、8%左右，因此在城镇老旧小区改造项目设计中，就需要努力挖掘小区停车、商业设施、休闲娱乐设施、可整理开发土地等能够产生一定收益的资源，配合政府补助、物业收费、价格调整等手段，在居民、政府能够接受的范围内，使项目收益能够达到社会资本方的基本要求（也可以要求社会资本方有一定的让利），以社会平均利润率，吸引更多社会资本方参与城镇老旧小区改造，实现项目的可持续发展和良性循环，达到多方合作共赢的目的。

（1）通过政府授予的特许经营权获得的相关收益。

（2）通过项目运营获得相应的投资收益。

4.PPP模式的投资退出

（1）通过收购股权或债券收购形式完成投资人的退出。

（2）通过第三方受让形成投资回购而完成投资人的退出。

（3）通过分项或整体回购形式的出售而完成投资人的退出。

（4）通过特定资产证券化形式而完成投资人的退出。

（5）通过投资项目发行企业私募债再融资形式而完成投资人的退出。

5.风险控制

（1）取得城镇老旧小区改造项目的特许经营权和开发受益权。

（2）政府财政担保承诺函及人大决议。

（3）为PPP项目公司提供无限责任连带担保。

（4）政府级融资担保公司提供担保或增信。

（5）将风险管控包含投资公司与所投资子公司之间的投资协议之中，通过投资协议，构成投资协议为纽带的母子公司关系。

（6）用系统的方法对投资公司、所投资公司等层面的风险因素加以辨识与管理。

（7）收集风险管理初始信息。

（8）进行风险评估。

（9）制定风险管理策略。

（10）提出和实施风险管理解决方案。

（11）风险管理的监督与改进。

6.政府政策支持

（1）实施项目的投资收益为所属区域政府的政策性补贴。

（2）实施区域性投资，提升投资区域的经济和综合实力，地方政府给予政策性的各项补贴（包括投资贷款利息补贴等）。

（3）投资项目有利于提升投资区域的绿色、环保、节能及智能化等综合指标，丰富和优化投资区域的业态形式，所属区域政府通过相应的优惠政策形式给予的各项补贴。

（4）根据所属区域政府的招商引资政策，应该给予的其他优惠政策性补贴。

二、类 PPP 模式的思路

1.成立平台公司

政府资本方（国资公司）、社区经济体（由社区居民以产权为载体成立经济合作社）及社会资本方共同成立平台公司。

2.合作模式

国资通过投资、建设、运营一体化公开招投标的方式招标社会资本方，并与之签订投资、建设、运营一体化合同，成立项目公司。项目公司通过公开招投标或取得特许经营权，获得项目的建设、运营等权利。

3. 股权结构

根据各地的条件不同，股权比例根据协商而定。

4. 融资要素

资金来源：资本金最低要求20％，贷款最高80％，国资公司担保等。

还款来源：出售住宅、商业、车位等物业，收取租金、物业费、停车费、广告费、垃圾处理费、管网租用费、电梯服务费等费用，政府性奖补资金，其他多元化还款来源。

5. 土地要素

若设立社区经济体，土地通过作价入股进入项目公司；若不设社区经济体，土地带方案招拍挂。

三、F＋EPC＋I＋O（投资＋工程总承包＋信息化＋运营）模式

1. 基本思路

由政府与企业组织项目联合体形式，提供"融资建设平台化运营"的一体化服务模式，依托产业提升，搭建出一个全方位的产业资源聚集平台。该平台包括：党建、政服、教育、康养、医疗、金融、商业、人文、旅游、低碳、科技等多方面资源，使得社区真正能满足全生活周期、全工作周期、全生命周期的不同需求，更好地释放未来的活力。

以解决民生、促进就业、发展产业为出发点，依据容积率奖励机制和土地资源的可利用以及再盘活，通过特许经营权的运营及增量和增值业务开发，以低碳绿色环保为基准，以基础设施智能化为手段，统筹资源推动社区运营更新，实现智慧社区的可持续发展。

2. 改造路径

（1）项目策划

项目策划是项目成功保障，从体制机制建设，模式创新研究，多规合一设计，产业链设计，资金来源都要通过策划完成。

（2）成立联合体

通过广泛链接引入外部资源，形成集政、产、学、研、用、资六大资源于一体的城镇老旧小区综合改造试点项目联合体，联合地方政府机构共建老旧小区综合改造服务平台。

（3）建设社区数据中心

从末端采集数据，通过"虚拟社区建设"推动物理社区建设，做到虚拟推动现实，模拟仿真决策为政府部门、建设和开发运营联合体成员及金融机构提供精准辅助决策依据，实现过去可追溯未来可预期，所见即所得预算即决算，全区一盘棋一切可管可控，管理扁平化、服务一站式、信息多跑路、人力少跑腿、全域立体感知、万物可信互联、智能定义一切、未来社区先行。

尤其在我国全面建成小康社会决胜期阶段，参与方均严格按照党和国家提出的全面建成小康社会各项要求，把握好社区建设方向，依据单项目实际现状，坚持以人为本、技术为辅、信息共享、构建平台、购买服务、第四方运营的个性化综合改造路径；同时找好社区建设切入点，围绕社区居民的"医、食、住、行"以及现有资源的重新配置和创新的金融科技、服务和治理体系建设。

3. 科技赋能城镇老旧小区改造

优化从BIM到CIM的顶层设计模式，依托物联网、大数据等各项技术手段，实现老旧社区综合改造更新的全程管理。利用5G＋BIM＋CIM＋AIOT技术基于互联网的实时全量的社区数据资源，全局监督优化管理产业链联合体资源，实现社区可持续发展。

社区IP及流量构成社区产业经济发展引擎，专注于科技创新，包括金融科技，文创科技，社区科技在社区应用；社区内容构建，包括社会经济发展和生活方式构建，研究产业和社区关系，社区运营和管理以及绿色可持续发展；注重软社区建设，包括文化艺术，品牌建设及软实力构建找到社区发展的引擎和驱动力。

四、存量资源合理利用模式

在城镇老旧小区改造过程中，通过对老旧小区的存量资源进行功能配套补增、公共空间优化、地下空间扩充、容积率提升及重建开发等手段，引进养老产业、医药产业、文教产业等塑造社区特色主题，以市场化运作模式实现老旧小区资源再盘活。盘活城镇老旧小区闲置的锅炉房、物业用房或增建社区综合服务中心等存量建筑、创新物业管理和服务模式，主动拓展服务外延，如养老、家政、健康管理、教育、购物、大数据应用、物业配送、服务购买、社区金融、广告等，为物业资产的增值保值提供保障，推动城镇老旧小区改造成为城市发展的新增长点。

1.存量资源的现状与特点

（1）存量资源数量庞大

近年来，各地不同程度地开展了城镇老旧小区改造整治工作，取得了一定的成效。但通过实地调研，需要改造整治的居住小区数量依然巨大，如：南京2016-2017年主城六区累计整治老旧小区432个，建筑面积845万m²；杭州2013-2017年底，累计完成旧住宅区改造面积约3400万m²；厦门自2015年试点、2016年全面开展以来，全市共完成162个城镇老旧小区改造，涉及建筑面积约134.1万m²，608栋，20501户。张家口128个小区亟待改造等。据初步测算，全国既有居住建筑总量500多亿平方米，其中城镇既有居住建筑290多亿平方米，2000年以前建成居住小区总面积为40多亿平方米。

（2）存量资源品质欠佳

2000年以前城镇建成的居住小区基本上是以低租金福利性住房为主，由于当时的经济、技术、体制等方面因素，住宅建设标准较低。不少老旧小区建设时，规划设计较为简单，抗震设防要求较低，甚至无要求，配套设施不齐全，功能空间缺失、建筑质量不高，造成先天不足。住宅的功能、性质、环境、设施及工程质量等不能满足全面建成小康社会的要求。一是房屋破旧，功能缺失，性能不高；二是基础设施配套设施不足，老化失修严重；三是居住环境质量差，私搭乱建严重；四是建筑抗震等级低，安全隐患较大。

（3）存量资源利用效率偏低

老旧小区普遍存在无封闭围墙、无门岗、无电子防盗装置、无路灯照明等问题，安全措施不到位。物业服务等配套用房、文化娱乐和健身设施及养老服务设施普遍配备不足。环境卫生脏乱差，园林绿地较少或处于无人养护状态，大多数小区没有建立房屋维修基金制度和物业管理制度，缺乏小区日常管理和维护保养管理长效机制，存量资源利用效率整体偏低。

（4）存量资源利用推进困难

居住在老旧小区的群体杂，多为退休老职工、拆迁安置户、生活困难户等、低收入、弱势群体居多。房屋产权关系复杂，多数老旧小区主要以工矿企业宿舍、行政事业单位房改房、拆迁安置房等为主。不少老旧小区原产权单位已经破产解散，有的老旧小区专有和公有部分的所有权模糊，权责不对等，存量资源利用推进困难。

2. 存量资源合理利用推进思路

（1）存量资源的评估

存量资源调研。以15分钟生活圈服务为半径开展存量资源调研，所调研的资源内容包括：用地和房屋资源，片区内公共服务设施资源，片区内住户资源，可市场运行项目资源、社区大数据资源等。

开展改造内容功能评估。明确必改民生工程改造内容，针对片区内需要改造的民生工程（基础类）、提升工程（改善类）和配增工程（提升类）内容进行评估。首先判定必须改造民生工程（基础类）的改造内容，并明确出资方和出资比例。通过地方各级政府预算安排财政资金，直接用于民生工程（基础类）改造，或由政府建立专项的设施改造基金，实施"以奖代补"。评估报告作为改造项目立项文件的基础材料。

房屋租售增值分析评估。引导动员群众参与，落实居民出资责任。针对改造工程拟实施项目，分析其房屋资产价值提升空间，其分析评估内容包括：产权变更升值分析、房屋租售增值分析、公共服务收益分析等。评估报告作为改造项目立项文件。

（2）存量资源的专项规划

统筹城乡资源，对接国土空间规划，在调研评估、土地整备的基础上开展。优先将城镇老旧小区纳入城市更新范围，结合新增城市土地，编制土地资源开发、存量土地再利用规划和城市建设控制性规划，以增量撬动存量。编制规划实施规则，确保一张蓝图干到底。

以十分钟至十五分钟生活圈服务为半径所对应的老旧小区为改造实施单元，编制改造片区专项改造规划。规划编制内容包括：合理疏通改造消防和救护通道，构建小区慢行系统；重新划定居住街坊安全管理单元；划定应拆除的违建、临建和乱堆乱放区域；利用腾空和整理所获得的用地规划公共空间和配套服务设施；地下空间资源利用；利用片区内企事业单位公共建筑所进行的复合功能更新规划以及社区公共空间和社区风貌提升规划等相关改造内容。

针对存量建设用地，在现有建设用地基础上制定的规划，即城市区块更新的规划。低效用地再开发，并不止推倒重建一种模式，结合区块实际进行评估、规划，再确定模式。按照有关文件规定，土地使用权人可按照有关法律法规规定的建筑物改变使用功能的程序，向市规划国土主管部门及相关主管部门申请办理规划许可变更和相关手续。建筑物由业主分所有的，部分业主在征得利害关系人同意前提下申请将住宅改为经营性用房。城镇老旧小区内部分或者全部建筑物使用功能改变，但不改变土地使用权的权利主体和使用期限，保留建筑物的原主体结构的模式。

针对闲置土地，调查各闲置地块，梳理各地块闲置原因，分清地块类别，区分是否有原地建设可能性，编制闲置土地盘活规划/计划。对于有建设开发可能性的闲置地块，制订建设方案，确定开发时序。对于难以建设的闲置地块，应根据建设选址区域的规划，制订盘活方案。

规划批复实施方面：明确在复合消防、日照、防扰等方面的相关规范要求，并在征得居民同意前提下，对专项规划进行评审批复；涉及用地问题的按相关规定执行，不涉及用地问题的临时配套服务设施建筑或临时便民设施应明确使用年限。

（3）存量资源整合利用的方案

在征得全体业主同意前提下，提出利用小区腾空和整理所获得的用地规划建设完善类和提升配套服务设施的运行房屋方案，利用社会资本进行改造项目，并运营服务。其内容包括：为满足居民改善型生活需求和生活便利性需要配件的文化休闲、体育健身、停车设施等；为丰富社会服务供给、提升居民生活品质需要配件的社区综合服务、卫生服务、养老托幼、助残、家政保洁、便民市场及便利店等。

第一种，利用废气的锅炉房、底层杂物房社区用房等改造成社区综合服务中心（或日间照料，或社区养老服务站，或托儿中心，或家政服务、便利店或洗衣房）等多种形式，通过物业的出租而获得收益；

第二种，利用小区及周边空地、荒地、闲置地及绿地等，新建停车场（库），通过车位的使用权出售或出租获得收益；

第三种，大型企业收购或租赁产权单一的老旧小区内存量物业或住宅，加以改造成养老公寓等，企业通过经营获得回报，老旧小区通过出售或出租存量资产获得改造资金。

第四种，存量资源转为养老用地。存量资源转为养老用地主要有四类渠道：① 空闲的厂房、学校、社区用房等进行改造和利用；② 已出让的商品房开发用地在尚未进行开发之前；③ 已建成的尚未对外销售的存量商品房，直接改造；④ 集体建设用地。存量资源转为养老用地存在改造成本高，用地成本高，以及转为养老用地后重新核定地价及土地差价部分的处理尚未有明确规定等风险。

（4）存量资源的资金筹措

资金筹措分别针对民生工程（基础类）、提升工程（改善类）、配增工程（提升类）等分别制定资金筹措方案，分类分项明确不同地区、不同项目的不同出资比例。

（5）存量资源的建设运营

在建设运营方面，充分发挥政企财政资金的引导性作用，由政企相关企业组成"城镇老旧小区改造"建设管理公司，鼓励社会资本以市场化方式统筹实施改造建设。采用全过程咨询＋工程总承包（EPC）等建设运营模式，对改造项目进行统一管理、分配，获得政策补贴与持续性物业运营管理收益。

五、城镇老旧小区改造加社区综合服务及融资的模式

1. 社区综合服务

城镇老旧小区的社区资源就是社区最终消费资源，引入社会力量再对其进行有效的合纵连横，组建系统管理的运营平台，就可以整合各种商业资源、服务资源与社区最终消费资源直接对接，量身订造提供各种服务。

增建社区服务中心、居家养老中心、幼少儿教育服务中心、医疗中心、家政服务中心等；首先解决老旧小区的住房条件，其次解决社区养老居家养老、儿童教育托管等难题，引入基层政务下沉，党建党宣进社区，社区食堂、物流托管（快递服务）、家政服务、洗车、有机食品配送、家电维修、代办委托、社区金融保险服务、远程医疗、健康管理等居民生活所需的各种服务，全面提升居民幸福指数。

搭建社区综合服务平台，在城镇老旧小区改造成智慧社区后，把党建党宣、政务服务、物联技术、基础设施管理、居民需求、安全保障、公共设施管理服务深度融合，引进智慧安防、智慧医疗及养老、智慧物业、智慧教育、智能家居等各项社区综合服务项目，最终形成智慧社区综合服务平台。让居民省时、省力、省钱。社区需求会衍生新兴服务行业，有效促进现代社区综合服务业运营体系的形成，具有社会和经济效应。

社区综合服务平台是新形势下探索社区公共治理的一种新模式。基于云计算、物联网、移动互联、大数据分析和智能交互等技术的信息服务平台，打造基础设施智能化服务、物业增值服务、社区智慧养老健康服务、社区智能教育服务、智慧政务、智能家居等系统的综合性智慧社区服务体系，实现居民生活、社区服务的网络化、智能化。运用公共管理理论，通过处理政府、企业和公民三者之间的关系，并将复杂巨系统的人流、资金流、物资流、能量流、信息流通过公共产品和公共服务的生产和服务过程体现出来，高效处

理社区运行中存在的问题，实现城镇老旧小区改造后的可持续发展，构建居民共建、共治、共享的社区长效管理机制，实现共同缔造，保障社区长盛不衰。

2. 停车位及停车设施的运营

（1）停车位设施改造

停车难、出行堵不仅仅是道路车辆的普遍问题，在老旧小区内部也已经成了老旧小区居民面临的主要问题。停车不仅占用小区的人行道，而且占用消防通道应急通道，严重影响小区的行人安全，其次由于停车位的稀少和乱停乱放导致很多居民"早上早出门，晚上早回家"等现象，停车问题严重影响了居民的基本生活，降低了小区居民的生活品质。停车位的修建已是关乎居民的宜居舒适度的重大举措。停车位的重新规划和建设事关改善小区环境，优化和完善小区公共基础设施。

（2）面临的问题

老旧小区停车场的建设面临的主要问题：一是停车场的建立需要大量的资金投入；二是停车位的长远管理需要专业化的管理团队。

（3）小区车位市场化运营模式

停车位具有排他性的特性，停车收费可以带来相对稳定的现金流和收入。因此，老旧小区停车位的建立可以采取BOT模式开展，在取得业主（两个三分之二）同意的基础上，在政府相关部门审批同意后，由企业负责建设的停车位或立体停车设施，政府许可以一定年限的运营费用作为建设企业的费用补偿，达到一定年限后，停车场的运营净收入全部归还业主所有。

（4）车位收益的使用办法

借助于小区车位市场化管理的推进，结合小区其他设施物业化管理的需要，协调推进老旧小区物业管理维修体系的建设。第一，小区停车费用的一部分收入用于小区相关物业费用的支出；第二，通过小区停车位的市场化运作的收入用于老旧小区的长期的管理资金来源，推动建立长效化城镇老旧小区改造后的管理机制。

3.财政补助＋社会出资＋居民分摊的融资模式

2019年6月19日召开的国务院常务会议指出，要"鼓励金融机构和地方积极探索，以可持续方式加大金融对城镇老旧小区改造的支持。运用市场化方式吸引社会力量参与"。住房和城乡建设部副部长黄艳曾表示，城镇老旧小区改造将按照"业主主体、社区主导、政府引领、各方支持"的方式统筹推进，采取"居民出一点、社会支持一点、财政补助一点"等多渠道筹集改造资金。

分别针对民生工程（基础类）、提升工程（改善类）、配增工程（提升类）等分别制定资金筹措方案，分类分项明确不同地区、不同项目的不同出资比例。资金来源基于地方为主，中央支持，社会参与的原则，建议民生工程由中央财政＋地方财政（含省、市区县三级）出资；提升工程由地方财政（含省、市区县三级）＋社会筹资＋居民出资；配增工程由地方财政（含省、市、区县三级）＋社会筹资；居民（产权单位）出资可根据不同地区、不同项目划定出资比例。

加装和使用电梯的收费。住房和城乡建设部副部长黄艳曾指出，"各地实践中经验就是必须是因地制宜，一个楼门一个方案，一栋一个方案"。具体到实践中，许多城市都出台了加装电梯的出资参考方案，各楼层住户出资比例按照楼层出资系数确定。

一般而言，一、二层住户系数为0，不用出钱，部分城市的一、二层住户甚至还会得到补偿。第三层会被设为基准层，系数为1，往上楼层的出资系数随楼层的升高而升高。如2016年南京市出台的指导系数，第三层为1，第四层为1.3、第五层为1.6，每高一层系数加0.3，以此类推。将各层出资系数代入相应的计算公式，即可算出各层各户的出资额。

该融资模式以多方共担、多方共赢、市场化运作、全社会参与、资金自平衡的新模式，用长效经营完成短期建设，实现用明天的收入建设今天的蓝图。

六、政府投资基金

2015年12月9日财政部发布《政府投资基金暂行管理办法》明确，各级财政部门支持设立投资基金的领域，包括支持创新创业、支持中小企业发展、支持产业转型升级和发展、支持基础设施和公共服务领域四个领域。

办法明确，政府投资基金是指由各级政府通过预算安排，以单独出资或与社会资本共同出资设立，采用股权投资等市场化方式，引导社会各类资本投资经济社会发展的重点领域和薄弱环节，支持相关产业和领域发展的资金。政府出资，是指财政部门通过一般公共预算、政府性基金预算、国有资本经营预算等安排的资金。

办法要求，政府投资基金应按照"政府引导、市场运作，科学决策、防范风险"的原则进行运作。政府投资基金募资、投资、投后管理、清算、退出等通过市场化运作。财政部门指导投资基金建立科学的决策机制，确保投资基金政策性目标实现，一般不参与基金日常管理事务。

目前各级政府成立的投资基金有1000多支，其中，城镇化基金等政府基金支持城镇基础设施建设，可吸引部分政府投资基金参与城镇老旧小区改造中效益较好的项目。各级财政部门控制政府投资基金的设立数量，不得在同一行业或领域重复设立基金，设立投资基金可采用公司制、有限合伙制和契约制等不同组织形式。

七、城镇老旧小区改造政府与企业合作模式面临的挑战和对策

1. 政府与企业合作模式面临的挑战

政府与企业合作模式面临的挑战在于利益主体间能否建立良好的合作关系、风险与利益分配机制等，是社会资本和社区居民需要考虑的关键问题。

由于财政部《关于推进政府和社会资本合作规范发展的实施意见》（财金〔2019〕10号）对新上政府付费项目设置了诸多限制，如以政府与企业合作模式进行城镇老旧小区改造，政府付费模式已然走不通；而鉴于目前银行融资对PPP项目付费的要求、地方PPP项目支出责任占一般公共预算支出不得超过10%红线的限制，可行性缺口补贴项目也非优选；因此，使用者付费是当前以PPP进行城镇老旧小区改造最合规的模式，但是依然面临挑战。

2.PPP和政府投资基金合理回报的要求，增加了城镇老旧小区改造项目设计的难度

在城镇老旧小区改造过程中，解决资金问题和可持续发展问题的重要思路之一，就是走市场化的道路，吸引社会资本参与。但是社会资本是逐利的，要求取得合理回报。以PPP方式和政府投资基金方式参与城镇老旧小区改造项目，社会资本方的要求也是逐利的。这就给城镇老旧小区改造项目设计带来了较大的压力和难度，如不能满足社会资本方合理回报的要求，银行、保险以及企业个人等社会资本就难以进入城镇老旧小区改造领域。从财政部PPP项目库中完成采购，落地建设的项目看，社会资本方回报率一般在7%、8%左右。因此，在城镇老旧小区改造项目设计中，就需要努力挖掘小区停车、商业设施、休闲娱乐设施、可整理开发土地等能够产生一定收益的资源，配合政府补助、物业收费、价格调整等手段，在居民、政府能够接受的范围内，使项目收益能够达到社会资本方的基本要求（也可以要求社会资本方有一定的让利），如能达到社会平均利润率，吸引更多社会资本方参与城镇老旧小区改造，实现项目的可持续发展和良性循环，达到多方合作共赢的目的。

3.改善政府与企业合作模式的建议

首先政府需要出台城镇老旧小区改造PPP模式操作的相关标准、规范与程序。

其次，加大对社会资本的激励，如税收优惠、贷款贴息、低息贷款等组合经济激励政策；同时，加大对既有住宅建筑改造技术的产业基金投入，降低改造总成本，从而有效激发社会资本的投资积极性。

最后，拥有房屋产权的社区居民是PPP模式中非常重要的参与主体，通过制度化、规范化的社区参与机制和程序，公正透明的沟通与协调机制等，应该变现有的"被动式参与"为"主动参与"。

八、城镇老旧小区改造 PPP 模式案例

1. AH省AQ市案例

AH省AQ市大观区坚持以人民为中心的发展思想，控制和压减一般性支出用于民生建设，积极引导社会资本，不断健全民生投入机制，切实保障与改善民生。2016年底，成功申报本市大观海绵街区建设PPP项目，该项目总投资约6.7亿元，2017年开工建设，2019年底竣工，工程建设期3年，运营维护期10年。项目涉及道路改造25km，街区覆盖面积3km²，城镇老旧小区改造总占地面积122万m²，惠及人口16.5万人。截至2018年底，已完成滨江苑小区等14个老旧小区综合改造，累计建成"口袋公园"、"微广场"11个，其创新经验做法的示范引领作用不断显现。

针对资金缺口大的突出矛盾，该区大胆尝试用PPP投资模式推进城镇老旧小区改造工程。在PPP模式运作框架下，区属国有企业大观市政工程公司作为政府方出资代表，与社会资本方共同出资组建项目公司，采用ROT（改建—运营—移交）的运作模式，通过公开招标方式遴选社会资本方。区政府出资2899万元，社会资本出资11596万元，共同成立SPV项目公司，项目建设其余资金33820万元由SPV项目公司向徽商银行融资。项目公司负责项目设施的投资、改建、养护维修、移交；在运营期内，政府方拥有项目资产所有权，项目公司拥有项目资产的经营权，政府向项目公司购买公共服务并支付相应费用；运营期满后，项目公司将运营的项目设施的经营权移交给政府指定机构。政府在项目建设竣工验收合格1年后，开始分10年以政府购买服务的形式向社会资本方支付项目运营维护费用，政府付费与中标方运维绩效表现挂钩，项目公司承担项目运营和维护。区政府与社会资本方共同出资建设，建成后由专业机构进行管养，政府以最少的资源，获得更多更好的公共产品供给和服务，实现多方互利共赢。

2. DG市城市更新政企合作模式

政企合作模式——村组统筹土地交政府收储出让。采用政府出资、集体包干方式合作改造的，土地出让纯收益由市、镇、集体按3：3：4比例分配。集

体自行出资整备土地转为国有交由政府出让的，土地出让纯收益由市、镇、集体按2.5∶2.5∶5比例分配。

3.政府"4＋N"融资模式①

（1）"4＋N"融资模式内容

根据《SD省深入推进城镇老旧小区改造实施方案》等要求，鼓励各地市按照不增加政府隐性债务、保持房地产市场平稳健康发展、培育形成相对稳定现金流、引入社会资本的原则，结合城镇低效用地再开发，创新老旧小区及小区外相关区域"4＋N"改造方式和融资模式。

①大片区统筹平衡模式。把一个或多个老旧小区与相邻的旧城区、棚户区、旧厂区、城中村、危旧房改造和既有建筑功能转换等项目捆绑统筹，生成老旧片区改造项目，做到项目内部肥瘦搭配，实现自我平衡。

②跨片区组合平衡模式。将拟改造的老旧小区与其不相邻的城市建设或改造项目组合，以项目收益弥补城镇老旧小区改造支出，实现资金平衡。

③小区内自求平衡模式。在有条件的老旧小区内新建、改扩建用于公共服务的经营性设施，以未来产生的收益平衡城镇老旧小区改造支出。

④政府引导的多元化投入改造模式。对于市县有能力保障的城镇老旧小区改造项目，可由政府引导，通过居民出资、政府补助、各类涉及小区资金整合、专营单位和原产权单位出资等渠道，统筹政策资源，筹集改造资金。

⑤鼓励各地结合实际探索多种模式。引入企业参与城镇老旧小区改造，吸引社会资本参与社区服务设施改造建设和运营等。

（2）"4＋N"融资模式的意义

①"4＋N"模式加快了城镇老旧小区改造的进程。

科学安排融资方案，满足城镇老旧小区改造收支平衡的现实途径，随着社会的不断进步，大多数老旧小区已经落后于时代的潮流，近年来，我国城市进程加快，导致老旧小区没有配套的设施，同时存在着严重的违章搭建等问题，这直接影响到居民的生活质量与美好城市的建设。目前国家越来越重视城镇老

①山东省人民政府办公厅.关于印发山东省深入推进城镇老旧小区改造实施方案的通知［Z］.鲁政办字〔2020〕28号，2020-03-10.

旧小区改造工作，同时在《中共中央国务院关于进一步加强城市规划建设管理的若干意见》中也指出：要稳步实施城中村改造，有序推进老旧小区的综合治理、危房和非成套住房改造。随着国家对政府债务的管控，使老旧小区的进程受融资方式的约束，无法更好的实施，因此新的融资模式——"4+N"模式为城镇老旧小区改造的融资给予了新的政策支持，通过社会资本的参与，加快城镇老旧小区改造的进程。

②"4+N"模式转变政府职能

全能型政府的职能模式是计划经济的产物，是我国经济体制改革的主要对象。在计划经济条件下，政府通过指令性计划和行政手段进行经济管理和社会管理，政府是全能型的，政府扮演了生产者、监督者、控制者的角色，为社会和民众提供公共服务的职能和角色被淡化。随着社会主义市场经济的完善，要求政府把微观主体的经济活动交给市场调节。政府由原来对微观主体的指令性管理转换到为市场主体服务上来，转换到为企业生产经营创造良好发展环境上来。而"4+N"模式就是将原政府承担的职责转化为市场活动，政府只起到引导、监管、监督的职能，是符合《国务院办公厅关于成立国务院推进政府职能转变和"放管服"改革协调小组的通知》（国办发〔2018〕65号）要求的。

③"4+N"模式为政府规避了债务风险加快基础设施建设。

组织片区整体改造，完善社区内外基础设施配套建设，实现城市更新的政策支撑，城市发展就要提高基础设施建设，发展公益事业，但这些都需要政府通过预算投资，随着我国对政府举债的管理，融资平台的取缔，导致政府融资无法实现，"4+N"模式通过社会资本进行融资，有效地解决了城市发展与政府举债的矛盾，使政府不需要举债，又可以进行基础设施建设，为城市发展注入了新的动力。

由于新的融资模式的创新需要经过实践的检验，同时还要经过市场测试，存在一定的风险，通过试点工作对该模式进行实践，并总结经验教训，为将来的推广打下基础是非常必要的。

第六章

城镇老旧小区改造与社区治理

　　党的十九大报告明确提出，从2020年到2035年基本实现社会主义现代化的强国，要基本形成现代社会治理格局——"社会充满活力又和谐有序"，并就"打造共建共治共享的社会治理格局"进行专门部署，开启社会治理迈向格局构建的新阶段。

　　城镇老旧小区改造事关人民安居乐业、国家长治久安，需要共建共治共享的小区社会治理。小区共建共治共享的社会治理格局，是适应中国特色社会主义的新时代推进国家治理体系和治理能力现代化、提升社会治理水平的必然要求。建立完善多方主体参与的城镇老旧小区改造决策统筹协调治理体系和机制，让更多的主体参与社会治理、更加多元的方式实现社会治理、小区居民更加公平地享受社会治理成果。

　　城镇老旧小区改造与社区治理与协调，是相辅相成的。城镇老旧小区改造的各项任务都需要在社区层面落实，社区治理与协调能力是老旧小区改造的有效保障。

　　社区治理与协调贯穿于老旧小区改造的事先、事中与事后，创新社区治理，健全社区治理体制机制，处理好社会管理、公共服务和居民自治三者的关系、持续激发小区活力，那么，小区改造前、改造中和改造后遇到的形形色色的难题也就迎刃而解了。

第一节　以共同缔造理念创新社区治理

一、社区治理内涵与社区治理创新

1.社区治理的内涵

社区治理是社区范围内的多个政府、非政府组织机构，依据正式的法律、法规以及非正式社区规范、公约、约定等，通过协商谈判、协调互动、协同行动等对涉及社区共同利益的公共事务进行有效管理，从而增强社区凝聚力，增进社区成员社会福利，推进社区发展进步的过程。

社区治理的要义为：一是社区治理的主体多元化，尽管政府在社区治理过程中依然会发挥决定性的影响作用，但是社区治理的主体不再是单一的政府。在政府之外，还有其他治理主体，例如企业、非政府组织、私人机构和个人。这些治理主体同政府机构，彼此之间建立起多种多样的协作关系，通过相互之间的协商与合作，来共同决定和处理社区公共事务，使得过去政府的社区管理转向社区治理。二是社区治理的目标过程化，社区治理要解决社区存在的问题，完成特定的、具体的社区治理和发展任务。为此，社区治理要培育社区治理的基本要素，调动社区居民参与公共事务，培育改善社区组织体系，建立正式、非正式的社区制度规范，建构社区不同行为主体互动机制等，在社区长期治理的过程实现社区治理的目标。三是社区治理的内容多元化，社区治理的内容涉及社区成员社会生活的多个方面，事关社区成员的切身利益。社区治理要最大限度地整合社区内外资源，构建社区治理机制，调动社区居民参与，完成社区服务与社区照顾、社区安全与综合治理、社区公共卫生与疾病预防、社区环境及物业管理、社区文化和精神文明建设、社区社会保障与社区福利等多项任务，达成社区事务的良好治理。四是社区治理是多维度、多元互动的过程。社区治理区别于政府行政管理，其运行方式并不是政府行政体制单一的、自上而下的，而是通过协商合作、协同互动、协作共建等来建立对共同目标的认同，进而依靠居民内心的接纳和认同来采取共同行动，联合起来对社区公共事务进行良好的治理。多维度、多元主体互动的过程使得社区治理源于人们的同意和认可，而不是外界的强制和压力。

2. 社区治理创新

坚持党建引领。以基层党建引领基层治理创新，强化街道社区党组织在基层治理中的领导地位，充分发挥总揽全局、协调各方、服务群众的战斗堡垒作用，夯实党的执政基础。

坚持赋权下沉增效。深化街道管理体制改革，推动重心下移、权力下放、力量下沉，形成到一线解决问题的工作导向，实现责权统一、上下联动，切实发挥街道在城市治理中的基础作用。

坚持民有所呼、我有所应。围绕增强便利性、宜居性、多样性、公正性、安全性，推动为民办事常态化、机制化，把解决群众身边问题的实效作为检验工作的标准，打通服务群众、抓落实的"最后一公里"。

坚持共建共治共享。转变治理理念，创新治理模式，从政府自上而下单向管理向多元主体协商共治转变，加强社会协同，扩大公众参与，促进社区自治，强化法治保障，激发基层治理活力。

二、以共同缔造理念构建社区治理体系

共同缔造就是要突出党建引领作用，发挥基层党组织的战斗堡垒作用和党员干部的模范带头作用，充分调动社会各界参与城镇老旧小区改造的积极性、主动性和创造性。把基层党组织建设与城镇老旧小区改造组织工作、社区治理与小区管理相结合，加强党的建设贯穿于城镇老旧小区改造全过程，充分发挥各级党组织的领导核心作用和党员先锋模范作用。坚持"共建共享、共同缔造"的改造新理念，突出"决策共谋、发展共建、建设共管、效果共评、成果共享"，注重城镇老旧小区改造与管理的可持续性。

城镇老旧小区改造是一项涉及政策性强，联系群众紧，关乎民生福祉的民生工程、发展工程和改革工程。实施城镇老旧小区改造困难重重，诸如达成共识难、资金筹集难、拆除违建难、管线改迁难、统一标准难、本体改造难、加装电梯难、小区停车难、配套服务难和长效管理难等等，归纳起来，就是要解决好人心问题、资金问题和方法问题。为此，"共同缔造"是开展好这项工作的切入点和总抓手。

1. 共同缔造的理念

"共同缔造"理念的核心要义：在党的领导下，充分发动群众参与，在共同建设老旧小区的美好环境中增强人民群众的幸福感。

共同缔造既是一种认识论，也是一种方法论，也就是要从人与自然、人与

人和谐发展的整体论出发，把城镇老旧小区改造的建设作为包含政治、经济、文化、社会、生态等各种因素的复杂系统来认识把握，把以物质为主的环境建设和以组织为主的社会建设有机结合起来，进行统筹安排，实现相互促进。

城乡建设出现的很多问题是因为缺乏群众的参与，与群众的愿景和需求背道而驰。在致力于城镇老旧小区改造中，群众是社会协商的主体，应当通过"决策共谋、发展共建、建设共管、效果共评、成果共享"激发群众参与美好环境与幸福生活共同缔造的积极性、主动性和创造性，打造共建共管共治的社会治理格局。

（1）决策共谋、凝聚民意。城镇老旧小区改造要改变：以前政府想做什么居民不知道，居民需要做什么政府不知道。城镇老旧小区改造的共谋让大家心里都有底，引导居民从"观望"逐步向"关注"，继而转向"主动参与"，充分调动居民参与的积极性、主动性。共谋坚持问题导向，拓宽政府与群众交流的通道，搭建群众相互沟通的平台，发现社区需要解决的各种问题，统筹研究解决方案。

（2）发展共建、凝聚民力。找到小区居民容易参与的切入点，动员居民出钱、出物、出力、出办法，使居民的观念由"要我建"转为"我要建"。共建坚持以居民为主体，凝聚各方力量共同参与社区建设，促使居民珍惜用心用力共建的劳动成果，持续保持社区美好环境。

（3）建设共管、凝聚民智。对城镇老旧小区改造项目的监管，政府可以吸收居民代表参加，调动居民管理的积极性，实现对改造项目的共同管理。共管通过完善管理制度、发展志愿服务等，加强对共建成果的管理。

（4）效果共评、凝聚民声。效果共评是小区改造居民参与项目管理的途径。邀请党代表、居民代表、社区组织、辖区企业等对改造项目进行评议。共评通过组织居民群众和社区各方面力量对项目建设、活动开展情况的实效进行评价和反馈，让群众满意，有效推动改造各项工作推进和改善。

（5）成果共享、凝聚民心。改造项目的成果共享是美好环境与幸福生活共同缔造的价值和根本目的所在。通过共同缔造实现的成果共享，可以满足人民群众对美好生活的不断向往。共享可打破居民户籍、收入、职业、阶层等不合理限制和隔阂，使共建的成果最大限度地惠及全体居民。

2. 共同缔造的方法

城镇老旧小区改造坚持以人民为中心，充分运用"共同缔造"理念，激发居民群众热情，调动小区相关联单位的积极性，共同参与城镇老旧小区改造，实现决策共谋、发展共建、建设共管、效果共评、成果共享。在推进共同缔造理念改造老旧小区工作过程中，要转变传统工作的观念意识、角色责任、方式方法、工作思路。政府主管部门是城镇老旧小区改造总体谋划、组织协调、宣传引导者，改什么、怎么改、谁来改应该交给小区居民决策。改变政府大包大揽的观念，由被改与被装的政府主导，向要改与要装、政府引导转变；政府的无限责任向有限责任转变；自上而下的工作模式向由群众自发组织申请改造内容的自下而上的模式转变；串联式项目审批的工作方式向办事大厅一站式并联服务转变；重改造轻管理向改造与长效管理并重转变。加强基层党组织建设，发扬群众路线优良传统，紧密依靠基层组织和党员群众，构建强有力的城镇老旧小区改造推进机制，统一部署、协调、管理改造工作，齐心协力，正确引导，形成全社会共同支持、积极参与、密切配合的工作氛围和环境。

3. 共同缔造的目标和基本路径

共同缔造的目标，就是要按照创新、协调、绿色、开放和共享的要求，致力于把生态文明建设的理念、原则融入人们的生活方式，把国家治理体系和治理能力现代化建设落到改造的城镇老旧小区。以社区为基本单元，充分发动居民群众着力改造建设完整社区，完善公共空间、服务设施、人文环境，优化人居环境和人际关系，提升居民生活幸福指数和社会凝聚力，促进社会文明进步。

共同缔造的切入点。共同缔造就是要从老百姓关心的贴身利益做起，调动社会群众参与城镇老旧小区改造的工作热情。从房前屋后做起，房前屋后的空间是老百姓与政府有效衔接的空间，是私人与公有衔接的空间。小区改造后环境的改善，激发群众共同参与美好小区人居环境建设的热情，凝聚群众的力量，营造良好的社区氛围，有助于形成社区认同感，提升居民的幸福感和社区自豪感。从老旧小区改造中居民关心的小事做起，在开展共同缔造行动中，坚持把居民的"小事"当成"大事"来抓，把办好群众关心的身边"小事"作为立足点和切入点。

共同缔造的基本路径，坚持以人民为中心，充分运用"共同缔造"理念，激发居民群众热情，调动小区相关联单位的积极性，共同参与城镇老旧小区改造，实现决策共谋、发展共建、建设共管、效果共评、成果共享。注重从居民实际需求做起，从居民关心的热点和难点做起，因势利导、顺势而为，探索形成了一套创新社会治理的体制和机制。

共同缔造是从关系到群众切身利益、容易激发群众参与热情的实事、小事、趣事做起，坚持城镇老旧小区改造中有事好商量，大家的事大家商量，努力寻找推进改造小区群众的共同意愿和最大公约数，广泛动员群众"共谋、共建、共管、共评、共享"，促进群众与政府的关系从"你和我"向"我们"转变；使群众对社区改造事务的态度从"要我做"变成"我要做"；使政府的工作方式从片面的强迫命令回归到深入细致的群众工作中来，达到公共利益和个人利益平衡，实现环境改善与生活质量和人的素质提升相互促进。

城镇老旧小区改造在推进共同缔造理念改造老旧小区工作过程中，要转变传统工作的观念意识、角色责任、方式方法、工作思路。政府主管部门是城镇老旧小区改造总体谋划、组织协调、宣传引导者，改什么、怎么改、谁来改应该交给小区居民决策。改变政府大包大揽的观念，由被改与被装、政府主导向要改与要装、政府引导转变；政府的无限责任向有限责任转变；自上而下的工作模式向由群众自发组织申请改造内容的自下而上的模式转变；串联式项目审批的工作方式向办事大厅一站式并联服务转变；重改造轻管理向改造与长效管理并重转变。加强基层党组织建设，发扬群众路线优良传统，紧密依靠基层组织和党员群众，构建强有力的城镇老旧小区改造推进机制，统一部署、协调、管理更新改造工作，齐心协力，正确引导，形成全社会共同支持、积极参与、密切配合的工作氛围和环境。

4. 共同构建"纵向到底、横向到边、协商共治"的社区治理体系

政府、小区居民和社会力量打造共建共治共享的社会治理格局，以共同缔造理念塑造共同精神，凝聚了社区共识，发动群众"共谋、共建、共管、共评、

共享"，最大限度地激发了人民群众的积极性、主动性、创造性，改善了小区环境，延续历史文脉，实现城市可持续发展，提升社区居民的获得感、幸福感、安全感。

在城镇老旧小区改造中运用共同缔造理念，就是以小区为基本单元，在党建引领下，激发居民群众热情，调动小区相关联单位的积极性，共同参与城镇老旧小区改造，构建"纵向到底、横向到边、协商共治"的社会治理体系。

"纵向到底"就是以区县、街道、社区三个层级为基础，自上而下明确各级政府职能定位，梳理各层级的职能范围与工作重点，简政放权，构筑分工明确、上下联动的治理架构。党的组织进社区，发挥治理核心和领导核心作用，成为发动群众组织群众的骨干力量。让政府的服务走进社区，构建"完整社区"，塑造社会治理基本单元。

"横向到边"主要指把社区个人纳入到以党组织为领导的各类组织中来，进行社会治理事物的共同协商和统筹管理。以党组织、共青团等群团组织、自治组织、社会组织、社区组织等为基础，结合传统基层组织与新型社会组织力量，明确各类组织定位。以党组织领导为核心，各类组织在其指导下，依据各自所长承担相应社会治理事宜，实现社会治理"人人参与、人人有责"。

"协商共治"就是以协商民主的方式方法、制度机制，推进居民的共谋、共建、共管、共评、共享，调动居民群众及社会各方的积极性，引入社区规划师、社区工程师、居民监理团参与城镇老旧小区改造工作，形成"市级筹划指导、区级统筹负责、街道社区实施、居民自治参与"的工作格局，真正发挥居民群众的主体作用。

三、社区治理的体制与机制 [①]

1. 当前城镇小区治理的体制

当前城镇小区治理的体制和机制的特征，是党建引领小区治理。党组织通

---

① 全国各地社区治理的体制与机制形形色色，在此以北京市为例介绍社区治理的体制与机制。

过街道对社区支持、指导和相关保障，做实社区居委会下设的工作委员会（或中心或队），增强联系服务群众、组织居民自治、民主议事协商等能力。主要的工作委员会有八个：

一是党群工作委员会做实党建工作体系、党建信息化平台、党建工作绩效考核评价体系。

二是民生保障委员会做实社会保障体系、群众诉求响应机制、民生大数据管理服务。

三是城市管理委员会做实网格化治理体系、城市治理多元化主体全过程参与街道大数据管理服务。

四是平安建设区委员会做实治安立体化管理、重点人群和流动人口管理服务。

五是社区建设委员会做实多元主体协同治理机制、智慧社区服务平台、社区文化品牌和社会工作者队伍建设。

六是综合保障委员会落实财政管理、基层治理法规体系和基层应急管理机制。

七是综合执法队落实街道"微执法"机制、综合执法信息平台和综合执法保障制度。

八是监察委员会负责基层纪检和监察工作。

在当前的体制机制下，弘扬社会主义核心价值观，推进依法治理社区与以德治理社区有机结合：探索将居民参与社区治理、履行社区公约等情况纳入社会信用体系；社区减负增效，修订社区职责清单，落实社区工作事项发文市、区联审制度，从源头上减少不合理的下派社区事项；加强职能部门内部整合和优化提升，一个部门社区最多填报一张表格（系统）；推进社区服务站改革，探索"一站多居"，调整人员配置，优化服务方式，推行"综合窗口""全能社工"模式；实行社区全响应服务机制，推行错时延时、全程代办、预约办理和"互联网＋"服务，方便居民群众办事；加大社区建设资金支持力度，动态调整社区公益事业专项补助资金；完善社区工作者管理制度，建立以社区居民群众满意度为主要评价标准的社区工作考核机制，取消对社区的"一票否决"

事项。

2. 社区治理创新的机制

（1）深化党建引领基层治理机制。适应基层治理新特点和新规律，探索党建引领新路径，推动党建和基层治理深度融合。深化"街乡吹哨、部门报到"工作并向社区延伸，完善基层治理的应急机制、服务群众的响应机制和打通抓落实"最后一公里"的工作机制，努力把党的政治优势、组织优势转化为基层治理优势。加强基层服务型党组织建设，制定组织建设、党员管理、治理结构、服务群众和工作职责等基本规范，推动基层党组织在服务中更好地发挥领导作用。健全街道社区党组织领导下的居民自治、民主协商、群团带动、社会参与等机制，推动各单位党组织和在职党员"双报到"制度化、常态化，健全党员干部走访联系群众、企业制度等经验做法，引领各类组织做好服务群众工作，并在服务中凸显党组织的领导地位。积极推进"回天有我"社会服务活动，探索大型社区各方参与、居民共治的有效路径。

（2）构建共建共治共享社区治理机制。充分发挥社区党组织领导核心作用，鼓励支持居民广泛参与。充分利用社区配套用房等公共空间，结合城市元素与社区特色，建设社区运动场馆、休闲绿道、文化交流广场等具备国际化特征和国际社区特色的公共功能空间。通过社区公共空间的营造，满足居民在生活、休闲、娱乐、保健、文体等方面的多样化需求，打造开放共融、富有本土特色与亲和力的社区氛围。

（3）完善社区服务机制。提供法规咨询、政务咨询、签证咨询、信息登记等日常便利服务。培育符合现代化需求的社区服务性、公益性、互助性社会组织，推动开展现代化治理及融合项目。有计划、有步骤地开展包括现代化在内的各类主题培训，提升社区工作者的语言沟通能力、知识结构、人文素养、工作技巧、专业素质和职业修养，建设一支专业化、职业化和现代化的社区人才队伍。

（4）建设融合发展的社区交流平台。立足中国优秀传统，融合国外先进文化，通过营造传统节日氛围、展示优秀传统技艺、开展语言文化互动、举行睦邻守望活动等互动互融的方式搭建社区文化交流平台，把社区打造成多元文化共存、交融、发展的精神家园。通过社区公约等，积极营造讲文明、重礼仪、扬友善、乐助人的浓厚氛围，提升社区的现代化品质。

（5）加强城市社区工作者队伍建设，完善提高人才保障机制。既要加强有关理论研究，又要加强对实社区治理服务的一线工作队伍建设，把社区治理先进理论运用到实践中。通过开展教育培训活动、建立健全激励机制、加强居民监督来促进社区工作者队伍建设。

（6）加大城市社区治理资金投入，提高经费保障机制。既要完善财政投入机制，又要建立社会多元投入机制，鼓励民间组织、慈善基金、企事业单位捐赠和投入社区建设。此外，要规范经费管理，逐步实行社区事务公开化，促进社区居民和第三方的监督反馈作用，保证公开、透明和合理地使用社区经费，使社区经费真正落实到社区服务之中。

四、以社区治理创新推进城镇老旧小区改造

以社区治理创新推进城镇老旧小区改造，要充分发挥各方面的积极性、主动性、创造性，集聚促进城市发展正能量。要坚持协调协同，尽最大可能推动政府、社会、市民同心同向行动，使政府有形之手、市场无形之手、市民勤劳之手同向发力。政府要创新城市治理方式，特别是要注意加强城市精细化管理。要提高市民文明素质，尊重市民对城市发展决策的知情权、参与权、监督权，鼓励企业和市民通过各种方式参与城市建设、管理，真正实现城市共治共管共建共享。

在城镇老旧小区改造中，综合运用经济、行政、法律、科技、文化等手段，构建权责明确、服务为先、管理规范、安全有序的小区治理体制，能够实现"居民的社区居民管"，继而实现"小区，让生活更美好"的愿景。

以社区治理创新健全动员居民参与机制。"城镇老旧小区改造要与加强基层党组织建设、居民自治机制建设、社区服务体系建设有机结合。建立和完善党建引领城市基层治理机制，充分发挥社区党组织的领导作用，统筹协调社区居民委员会、业主委员会、产权单位、物业服务企业等共同推进改造。搭建沟通

议事平台，利用"互联网＋共建共治共享"等线上线下手段，开展小区党组织引领的多种形式基层协商，主动了解居民诉求，促进居民达成共识，发动居民积极参与改造方案制定、配合施工、参与监督和后续管理、评价和反馈小区改造效果等。组织引导社区内机关、企事业单位积极参与改造①。

以社区治理创新，合理落实居民出资责任。按照谁受益、谁出资原则，积极推动居民出资参与改造，可通过直接出资、使用（补建、续筹）住宅专项维修资金、让渡小区公共收益等方式落实。研究住宅专项维修资金用于城镇老旧小区改造的办法。支持小区居民提取住房公积金，用于加装电梯等自住住房改造。鼓励居民通过捐资捐物、投工投劳等支持改造。鼓励有需要的居民结合小区改造进行户内改造或装饰装修、家电更新②。

以社区治理创新推动社会力量参与。鼓励原产权单位对已移交地方的原职工住宅小区改造给予资金等支持。公房产权单位应出资参与改造。引导专业经营单位履行社会责任，出资参与小区改造中相关管线设施设备的改造提升；改造后专营设施设备的产权可依照法定程序移交给专业经营单位，由其负责后续维护管理。通过政府采购、新增设施有偿使用、落实资产权益等方式，吸引各类专业机构等社会力量投资参与各类需改造设施的设计、改造、运营。支持规范各类企业以政府和社会资本合作模式参与改造。支持以"平台＋创业单元"方式发展养老、托育、家政等社区服务新业态③。

【案例】大数据和互联网技术提升老旧小区改造的监管和社区治理水平

基于区块链的国家物联网标识管理公共服务平台，是利用大数据和互联网技术提升老旧小区改造的监督管理和社区治理水平的典型案例。

基于区块链的国家物联网标识管理公共服务平台，是在国家发改委于2013年批复的"国家物联网标识管理公共服务平台"建设项目后，国家投资5个多亿元委托中科院建设完成的。这个平台将区块链与物联网结合，具有分散性、开放性、可溯性、可信任性等特点，保障了平台的安全性和信用，能够提供物

①～③   国务院办公厅. 关于全面推进城镇老旧小区改造工作的指导意见［Z］. 国办发〔2020〕23号，2020-7-10.

的标识编码、分配、解析、查询及发现服务，在数据共享、产品追溯、供应链管理及产品或项目的全生命周期管理等领域有着极具优势的应用价值，已经应用于汽车零部件、珠宝、农业投入品等产品的质量追溯，获得了社会的好评。

国欣深科技（北京）有限公司与国宏战略新兴产业发展服务有限公司联手，依托中国科学院计算机网络信息中心与中国战略性新兴产业联盟，正将基于区块链的国家物联网标识管理公共服务平台的分散性、开放性、可溯性、可信任性、安全性等特点，应用于城镇老旧小区改造。在创新社区治理体系中借助此平台的上述特点，实现被改造小区的政府、居民和社会力量等多元化主体切实地参与到小区改造中与改造后的监督与管理过程：实时监督改造工程施工、追溯改造工程使用的建筑材料质量和价格、落实社区治理体系对改造后小区的长期管理，实现改造工程高质量高效率、消除改造工程中的假冒伪劣产品、降低改造成本，提升小区治理水平，有效地保障小区改造工程成为居民的安全工程和放心工程，让改造后的小区重新焕发生机和活力。

第二节　城镇老旧小区改造前的治理与协调

城镇老旧小区改造，坚持"居民主体、政府引导、市场导向"的"三维一体"的原则，统筹政府、社会、居民三大主体的积极性，以共谋共建共治共享的理念推进改造前的各项工作。

一、创新社区治理　建立城镇老旧小区改造的统筹协调机制

国办发〔2020〕23号文件指出，建立统筹协调机制。各地要建立健全政府统筹、条块协作、各部门齐抓共管的专门工作机制，明确各有关部门、单位和

街道（镇）、社区职责分工，制定工作规则、责任清单和议事规程，形成工作合力，共同破解难题，统筹推进城镇老旧小区改造工作①。

1.成立党委和政府领导挂帅的改革城镇老旧小区的社区治理结构

各级党委和政府成立领导挂帅的城镇老旧小区改造治理机制，统筹推进社区治理工作，保障城镇老旧小区改造工作的顺利推进。地方党委和政府应成立城镇老旧小区改造决策、统筹和协调推进工作领导小组等有效的推进机制，以统筹规划、全面部署城镇老旧小区改造工作，出台城镇老旧小区改造工作相关政策文件，指导基层政府相关部门开展完善城镇老旧小区改造前的治理工作。

社区治理机构推进城镇老旧小区改造工作的决策统筹协调及日常工作。住房城乡建设部门具体牵头负责，成员单位包括组织部门、发展改革部门、教育部门、工业和信息化部门、公安部门、民政部门、自然资源部门、商务部门、文化和旅游部门、卫生健康部门、应急管理部门、人民银行、税务部门、市场监管部门、体育部门等，定期举行多部门会议，传达、贯彻上级有关文件或会议精神，了解各方工作进展，促进部门间的沟通交流。政府有关部门和单位按照职责分工，共同做好老旧住宅小区改造提升相关工作，配合出台相应的政策文件、技术规范等。住房城乡建设部门承担城镇老旧小区改造领导小组办公室日常工作，具体负责统筹协调城镇老旧小区改造相关指导工作并协调服务下一级的推进工作。

按照属地管理原则成立城镇老旧小区改造工作决策统筹协调推进机制、明确相应牵头部门和成员单位，细化责任分工，制定工作方案，落实责任到人；规划部署该区内城镇老旧小区改造工作，建立资金投入、巡查监考、考核奖惩机制，监督、保障改造工作的实施；统筹组织本级党委和政府的职能部门落实上级的工作要求，积极开展改造工作内容。

2.建立居民自治组织、形成社区自主决策治理机制

城镇老旧小区改造工作坚持以人民为中心，充分运用"共同缔造"理念，

①　国务院办公厅.关于全面推进城镇老旧小区改造工作的指导意见［Z］.国办发〔2020〕23号，2020-7-10.

激发居民群众热情，调动小区相关联单位的积极性。相比以往的改造模式，鼓励居民自主决策，转换居民身份，让居民成为改造决策者，决定城镇老旧小区改什么，怎么改。同时居民作为老旧小区的主人，是改造工作的最大受益者，考虑利益与责任对等，按照"谁受益、谁出资"原则，引导居民出资。

地方党委政府可出台城镇老旧小区改造工作流程等文件，提出参与改造的先行条件，如建立自治组织、居民出资意愿、补交住宅维修基金等；规定居民通过自主决策的方式自下向上提出改造申请；提出竞争、激励机制，促进居民的参与积极性。政府也可以依据文件对城镇老旧小区改造项目进行择优，降低政府出资压力，稳步开展城镇老旧小区改造。

同时，可以出台居民参与城镇老旧小区改造过程指南等相关文件，规范具体操作流程，包括如何决策小区改造内容、如何参与选择及修改设计方案、如何进行监督反馈工程施工过程等，例如可通过自治组织收集居民意见、商议最终结论、代表居民向政府反映居民决策。

街道、社区的工作人员需在老旧小区改造提升工作前期做好宣传工作，辅助居民参与老旧小区改造提升工作过程中各项决策，并做好居民自治组织与设计方、施工方、其他社会单位的沟通桥梁工作。

3. 建立支持和鼓励社会单位以多种形式参与社区治理及协调

贯彻"决策共谋、发展共建、建设共管、效果共评、成果共享"原则，鼓励社会单位以多种形式参与城镇老旧小区改造工作。引入社会单位参与，激活社会资源，有助于降低城镇老旧小区改造成本，甚至于保障城镇老旧小区改造效果的长期维护。

地方党委和政府可出台相应政策给予奖励，如行业政策优惠、形象宣传等，鼓励各类企业参与改造过程，以低于市场价格提供服务；地方党委和政府的有关部门可联合专业机构参与改造设计方案或其他改造内容；推广"社区规划师"制度，发挥专业人员作用，引进新材料新工艺，降低改造成本。

二、党建引领改造前的社区治理与利益协调

1. 城镇老旧小区改造前期以社区党建引领协调多元化利益

城镇老旧小区改造前期，以党建引领社区治理协调改造项目决策与居民利益。城镇老旧小区改造是民生工程，是重大的社会治理工程，也是一项重要的幸福工程。建新房子都是老问题，改老小区全是新问题，对有的地方政府来说，城镇老旧小区改造甚至是零经验。党建引领改造前的治理，有利于在改造前充分做好通盘考量，让居民合理表达诉求、实现共同自治，进而寻求个体利益和公共利益的最大公约数，平衡各方利益，尽可能减少协调和磨合成本，使得这一牵涉千家万户的民生工程达到预期效果。

党建引领城镇老旧小区改造前的治理与利益协调，有利于城镇老旧小区改造科学合理地确定改造方案和具体项目，全方位地考虑改造过程和结果将为居民生活带来哪些改变和影响，改造所需资金资源从哪里来，以及改造工程的实际效果。同时，党建引领城镇老旧小区改造前的治理与利益协调，未雨绸缪地解决好改造中可能会产生的一系列问题："重面子、轻里子"，一些小区被改造得"好看"，但仍不太"好住"；改造方案不可避免地要面临群众利益诉求差异，很难一碗水端平，导致工程迟迟不能动工；一些地方重改造轻维保，缺少后续维护保养的方案和细则；有的地方改造承诺和实际效果有偏差，承包商缺乏严格的准入标准和过程监督等等。党建引领社区治理，解决这些问题和困难，将中国特色社区制度的优越性转化社区的治理的能力与效能，充分体现基层政府在社区治理中的智慧和能力，提升居民对城镇老旧小区改造的认知与信心，满怀热情地支持本小区的改造。

党建引领城镇老旧小区改造，要统一思想认识，让街道和社区党组织成为凝聚城镇老旧小区党员群众的"主心骨"；党建引领，就是要示范带动，让党员干部成为促推城镇老旧小区的"领头羊"；党建引领，就是要动员城镇老旧小区居民，让各界力量成为参与城镇老旧小区公共治理的"生力军"。

2. 城镇老旧小区改造前期做实社区党建引领，健全社区治理体制

党的十九大报告首次把党的政治建设纳入党的建设总体布局，凸显了党的

政治建设的极端重要性。一是落实习近平总书记关于"做好老旧小区改造工作"和李克强总理在推进城镇老旧小区改造扩大内需的指示，完善社区治理体制。二是创新城镇老旧小区改造与社区治理的机制，落实城镇老旧小区改造的各项工作。

3. 做实城镇老旧小区基层党建引领，切实推动改造工作

一是建强组织。全面推进各领域党的基层组织建设，大力推行社区建立党组织，努力实现党的组织和党的工作全社会覆盖。二是建强队伍。注重发挥党员个体的先锋模范作用，让每一名党员干部在城镇老旧小区改造中担当作为。三是建强制度。制定出台推进城市基层党建的制度，健全和完善组织生活、学习教育、党员管理等各项制度，紧贴城镇老旧小区改造把学习讨论、承诺践诺、组织生活会、民主评议党员等落实到位，立足自身解决思想、组织、作风、纪律等方面存在的矛盾问题，增强广大党员自我净化自我完善、自我革新、自我提高的能力。

4. 做实社区党建引领，提升城镇老旧小区治理实效

把社区党建作为贯穿基层治理的一条红线，以党的建设贯穿社区治理、保障社区治理、引领基层治理。一是健全网格化治理，解决好城镇老旧小区改造中居民群众的日常事和烦心事。二是多元化参与，坚持以党组织为主导，建设党群服务中心、邻里党群服务中心及党建信息化综合服务平台，以更快捷、更方便的途径畅通民意、汇集民智、解决民忧。

5. 以宣传思想工作营造良好城镇老旧小区改造氛围

习近平总书记在全国宣传思想工作会议上指出："做好新形势下宣传思想工作，必须自觉承担起举旗帜、聚民心、育新人、兴文化、展形象的使命任务。"当今社会信息化高度发达，各种思想文化相互激荡，在新形势下，必须牢牢把握正确舆论导向，凝聚思想共识。一要进一步强化意识形态工作。做好意识形态工作是党建工作的一项重要内容。党组织要认清形势，深刻认识到城镇老旧小区改造的重要性，切实担负起政治责任和领导责任，把握方向、守住阵地、管好队伍，敢于发声、善于发声、主动发声。二要进一步做强主流舆论。通过整合媒体力量，积极宣传中央、国务院关于城镇老旧小区改造的重大决策部署，大力宣传好小区发展愿景，展示改造后小区形象，做亮正面宣传。同时进一步

加强对城镇老旧小区改造中的热点问题的舆情监控和舆论引导，把握好新形势下宣传工作的主动权，筑牢舆论宣传阵地，营造锐意进取、昂扬向上的浓厚发展氛围。三要进一步加强社会主义核心价值观建设。创新宣传渠道和载体，增强培育和践行社会主义核心价值观的实效，不断提高公民素质和社会文明程度，推动形成崇德向善、包容和谐的小区改造氛围。

6. 以"两学一做"激发小区党员在改造中的新活力

充分认识"两学一做"学习教育对于推动全面从严治党向基层延伸、保持发展党的先进性和纯洁性的重大意义，切实把思想和行动统一到中央和国务院关于城镇老旧小区改造的部署上来。把"两学一做"继续作为党建工作的重大政治任务，尽好责、抓到位、见实效，做到真学、真信、真懂。紧密结合小区改造实际，认真制定小区改造项目实施方案；坚持从实际出发，对不同小区改造分类指导；坚持解决改造的问题导向，促使"两学一做"学习教育落到城镇老旧小区改造的实处，取得实效。

三、"政府引导协调、居民自主参与、市场导向推进"的三维一体的治理模式

落实国办发〔2020〕23号文件精神，健全动员居民参与机制。城镇老旧小区改造要与加强基层党组织建设、居民自治机制建设、社区服务体系建设有机结合。建立和完善党建引领城市基层治理机制，充分发挥社区党组织的领导作用，统筹协调社区居民委员会、业主委员会、产权单位、物业服务企业等共同推进改造。搭建沟通议事平台，利用"互联网＋共建共治共享"等线上线下手段，开展小区党组织引领的多种形式基层协商，主动了解居民诉求，促进居民达成共识，发动居民积极参与改造方案制定、配合施工、参与监督和后续管理、评价和反馈小区改造效果等。基层党组织引导社区内机关、企事业单位积极参与改造[①]。

城镇老旧小区改造要善于调动各方面的积极性、主动性、创造性，集聚促

---

① 国务院办公厅. 关于全面推进城镇老旧小区改造工作的指导意见〔Z〕. 国办发〔2020〕23号，2020-7-10.

进城市发展正能量。要坚持协调协同，尽最大可能推动政府、社会、市民同心同向行动，使政府有形之手、市场无形之手、市民勤劳之手同向发力。政府要创新城市治理方式，特别是要注意加强城市精细化管理。要提高市民文明素质，尊重市民对城市社区发展决策的知情权、参与权、监督权，鼓励企业和市民通过各种方式参与城市建设、管理，真正实现城市社区共治共管、共建共享。

　　在党建引领下，城镇老旧小区改造坚持加强和创新基层社会治理，打造共建共治共享的社会治理格局，实行"政府引导协调、居民自主参与、市场导向推进"的三维一体的治理模式，即街道办居委会为中枢、代建单位为主体、政府部门积极协调辅助推进的"三维一体"的建设治理模式（图6-1、表6-1）。

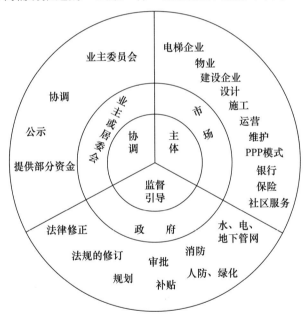

图6-1　政府、市场、业主三维一体的职责分布图

项目实施各个阶段各个部门的职责和分工表　　　　　　表6-1

项目过程	居民部门	政府部门	企业部门（市场主体）
项目前期	业主意见征询	协助居民部门和政府部门做好相关工作	建筑结构安全鉴定
	签订改造初步协议	审批改造方案	设计初步改造方案

续表

项目前期	改造方案公示	公开招标	竞标
	签订正式改造协议		
	出资协议		
	维护和运营协议		
	申请改造		
	监督参与招标		竞标
项目中期	公示，并同意	审批施工方案	编制施工方案
	监督施工	监督施工	施工
项目后期	办理产权证	竣工验收	申请验收
	按照前期的协议出资维护		施工向维护和运营

1. 政府引导协调

制定城镇老旧小区改造的目标和原则及公共服务项目，制定城镇老旧小区改造的法律法规和政策，制定城镇老旧小区改造中协调居民委员会、企业和居民之间关系的规范并给予专业指导，对城镇老旧小区改造的项目招投标、实施、改造后小区的运营与维护综合服务进行监督和管理，政府部门根据相关的法律和法规给予城镇老旧小区改造财政资金支持。

居委会和街道等政府基层组织协调居民利益。在街道办的协调下，居委会联合居民业主委员会（或住户各楼楼长），负责做好城镇老旧小区改造项目工作的宣传工作、业主意向征询和意见反馈工作，做到业主利益之间的有序协商，建立起利益主体之间的协商以及费用分摊等多种事宜的协商工作，基层政府部门负责积极协调和配合业主委员会、代建单位及相关政府职能部门开展相应协调和管理监督职责，协助企业居民之间进行相关的利益协商等工作。

（1）居民利益协调

在街道办的协调下，居委会联合各楼楼长负责做好改造项目的宣传工作，通过相关楼层具有威信力的楼长等向不同楼层居民宣传城镇老旧小区改造项目的国家政策和法律，以及积极宣传城镇老旧小区改造的意义和利益，使得全体居民能够就城镇老旧小区改造项目达成共识，做到业主利益之间的有序协商，建立起利益主体之间的协商以及费用分摊等多种事宜的协商机制，做好业主意向征询和意见反馈工作。居民工作核心是构建多元化和居民满意的利益分配机制，尤其是针对一层居民的利益分配原则，如可以考虑从如下几种利益补偿方案中任选其一：

① 相对于高层居民，加梯对底层居民的利益未明显增加，因此通过给底层居民修建或适当扩建一个小花园的方式给予补偿。

② 给予底层居民扩建面积大于高层扩建面积30%的优惠，并对多建面积在收费标准上给予优惠。

③ 对于底层居民在后续的物业管理费等方面给予一定的优惠。

④ 对现有划定停车位，给予底层居民每户优先选择一个停车位的权利，并给予一定优惠。

（2）利益分担

鉴于城镇老旧小区改造兼具公共服务性和私有排他性，基层政府要协助相关部门做好城镇老旧小区改造项目的利益分担工作。

① 针对城镇老旧小区改造中的公共服务项目，政府部门根据相关的法律和法规给予相应资金支持。

② 针对城镇老旧小区改造中的政府、企业和居民共同负担的项目，政府部门根据相关的法律法规捋清各方的职能和相应的分摊比例以及相应的技术规范和执行标准。

③ 对于完全由居民主导的项目，政府部门需要做好相关的技术鉴定和政府服务工作，便利居民的项目建设等。

④ 对于企业和居民共同协商推动项目，政府协助企业居民之间进行相关的利益协商等工作。

2. 居民自主参与

坚持以人民为中心，充分运用"共同缔造"理念，激发居民群众热情，调动小区相关联单位的积极性，共同参与城镇老旧小区改造，实现决策共谋、发展共建、建设共管、效果共评、成果共享。由居民业主委员会（或能代表业主利益的主体）自主地向住房城乡建设部门（或政府城市更新局）等政府部门提出老旧小区改造的申请。城镇老旧小区改造项目申请被批准后，居民业主委员会全程参与城镇老旧小区改造项目的实施和后期管理。

为了改造的顺利推进，需要更多居民树立起大局意识、协商意识，以少数服从多数实现必要的利益让渡和妥协。

3. 市场导向推进

据业主委员会（或业主委员会委托街道办）选择代建单位作为城镇老旧小区改造的实施主体，代建单位全程负责城镇老旧小区改造工作的实施以及后续的运营和维护更新，并给居民提供新的社区福利或新的收入来源，形成健全一次改造、长期保持的长效管理机制。

城镇老旧小区改造的最大优势是在通过多个改造项目的综合实施，不仅可以整体降低改造的费用，而且从整体上进行统一的规划、统一设计、统一施工进而降低对于居民生活的最小干扰，并获得最大的经济效益和社会效益。

城镇老旧小区改造应该选择唯一实施主体，以落实统一规划、统一设计、统一施工的责任，也便于政府相关部门监督管理和保证质量，全程负责综合改造工作的实施以及后续的运营和维护更新等，是整个项目实施的核心和项目顺利推进的主要执行者。

实施单一改造主体的优势：一是明确项目实施的责任主体，便于把控改造的建筑质量，充分保证施工过程和施工质量。其次，单一的实施主体是保证节约改造的经济成本和社会成本的重要载体。单一项目实施主体全程在居委会和政府部门的协助下开展城镇老旧小区改造项目。

项目实施推进。采用EPC总承包模式。城镇老旧小区改造的实施，聚焦广、影响深，由于城镇老旧小区改造的特殊性，项目的实施阶段宜采用EPC总承包模式。区县住房城乡建设部门对于城镇老旧小区改造EPC总承包方式招投标出台专门的招投标制度。由街道（建设单位或者实施主体）根据城镇老旧小区改造EPC总承包招投标制度规定，向区县住建部门提出施工、监理招投标申请，开展项目招投标工作。

四、案例：协商共议自主共管实践

城镇老旧小区改造过程中，各地涌现出不少值得借鉴的经验。比如在JS省CHZH市，电梯加装和改造过程中低层住户不出钱，墙面翻新由居民协商一起动手。SCH省CD市允许小区依法依规用住房维修基金购买"电梯维修险"，并将这一模式引入到房屋外墙瓷砖脱落等其他共用部位的维修中。在FJ省XM市，城镇老旧小区改造中成立了自治小组，设计施工单位与居民共同商定具体改造项目、审定施工方案。

NB市江北区白沙街道贝家边小区，业主多为行动不便的老年人和外来务工人员的老旧小区，2018年初被列为NB市江北区老旧小区品质提升工程范畴，并先行启动改造工作（图6-2）。

图6-2　贝家边小区改造前后对比[①]

根据实际，NB市江北区此次针对老旧小区的改造，主要包括标准楼道的改造；室外附属配套改造提升；围墙等安防设施的提升；保安岗亭、社区物业用房等管理设施的提升；零星项目的维修改造等。

1. 成立居民自治小组

为了将与居民切身利益相关的改造工作做好，2018年初，一批热心小区公

———————————

① 王凯艺. 协商共议合力共建自主共管　江北贝家边老小区改造打好"三张牌". 浙江新闻, 2018-12-28.

共事务的居民在街道、社区两级党组织的牵头下，成立了贝家边居民自治小组。大半年来，自治小组已累计牵头召集或参加协调会20余次，组织意愿征询600余人次，收集意见建议50多条，协调矛盾纠纷30余起，打好"协商共议""合力共建""自主共管"三张牌，确保了施工顺利推进。

自治小组的首要工作是把大家的思想统一起来，他们通过意愿征询、共同商议等形式，在居民间形成最大共识。为此，自治小组与社区干部一起，以楼道为单位挨家挨户走访排摸，询问居民的意见与建议，确保每一户的知情权和参与权。

2. 睦邻议事会

在安装楼道灯和电子防盗门这两件事情上，贝家边小区居民的改造意愿率达到100%。这不仅得益于政府的贴心服务，还得益于"睦邻议事会"居民协商议事平台。每次议事会召开前三天，自治小组会在小区进行公告，议事会向全体居民开放，在议事过程中，每位居民都可以发表意见建议，自治小组做好记录和反馈，凡是涉及全体居民利益的改造事项必须提交议事会讨论。目前"睦邻议事会"已累计开展10次，累计300余人次参加讨论议事，实现了将协商议事贯穿在小区改造提升的全过程之中。

3. 三种"1+N"模式

另外，改造的顺利进行，还得益于3种"1+N"模式，引导全体居民业主自主管理。"1名网格长+N名网格员"，即社区党委副书记作为网格长，自治小组成员成为网格员。目前已通过网格，累计上报各类问题167起，实现了100%办结通过。"1个电话+N组执法力量"，即网格长的电话，行政综合执法、市场监管、住房城乡建设等执法部门联合开展整治，现在居民们都把网格长手机叫做"拨一拨就灵"，一个电话就能解决居民的烦心事。"1个表格+N支志愿队伍"，即"贝家边小区居民志愿服务登记表"，把治安巡逻、爱绿护绿、垃圾分类、停车引导等志愿服务岗位和各类服务的时间放在一张表上，居民们根据自己的特长自由选择，目前已建立了5个品牌志愿服务队伍，85%以上的居民报名参加，累计开展各类活动500余人次。

第三节 城镇老旧小区改造中的治理与监管

以"共同缔造"理念，创新社区治理，促进城镇老旧小区改造项目实施和监督管理。以国办发〔2020〕23号文件为指导，建立改造项目推进机制。区县人民政府要明确项目实施主体，健全项目管理机制，推进项目有序实施。积极推动设计师、工程师进社区，辅导居民有效参与改造。为专业经营单位的工程实施提供支持便利，禁止收取不合理费用。鼓励选用经济适用、绿色环保的技术、工艺、材料、产品。改造项目涉及历史文化街区、历史建筑的，应严格落实相关保护修缮要求。落实施工安全和工程质量责任，组织做好工程验收移交，杜绝安全隐患。充分发挥社会监督作用，畅通投诉举报渠道。结合城镇老旧小区改造，同步开展绿色社区创建。^①

一、以"共同缔造"理念创新社区治理促进城镇老旧小区改造项目实施

1.建立健全小区治理平台推进改造项目实施

搭建社区多元主体全过程参与的治理平台。通过建立区级统筹、街道主体、部门协作、专业力量支持、社会公众广泛参与的治理机制，构建社区多元主体全过程参与的治理平台，以居民、企业需求意见为导向的社区服务功能，培育社区自我发展、自我更新能力，推进小区改造项目的实施。

社区多元主体参与的治理平台，全过程监督小区改造项目的实施。政府、居民和企业通过治理平台开展老旧小区现存问题诊断分析，制定社区改造实施方案和相关设计导则，指导社区改造项目的实施，实现以整体规划设计引领社

---

① 国务院办公厅.关于全面推进城镇老旧小区改造工作的指导意见〔Z〕.国办发〔2020〕23号，2020-7-10.

区改造工作，并进行后期监管和实施评估。

2. 老旧小区改造项目实施与城市生态治理

通过社区多元主体全过程参与的治理平台，促进老旧小区改造项目实施与城市生态修复结合，推动城市街区修补和生态修复，制定街区公共空间改造提升设计导则和行动计划，扩大街区公共空间规模，提高街区公共空间品质和服务质量。优化灯杆、护栏、广告栏等城市设置，推广综合杆等技术，推动市政设施小型化、隐形化、一体化建设，促进公共空间视觉清朗。加强城市公共空间景观设计建造，挖掘传统文化底蕴，融合时代气息，推动形成街道文化品牌和社区文化特色。加强疏解腾退空间精细利用和边角地整治，促进留白增绿、见缝插绿、拆墙见绿、拆违还绿。实现每个城区至少建成一处一定规模的城市森林，每个街区都要建成一批口袋公园、小微绿地，实现绿地500m服务半径基本全覆盖。衔接公共服务设施、建设绿道蓝网、优化提升慢行系统环境、促进公园绿地开放共享，增强公共空间有效连通，提高可达性和系统性，形成完善的公共空间体系。

3. 老旧小区改造项目实施与城市环境整治

通过社区多元主体全过程参与的治理平台，实现城镇老旧小区改造项目实施与深入推进以街巷环境治理为重点的城市环境整治。落实"十无一创建"标准（"十无"：每条街巷无私搭乱建、无"开墙打洞"、无乱停车、无乱占道、无乱搭架空线、无外立面破损、无违规广告牌匾、无道路破损、无违规经营、无堆物堆料；"一创建"：创建文明街巷），打造一批精品街区、文明街巷。建立健全违法建设长效管控机制，减少存量、严控增量，确保新生违建零增长，创建无违建街道。构建"十有"常态管理机制（"十有"：每条街巷有街巷长、有自治共建理事会、有物业管理单位、有社区志愿服务团队、有街区治理导则和实施方案、有居民公约、有责任公示牌、有配套设施、有绿植景观、有文化内涵），加大政策和资金保障力度，持续推进"开墙打洞"整治、主次干道架空线入地、广告牌匾标识规范治理、建筑物外立面整治提升等工作。推进"厕所革命"，加强生活垃圾分类治理。发挥基层综合执法优势，建立长效机制，基本实现违法群租房、地下空间散租、占道经营等动态清零。抓好群众性精神文明创建，改善街区环境卫生和城市秩序。规范管理街区停车秩序，支持街道通过停车自治管理、错时共享、资源挖潜等方式缓解停车难。科学设置非机动车停放区和机动车停放区，鼓励引导市民绿色出行。

4.老旧小区改造项目的实施与城市综合治理

以社区多元主体全过程参与的治理平台，实现老旧小区改造项目的实施与城市综合治理相结合，提升居住质量。改造项目实施依据环境整治分类指导，严格落实新建居住区规划配套指标，加强配套设施验收接受管理；加强老城平房院落修缮整治，补齐配套设施，提升服务标准；开展以"六治七补三规范"为主要内容的老旧小区综合整治（"六治"：治危房、治违法建设、治"开墙打洞"、治群租、治地下空间违规使用、治乱搭架空线；"七补"：补抗震节能、补市政基础设施、补居民上下楼设施、补停车设施、补社区综合服务设施、补小区治理体系、补小区信息化应用能力；"三规范"：规范小区自治管理、规范物业管理、规范地下空间利用），优化就地翻建、房屋大修和环境整治为主的治理模式。探索政府保基础、社会资本和业主共同参与、谁出资谁受益的投融资机制，明确整治菜单目录，根据规划要求、小区实际和居民意愿，有序推动项目实施。推进央属、市属等单位自管老旧公房维护更新，建立以产权单位为主体的改造维护投入机制。严禁规划公共配套设施用房改变性质挪作他用，已改变用途的公共服务配套设施用房要加强整改，回归原规划用途。探索建立物业管理长效机制，扩大业主委员会、物业服务企业党的组织覆盖，建立健全社区党组织领导，居民委员会、业主委员会、物业服务企业共同参与的小区治理机制。加强平房区、老旧小区等无物业小区的管理，鼓励区、街道组织物业服务企业统一管理或支持大型物业服务企业代管。暂时没有条件实施物业管理的老旧小区，实行准物业管理。强化街道对物业服务企业的监督管理，建立物业服务企业履约考评机制，考评结果作为企业信用评价的重要依据。

5.改造项目实施与健全市政基础设施维护维修

通过社区多元主体全过程参与的治理平台监管实施项目，健全市政基础设施维护维修机制。改造项目实施严格落实市政设施运行管理单位主体责任，公开服务信息和内容，畅通服务渠道，健全管理制度，确保维护资金充足、物资保障到位，切实做到水电气热、路灯、信号灯等市政设施维护全覆盖、无盲区、全生命周期管理。健全市政基础设施维护维修响应机制，加强街道与市政基础设施等企业的对接，做好巡查排查、日常维护、应急处置工作。加强市政服务企业工作考核，有关结果作为企业绩效考核的重要依据。按照工作部署和流程，市有关部门协助做好老旧小区市政管线的改造和移交工作。

6. 改造项目实施与建立健全街道大数据管理服务平台

依托社区多元主体全过程参与的治理平台，建立健全街道大数据管理服务平台。街道大数据管理服务平台是老旧小区改造中和改造后加强和完善社区治理的重要基础，改造项目实施要与之相结合。依托网格化管理平台，统一底图、统一标准，健全数据采集更新机制，完善街道基础信息数据库。推进城市大脑建设，实现多网融合、互联互通，推进人、地、房、事、物、组织等基础数据深度整合，全面增强数据动态掌握、分析和预警能力。加强重点区域物联网建设，推动状态监测与可视化，增强城市社区事件感知能力，提升城市治理的预见性、精准性、高效性。建立街道社区人居环境大数据体检机制，运用"互联网＋"创新基层治理，依托网上家园建设，打造线上线下各类社会主体紧密互动的公共平台。持续推进"一证通"等便民服务应用建设，推广智慧停车服务系统，推动大数据建设和应用成果向基层延伸。

二、共同缔造改造城镇老旧小区的案例

1. YCH市实践。

YCH市在工作实践中把"共同缔造理念"渗透到城镇老旧小区改造的每一个环节，强化基层党组织建设，构建完善工作机制，取得很好成效。

（1）抓牢两条主线

将"一手抓工程改造、一手抓治理创新"两条主线贯穿老旧小区改造全过程，推动城镇老旧小区改造与社会治理创新深度融合。一是扎实推进工程改造。发挥住房城乡建设部门的牵头统筹职能和工程技术优势，构建"三会两标三环节"（三会是改造方案咨询会、施工技术交流会、竣工验收核准会；两标是

弱电下地、雨污分流两项强制标准；三个环节是方案设计、工程施工、竣工验收）的质量监控体系，围绕"方案与设计、组织与进展、质量与安全、便民与治尘、亮点和特色"，强化督导，以"绣花"心态打造精品工程，实现"路平、水畅、灯亮、线顺、绿美"。二是大胆探索治理创新。既关注小区改造的"物"，更关注小区改造的"人"和小区改造的"治理结构"。充分发挥党组织对城镇老旧小区改造的核心引领作用，推动党的基层组织向小区延伸覆盖，选优配强基层党支部书记，实现小区党支部或党小组100%覆盖。引导小区居民在党组织的领导下，成立业委会及各类居民自治组织，并就改造内容、物业收费、长效管理等开展民主议事协商，构建"纵向到底、横向到边、民主协商"的小区治理体系。

（2）聚焦三大目标

坚持以人民为中心的发展思想，以问题为导向，推动城镇老旧小区改造聚焦"改善居住环境、夯实基层党建、提升居民素质"三大目标。一是改善居住环境。环境脏乱差一直是困扰老旧小区居民多年的难题。按照"什么问题最突出，就解决什么问题"的思路，将"畅排水、黑路面、优绿化"等纳入改造内容清单。同时，结合文明创建及"补短板"工作要求垃圾分类试点等政策，同步推进小区综合环境提升。嘉明花园小区、和平佳苑小区等试点实施了"垃圾分类积分换购"计划，效果良好。二是夯实基层党建。针对老旧小区党的组织缺位，导致改造人心不齐、成果反复的问题，通过"两个引领"（党建引领物管，党员引领群众），打通城市基层党建"神经末梢"，把党的组织优势转化为管理优势，助力跃升"最大公约数"，实现一个声音指挥、一个步调前进，实现华丽转身。三是提升居民素质。通过开展丰富多样的群众文化活动，如农行小区的根雕艺术展、兴龙小区的剪纸画展、和平佳苑小区的最美阳台评选及居民DIY墙体饰品秀等，提升小区居民素质，丰富文明城市内涵。

（3）创新四个机制

一是组织协调机制。推动建立了"党委统一领导、政府统筹负责、部门分工合作"的工作机制，市、区两级分别成立了主要领导挂帅的领导小组和工作专班。同时，还组建了市长任组长的领导小组及副秘书长任组长的协调推进组，市住房城乡建设委成立以党组书记亲自挂帅的工作专班，形成"市级筹划指导、区级统筹负责、街道社区实施、居民自治参与"的工作格局。

二是资金筹措机制。划清责任边界，明确资金分摊规则（小区公共部分改造由政府、管线单位、原产权单位、居民等共同出资、建筑物本体改造由居民、原产权单位自行承担）。通过新闻发布会、媒体宣传及入户动员等多种途径，广泛发动居民、原产权单位及社会各方出资出力共同参与城镇老旧小区改造。申报住房城乡建设部试点的10个小区发动居民筹资159万元，农行小区、红光小区还成功争取原产权单位出资318万元。

三是项目建设机制。按照"抓两头强中间"和"建标准创示范"的工作要求，加强顶层设计，印发《试点工作实施方案》《试点工作手册》《城镇老旧小区改造技术导则》《加装电梯便民手册》《社区规划师制度试点工作实施方案》《共同缔造工作坊工作制度》等配套政策及制度标准10余项。提炼"十步工作法"和"十大改造重点"，灵活选择区住房城乡建设局、街道或社区担任小区改造工作领导，扩大微信工作群成员，把街办、社区、业委会的书记和主任们、各项目的设计、施工和建设的主要负责人等加入群。围绕方案与设计、组织与进度、质量与安全、便民与防尘、亮点和特色等方面，充分发挥住房城乡建设委的统筹组织、技术指导和协调的优势，定期组织专题会，研究改造过程中存在的问题。加强信息收集和管理，随时通报试点情况。坚持"一线工作法"，第一时间帮助协调解决管线迁改、原材料供应等问题。围绕进度、质量和创特色，开展了一系列技术培训和现场观摩推进会。

四是长效管理机制。引导小区居民在改造之初即就后期的管理进行商议，并结合自身条件，选择物业管理或自治管理。建立"1＋1＋N"（即党组织＋业委会＋N个自治组织）的自治管理机制，引入社区规划师制度及共同缔造工作坊等议事协商机制或平台，打造了"红管家""五和党小组""睦邻N＋"等一批自治管理品牌。

（4）平衡五大关系

一是面子与里子的关系。按照"四先四后"（先民生后提升、先规划后建设、先地下后地上、先功能后景观）和"量力而行、尽力而为"的原则，优先解决影响居民基本生活的水、电、气、路及消防等安全隐患问题。试点小区结合自身条件，对绿化及建筑物本体进行适度提升。鼓励有条件的小区加装电梯。

二是数量与质量的关系。按照"成熟一个、推动一个、改造一个"的原则，不追求改造数量，不追求改造速度。入户率、支持率不达标坚决不启动改造。黄龙小区第一轮改造时采取的是"要我改"的方式，居民支持率较低，改造计划一度搁置，看见周边的小区先后改造，居民自发提出"我要改"，入户率、支持率均达到100%。

三是局部与整体的关系。将城镇老旧小区改造与片区功能完善、城市整体发展充分对接，对具备条件的小区，率先补齐短板，同步配套的功能，可结合后续的片区规划和更新改造统一考虑实施。

四是政府与社会的关系。转变以往政府大包大揽的做法，按照"两个作用"（即：政府的引导作用和居民的主体作用）的原则，明确改造"不只是政府的事，而是大家共同的事"，突出居民主体作用，即"改不改，居民拿主意；怎么改，居民提意见"。

五是一体与多元关系。制定城镇老旧小区改造"内容菜单"，共4大类24小类，除从专业角度要求原则上必须要做的内容之外，其他均由居民自己"点单"，既保证了改造的专业标准，又能更好实现一小区一策。

（5）破解六大难题

老旧小区具有建成时间早、标准低、遗留问题多、居民收入水平普遍较低等特点，在改造过程中探索破解了以下难题：一是破解达成共识难。发挥基层党组织的战斗堡垒作用和党员的模范带头作用，创新"三轮入户法"（即：第一轮由党员包栋入户全覆盖；针对部分对改造持抵触情绪的住户，由党员、网格员、业委会共同组织第二轮入户，以达成共识；最后，对极个别"重点户"，由社区、党员、网格员、业委会通过节假日等进行走访，及时帮忙解决实际困难，最终达到支持率100%目标），通过入户调查、方案问询、座谈协商等形式，听取居民关于改造的意见建议，将共同缔造理念，融入统一居民思想的过程中来。10个试点小区均已开展入户调查，新白龙岗小区、黄龙小区等7个小区实现入户率、支持率两个100%。二是破解共同筹资难。采取广泛动员、典型带动、不限金额的形式,创新"四个一点"(财政补一点、惠民资金拿一点、居民筹一点、原产权单位或共建单位帮一点)筹资形式,4个小区筹资率超过90%,涌现出四方堰社区书记捐资3000元、84岁党员出资5000元、航道小区楼栋管家带动居民筹资10000余元等模范典型。筹资经验得到住房城乡建设部肯定并在《工作简报》中专题推介。三是破解拆除违建难。针对老旧小区普遍存在的乱搭乱建现象,采取"两个区分开来"(即:将程序违法与事实违法区分开来,对尚可改正的依法责令整改,对无法整改消除影响的限期拆除;将增量违建与存量违建区分开来,严格增量、拆除存量),因地制宜,疏导结合,解决拆除违建难问题。黄龙小区内一处存在二十余年的违建被成功拆除。和平佳苑小区仅一天时间,完成小区8户居民、近200m² 违建的拆除。四是破解管线迁改难。建立市、区、业主单位、管线单位点对点的畅通联系机制。多次召开管线迁改协调会议,明确原则上弱电必须下地、雨污必须分流、弱电迁改按照"光纤到户、多网合一"的思路,采用"弱点一根线"的模式,实现"平等接入、自由选择、共建共享",从根本上破解天上弱电线"蜘蛛网"乱拉乱接、地下给排水、燃气管道施工档案缺失的难题。五是破解加装电梯难。组织编制《Y市城区既有住宅加装电梯便民手册》,对办理流程、所需资料、热点问题说明等进行系统梳理,创新加装电梯施工许可审批办法,方便居民办事。积极探索"代建租用"模式,邀请专家实地调研考察,成功引入"租赁式"加装电梯模式。嘉明花园小区已成功加装电梯2部。六是破解长效机制管理难。转变以往政府单干、居民旁观、改造成果反复的局面,构建完整的小区治理体系、议事协商平台及物业管理机制。研究业委会在实操层面的待遇问题,增强造血功能,提升可持续性。目前,已改造完成的嘉明花园小区、航道小区及已经实现封闭管理的和平佳苑小区的物业费收缴率分别99%、90%、93%。

2. HZH市实践

HZH市拱墅区在城镇老旧小区改造中,充分发挥党建引领和共同缔造理念与方法,调动社会各方共建共治参与改造的具体工作。

（1）"三上三下"定计划。出台了城镇老旧小区改造民主协商制度，采取民主意愿选择、民主方案讨论的形式，设定"三上三下"，即汇总居民需求，形成改造清单；居民勾选清单内容，安排实施项目；邀请楼道代表会商，编制设计方案公示。各街道结合实际创新载体，积极发挥党员及社区干部带头作用，发动居民全方位参与小区改造。比如，广兴新村在改造过程中，创新基层民主协商"红茶议事会"，建立"大家来商量"民主协商机制。街道邀请了专业社会组织设计议事流程，议事参与者分组讨论、社工、党员骨干、活跃居民担任引导员、记录员、汇报员的角色，对改造方案开启头脑风暴，确定改造内容的关键词。达成共识后，再通过群策群力，将不同的解决方案根据难易程度、收益大小等指标填到矩阵图内进行评估，直观地得到最优解，最后形成一份行动计划表。

（2）"四问四权"建机制。始终坚持"四问四权"机制，即"问情于民"、"改不改"让百姓定；"问需于民"，"改什么"让百姓选；"问计于民"，"怎么改"让百姓提；"问绩于民"，"好与坏"让百姓评。把群众工作做扎实，大大提升工作满意度。比如，小河街道在实施城镇老旧小区改造时，发起了"我为小区改造出一元钱"的活动，每位居民自觉向"改造资金箱"投入1元，表示对改造工作的支持，这个"居民出一点"的资金池，起到了良好的黏合作用。在改造好的小区，物业费上缴比例较以往上升50%以上，居民的主体意识被激发了，改造和后续管理的收效也自然提升。

（3）"五界联动"促工作。我们采取政府部门、高校、文化界、企业界媒体界"五界联动"，健全专家咨询、技术论证、决策方案评估等机制，广泛吸收社会各界的意见建议，提升实施项目建设的水平。比如，叶青苑小区项目在启动前就一改原先由甲方提意见、乙方改设计的老办法，而是邀请居民、专家、文化名人等各界代表，和政府一道坐下来，对10余家设计公司拿出的几十种设计方案反复比对，并根据讨论意见加入了保安岗亭迁移、增加休闲娱乐场所等一些新的改造内容，最终由全体居民投票决定实施方案，真正做到了"群众的事和群众商量着办"。

第四节　城镇老旧小区改造后的治理与服务

落实国办发〔2020〕23号精神，完善小区长效管理机制。结合改造工作同步健全基层党组织领导，建立社区居民委员会、业主委员会、物业服务企业等参与的联席会议机制，引导居民协商确定改造后小区的管理模式、管理规约及业主议事规则，共同维护改造成果。建立健全城镇老旧小区住宅专项维修资金归集、使用、续筹机制，促进小区改造后维护更新进入良性轨道①。

以社区治理创新，实现城镇老旧小区改造后的社区综合治理与统筹服务，提升小区治理水平，降低管理成本，形成资源共用、成果共享。

一、党建引领激发改造后社区治理活力

党建引领激发社区治理水平，完善以社区党组织为核心，社区居委会为主体，社区服务站为平台，物业、市政公用等服务企业、驻社区单位和各类社会组织广泛参与、协同联动的社区治理体系。

1. 党建引领提升社区治理水平

党组织加大街道对社区支持、指导和相关保障力度，做实社区居委会下设的工作委员会（或中心或队），增强联系服务群众、组织居民自治、民主议事协商等能力。一是党群工作委员会做实党建工作体系、党建信息化平台、党建工作绩效考核评价体系。二民生保障委员会做实社会保障体系、群众诉求响应机制、民生大数据管理服务。三是城市管理委员会做实网格化治理体系、城市治理多元化主体全过程参与街道大数据管理服务。四是平安建设区委员会做实治安立体化管理、重点人群和流动人口管理服务。五是社区建设委员会做实多元

① 国务院办公厅. 关于全面推进城镇老旧小区改造工作的指导意见［Z］. 国办发〔2020〕23号，2020-7-10.

主体协同治理机制、智慧社区服务平台、社区文化品牌和社会工作者队伍建设。六是综合保障委员会落实财政管理、基层治理法规体系和基层应急管理机制。七是综合执法队落实街道"微执法"机制、综合执法信息平台和综合执法保障制度。八是监察委员会负责基层纪检和监察工作。

弘扬社会主义核心价值观，推进以德治理社区，探索将居民参与社区治理、履行社区公约等情况纳入社会信用体系。抓好社区减负增效，修订社区职责清单，落实社区工作事项发文市、区联审制度，从源头上减少不合理的下派社区事项。加强职能部门内部整合和优化提升，一个部门社区最多填报一张表格（系统）。推进社区服务站改革，探索"一站多居"，调整人员配置，优化服务方式，推行"综合窗口""全能社工"模式。实行社区全响应服务机制，推行错时延时、全程代办、预约办理和"互联网＋"服务，方便居民群众办事。加大社区建设资金支持力度，动态调整社区公益事业专项补助资金，实现街道年度预算80%以上用于为群众办实事。完善社区工作者管理制度，建立以社区居民群众满意度为主要评价标准的社区工作考核机制，取消对社区的"一票否决"事项。

2. 党建引领社会组织参与

党建引领建立以街道社区服务中心为依托的社会组织服务（孵化）中心，为社会组织对接群众服务需求提供平台和相关服务。依托社会组织服务（孵化）中心，加快培育生活服务类、公益慈善类、居民互助类及针对特定群体的社区社会组织，并给予公益创投、补贴奖励、活动场地费用减免等支持。推进街道成立社区社会组织联合会，规范社区社会组织行为，并为其提供资源支持、承接项目、代管资金、人员培训等服务。制定并公开街道购买社会组织服务指导目录，重点支持街道、社区运用"三社联动"等工作体系解决社区居民多样化服务需求。

3. 党建增强社区动员能力

党建引领建立分层协商和公共沟通互动制度，完善区、街道、社区三级协商联动机制，建立社区月协商制度，推进议事协商常态化、机制化。完善社会单位履行社会责任评价制度，将机关、国有企事业单位党组织回社区报到情况纳入单位述职评议内容。完善激励保障和奖励政策，推动单位内部生活服务类设施向社区开放，在水、电、气等方面给予政策倾斜。深化"门前三包"责任制，提升单位个人参与城市管理、维护城市环境的积极性和自觉性。探索在街区成立商户协会，发挥自律自管作用。大力发展志愿服务队伍，培养以社区党员、团员青年、居民代表、楼门院长、退休干部等为主体的骨干力量，发挥志愿服务力量在基层治理中的积极作用。完善人民调解、司法调解、行政调解、多元纠纷调解服务体系，实现"小事不出社区、大事不出街道"。

二、党建引领优化社区治理、建立小区长效管理机制

1. 加强老旧小区物业管理的组织领导

成立全区性物业管理工作指导协调机构，负责住宅小区物业管理的指导和协调工作。住房城乡建设、环卫、消防、电力等职能部门作为成员单位，根据各自职责，做好相关工作。尤其是水、电、暖各职能部门，要加大对老旧小区支持力度，在政策、经费方面予以倾斜，全力配合街道社区做好城镇老旧小区改造工作。

2. 调整相关部门或单位的利益

城镇老旧小区改造势必牵涉到原有利益格局的调整，尤其是腾退已被占用的原公建配套设施，回购街道办事处、居委会等投资自建的配套设施，这将影响到一些单位和个人的利益，同时根据规划和小区服务与管理的需要，补建必要的配套设施，也存在利益机制的调整问题。为切实维护广大业主的合法权益，促进老旧小区社会化、市场化、专业化管理机制的建立，只有强化政策约束，才能确保老旧小区整治工作尤其是配套设施的腾退、回购与补建工作的顺利进行，才能巩固城镇老旧小区改造成果，扩大政府对老旧住宅小区改造的社会效益。

3. 选择优质物业公司，提升管理水平

首先，选择优质物业公司，明确物业管理目标。对于城镇老旧小区改造后基础设施完备，功能较为齐全，达到引入专业化物业管理的小区，街道、社区

帮助、指导小区组建业主委员会或小区管理委员会，由小区业主委员会或小区管理委员会结合实际需求和特点，选择合适的优质物业公司，确定物业管理的服务标准和收费标准，明确物业管理的目标。

其次，物业管理坚持一切为了业主的理念，加强管理创新，提升专业管理水平。物业公司要全方位加强服务，与街道社区共同建立起"双向服务"，一方面物业公司对住户提供管家式服务，详细掌握住户的居住需求，另一方面配合街道社区做好卫计、社会保障等服务，让居民感受到物业公司服务的细致性，赢得住户的支持，让住户主动缴纳物业费，形成"住户满意、主动缴费、服务提升、居民信赖"的良性循环。物业公司应按照物业管理标准，定时维护设备、按时养护绿化、加强小区安全管理、加强小区停车服务管理、提供居民服务等，要配备专业人员，定人定岗定责。

再次，运用信息管控系统，打造平安品质小区。物业公司应利用小区改造后完善的基础配套设施，加强消防、公安等管理，打造平安品质小区。充分利用智慧信息系统，为居民提供便捷优质的服务，发挥智慧安防的优势，运用"大数据"＋"云端管理"，"人脸识别"进小区，实行智能化管理。信息系统自动通过对小区人员出入进行人脸分析、人流分析、轨迹分析、身份比对、车辆分析等多种方式进行信息采集，形成大数据。如遇紧急事件，还可以一键呼叫综合管控服务中心及网格人员，及时精准解决问题。

4. 引入社会力量解决资金困难

由于城镇老旧小区改造需要资金较大，很多地方的财政实力不能满足改造的需求，为了解决这样的矛盾，引入社会力量（专业企业或社会团队）加入城镇老旧小区改造中，既能解决资金不足问题，又解决了改造后的长效管理问题。老旧小区服务功能的提升，可以通过腾退公共用房、拆整结合、城市再规划等方式解决用房问题，以满足企业对社区投入的功能需求。在小区改造中，小区的社区家庭养老、家庭日间照料、社区家庭医生、社区托幼四点半课堂、社区老年文化服务、社区便民食堂等专业较强的服务功能所需资金由社会力量（专业企业或社会团队）投入，建成后企业在一定年限内拥有自主经营权，以有偿的方式为社区居民提供快捷、周到的服务，并逐步收回投资成本。有的地方公房的产权已经转到代替国家履行管理职能的国有企业名下，当年的单位也早已改制或不复存在。如果房屋已经由个人买下、产权发生变更，居民就要自己承担各项费用。如果引进了物业公司，并且物业公司保质保量提供了服务，居民就应按时缴纳物业费。城镇老旧小区改造项目产生的各项费用，也应由居民共同分摊承担。

三、党建引领提高和改善民生

1. 建立群众诉求快速响应机制

以党建引领，整合各类热线归集到12345市民服务热线，建立全市统一的群众诉求受理平台，实现事项咨询、建议、举报、投诉"一号通"。坚持民有所呼、我有所应，市民诉求就是哨声，各街道要闻风而动、接诉即办。完善向街道、部门双向派单机制和职责清单，街道职责范围内能直接办理的即接即办，不能直接办理的，由街道根据职责清单统筹调度相关部门办理。市民服务热线以响应率、解决率、满意度为依据，对接办问题进行分类筛查和评比，定期通报排名靠后的街道和工作不力的部门单位。及时汇总涉及政策机制的共性问题，责成有关区和市级职能部门研究解决。拓宽社情民意反映渠道，在发挥传统媒体优势的基础上，利用微信、微博、贴吧、短视频等网络新媒体倾听群众呼声，迅速回应群众关切的问题。强化公共服务民意导向，建立健全以民意征集、协商立项、项目落实、效果评价为流程的民生工程民意立项工作机制，将民意征集与社区协商嵌入结合、程序前置，凡面向居民开展的工程建设、惠民政策、公共资源配置等，实施前须听取群众意见建议。

2. 改善基层基本公共服务

以党建引领，按照兜底线、织密网、建机制的要求，提升基本公共服务保障水平。完善街区学前教育公共服务体系，健全成本分担资助机制，鼓励支持新办普惠制幼儿园。扩大优质教育覆盖面和受益面，引导街道参与学区规划建设，提升区域整体教育质量，让孩子就近上学。以紧密型医联体为载体，统筹区域内医疗资源，推进分级诊疗，加强基层医疗卫生机构建设，做实家庭医生签约服务，方便居民就医。加强居家养老服务体系建设，推进街道养老照料中心、社区养老服务驿站需求全覆盖，加强规范化建设和运营管理，全面推进医养结合，鼓励单位内部食堂、商业餐饮机构开办老年餐桌，让老年人就近享受服务。

3. 提升生活性服务业品质

党建引领，以满足居民便利性、宜居性、多样性服务需求为导向，推动生活性服务业向规范化、多元化、连锁化、品牌化方向发展。加强规划设计，把生活性服务业设施规划细化到街道、社区，分区域、分业态制定补建提升计划。完善一刻钟社区服务圈，制定服务标准，加强分类引导，补充基本便民服务网点，重点补充早餐点、菜场、便利店等便民设施。完善政策机制，鼓励居住区相邻的腾退空间和存量空间用于补充便民服务设施。优化营商环境，推动生活性服务业品牌连锁企业"一区一照"注册登记工作，建立"红黑名单"制度，提升服务质量。鼓励街道组织开展"互联网＋"服务，创新"小物超市""深夜食堂"等经营模式，支持便民综合体、社区商业"E中心"建设。

4. 完善基层公共文化服务体系

以党建引领，扩大文化服务覆盖面，提升居民参与度，为基层群众提供更多优质、便捷的公共文化体育产品。实施文化惠民工程，完善公共图书、文体活动、公益演出服务配送体系，推动基层公共文化服务均等化。加强基层公共文化体育服务阵地建设，合理利用历史街区、民宅村落、闲置厂房兴办公共文化项目，推进综合文化体育设施全覆盖，提高使用率。推进特色街区、胡同、院落、楼门建设，挖掘社区文化资源，打造社区文化精品。促进基层公共文化体育服务社会化，通过购买服务、资金补贴、免费开放场地等方式，大力培育发展各类群众性社区团体，引领广大群众开展各类喜闻乐见的人众文体活动，丰富居民群众的精神文化生活。

5. 织密基层公共安全网

党建引领，推动"平安街道""平安社区"等创建活动向矛盾多发、管理缺失、影响安全稳定的新领域、新群体延伸。加强辖区公共安全领域和重大活动城市安全风险管理，落实安全责任制，协助专业部门组织开展应急演练、监督辖区单位安全生产等工作。统筹群防群治资源，协助加强消防、禁毒、养犬等管理工作。完善立体化社会治安防控体系，建立执法即时响应机制，依托"雪亮工程"，推进智慧社区建设，打造24小时城市安全网。探索通过购买服务方式建立街道应急小分队，实现辖区居民安全服务保障"即刻到家"。加强社会心理服务体系建设，协助解决涉及社会稳定的心理健康问题。

6. 改进基层政务服务

党建引领，深化街道政务服务中心"一窗受理、集成服务"改革，着力提升群众、企业办事便捷度和满意率。推进街道政务服务标准化建设，将直接面向群众、企业量大面广的区级部门服务和审批事项下沉到街道，把社区不该办、办不好的政务服务上收，规范运行程序、规则和权责关系。将全市政务服务"一张网"延伸到街道、社区、楼宇，实现与街道公共服务信息平台、综合执法平台的深度融合，建立街道与部门信息数据资源共享交换机制，实现服务事项的全人群覆盖、全口径集成和全市通办。最大限度精简办事程序，缩短办理时限，提高网上办理比重，加快建设移动客户端、自助终端，实现就近办理、自助办理、一次办理。助力优化营商环境，鼓励社会创业创新，服务商圈、楼宇经济，激发各类经济主体和组织的活力。

四、探索城市运营商管理模式

老旧小区由于入住率高，入住人群复杂，往往依靠单一物业公司管理，很难达到居民所期望的标准，加之老旧小区物业收费低，物业公司没有盈利和利润增长点，单靠收取物业管理费，无法保证高品质的服务。同时由于物业公司的低效益甚至亏损，导致服务质量无法达到居民的要求，这样就形成恶性循环。探索推动"城市运营商管理模式"能有效解决居民对美好生活、品质生活的要求之矛盾。

1. 整合小区资源，提升服务功能

老旧小区内的服务功能需求多，为了进一步提升居民的获得感、幸福感，老旧小区的物业服务、停车服务、居家日间照料、阳光老人家、社区便民服务、

小区便民食堂、托幼四点半课堂等服务管理可由一家综合性服务企业承担，既能满足居民的实际需求，又能解决小区单纯物业管理和其他服务管理分开致使物业亏损不能正常运转的弊端。

建立小区居家日间照料和阳光老人家等养老、适老设施，由企业统一运行，集合社区卫生服务中心，服务于居住在小区内的老年人，重点是失能失智（含不能完全自理）、高龄、空巢、独居、生活困难的老年人，为其提供康复医疗室、棋牌室、电子图书阅览室等场所，并建立家庭医生制度，为其有偿服务。

建立社区"四点半课堂"，解决孩子们放学后"管理真空"问题。"四点半课堂"是指针对小区内6～12岁儿童放学后每天4:30～5:45无人管理的现象，在社区内开设未成年人活动室和电子阅览室，并组织在职教师和退休教师等志愿者们对小学青少年儿童进行课业辅导，在课业辅导完成后开展各类学生兴趣活动，丰富社区青少年的课余活动，拓宽视野，发掘潜能。同时让孩子们"有人管""有人看"，小区氛围更加和谐。

2. 引进社会团队，解决资金困难

由于城镇老旧小区改造需要资金较大，很多地方的财政实力不能满足改造的需求，为了解决这样的矛盾，引进社会团队（专业企业）加入城镇老旧小区改造中，既解决资金不足问题，又解决了改造后的长效管理问题。小区服务功能的提升，可以通过腾退公共用房、拆整结合、城市再规划等方式解决用房问题，以满足企业对社区投入的功能需求。在小区改造中，小区的社区家庭养老、家庭日间照料、社区家庭医生、社区托幼四点半课堂、社区老年文化服务、社区便民食堂等专业较强的服务功能改造资金由社会团队（专业企业）投入，建成后企业在一定年限内拥有自主经营权，以有偿的方式为社区居民提供快捷、周到的服务，并逐步收回投资成本。

3. 利用智能化信息平台，拓展综合管理服务

随着新一代互联网技术的运用，社区智能化信息综合管理平台的开发利用也是解决长效管理的有效手段之一。通过社区智能化信息综合管理平台的运用，能够进一步提升居民的幸福感、获得感、安全感。有实力的城市运营商在老旧小区管理中建立智能化信息平台，将物业管理同居民的便利服务、日常用餐、

日常出行、居家养老、社区日间照料、托幼四点半课堂等服务结合起来，形成一个平台全域服务的模式，既提高了管理效率，又提高了居民的满意度、认可度、亲切度。

五、华城亿家社区综合治理服务平台

华城亿家社区综合治理服务平台的是融社区治理、长效管理、运营与服务于一体的创新平台。这个平台，以党建引领，以网络技术为基础，有效弥补治理中硬件短板和软件短板，完善社区治理体系与治理结构，提升治理效率，降低治理成本；在实现小区长效管理的过程中，通过覆盖社区居民活动的全方位服务，以线上与线下结合的现代化运营方式，形成经济活力，切实提升服务居民的质量，减少居民的物业费用；以社区高效的治理、有效的长期效管理、优质的服务及良好的运营的一体化平台为基础，构建起社区长效管理机制。

1.华城智慧社区综合服务平台介绍

华城智慧社区综合服务平台，是党建引领，基于云计算、物联网、移动互联、大数据分析和智能交互等技术的信息服务平台，该平台突出"以人为本"的核心，以提高社区服务水平、增强社区治理能力为目标，以"治理精细化、服务人文化、运行社会化、手段信息化、工作规范化"为建设思路，以统筹各类服务资源为切入点，以满足社区居民、企事业单位、政府的需求为落脚点，打造基础设施智能化服务、物业增值服务、社区智慧养老健康服务、社区智能教育服务、智慧政务、智能家居等系统的综合性智慧社区服务体系，实现居民生活、社区服务的网络化、智能化（图6-3）。

本平台是新形势下探索社区公共治理的一种新模式。本平台是社会治理和服务向基层的扩展和延伸，使信息提供者、社区治理者与居民之间可以进行各种形式的实时信息交互，使更多的社会资源能够共享和跨地域的社区服务成为可能，为社区居民提供一个安全、舒适、便利的现代化、智慧化生活环境，形成基于信息化、智能化社会治理与服务的一种新的治理形态的社区，为政府治理、企业发展和惠民服务提供更加精确的指导和决策分析。

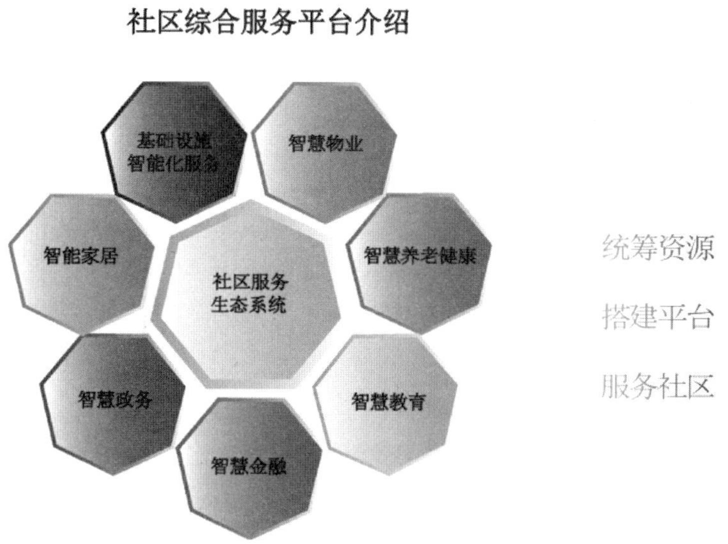

社区综合服务平台介绍

图6-3　华城智慧社区综合服务平台

2.华城亿家社区综合治理服务平台的效能和优势

（1）社区治理精细化

党建引领，细化完善社区网格化治理，细化责任措施，加强协调调度，从细微处着手，加强社区精细化治理、人性化治理服务和品质治理，促进社区和谐发展。

把成熟的万米级网格化治理向百米级发展完善，将每个事项的工作流程都纳入"信息收集——案卷建立——任务派遣——任务处置——结果反馈——核查结案——综合评价"七步闭环结构。

基于GBCP的社区治理与服务模式：GBCP就是运用公共治理理论，通过处理政府、企业和公民三者之间的关系，并将复杂巨系统的人流、资金流、物资流、能量流、信息流通过公共产品和公共服务的生产和服务过程体现出来，并处理社区运行中存在的问题。社区运行的"人"要素可以用政府、企业和公民（GBC）来表示，所有的"物"要素都可以用公共产品和公共服务的数量和质量（P）来表示，所有的运行治理手段、流程和依据都以P为核心，统共衡量P的数量与质量，来协调GBC的关系。因此，可以说，GBCP模式是解决社区治理服务复杂系统问题的实践途径。

（2）打造安全社区

通过基础设施智能化，强化对社区技防、社区安防、电梯安全、楼宇安全、食品安全、家居安全、饮水安全等技术防护及建立应急体系，社区维稳，社区自制、社区党建等机制建立人防体系，打造为结果负责的指标可量化的和谐社区。视频监控组件通过调用视频监控平台的视频资源，将管辖范围内的视频探头集成到系统平台中，在GIS地图上根据视频探头的分布位置，随时调阅现场视频画面，实现对视频监控区域内社会治理服务问题的视频监控。

（3）实现一门式服务模式

围绕"智慧社区"建设的重点，着力探索便民、便捷、高效、商业服务、综治维稳等社区领域的信息化应用，实现一公里服务及一门式服务，切实推动社区各领域运行质态的提升。推行"一口受理"模式，即承担行政审批职能的部门全面实行"一个窗口"对外统一受理。同时实施"限时办理"，"透明办理"，推行"网上办理"，审批部门可以将审批的事项放在一起。各个审批的环节有一个集中地区，比如行政服务中心，通过智慧社区平台把业务下沉到社区，探索对多部门审批事项实行一个部门牵头、其他部门协同的"一条龙"审批或并联审批，让审批提速，进而推行"一口受理"。承担行政审批职能的部门全面实行"一个窗口"对外统一受理，申请量大的要安排专门场所，对每一个审批事项都要编制服务指南，列明申请条件、基本流程、示范文本等，不让地方、企业和群众摸不清门、跑累了腿。

建立统一行政服务中心，是将各地的审批部门集中在一个大楼，成立行政服务中心，在当地实施审批完成。比如审批一个项目，涉及环保、投资、消防、工商等，这可以通过一个窗口受理后，转到其他的部门分别审批盖章，各部门盖审批章后仍在规定时限内返回窗口。

社区一门式服务，通过App或自助终端机，解决日常业务处理，对申请量大的要安排社区专门场所，对每一个审批事项都要编制服务指南，列明申请条件、基本流程、示范文本等。

同时各部门要对承担的每项审批事项制定工作细则，明确审查内容、要点和标准等，严禁擅自抬高或降低审批门槛，避免随意裁量。除涉及国家秘密、商业秘密或个人隐私外，所有审批的受理、进展、结果等信息都要公开。

同时各部门要积极推行网上预受理、预审查，加强部门间、上下级政府间信息资源共享，尽可能让地方、企业减少为审批奔波，切实方便群众。

（4）商业服务便捷化

推进传统社区商务活动各环节的数字化、网络化，扩大社区电子商务服务范围、推进社区电子支付，简化社区商务服务流程。社区通过资源整合服务项目化方式，加大投入并吸纳社会资源，实现分类治理，形成救助、养老、就业、卫生、文化等方面的社区服务群，选择便民服务类和公共服务类的优质服务商，方便居民的衣、食、住、行，解决他们的后顾之忧，使社区居民基本达到步行5~15分钟就能享受到各项社区服务，实现居民"小需求不出社区，大需求不远离社区"。社区服务主要功能包括：服务资源注册、服务推送、服务资源向导与查询、便民服务导示图、服务预约、服务评价与投诉、社区新闻资讯、政务服务指南、跳蚤市场、社区微群等。

智慧社区和便民服务终端是利用物联网、云服务、移动互联网、信息智能终端等新一代信息技术，通过对各类与居民生活密切相关信息的自动感知、及时传送、及时发布和信息资源的整合共享，实现对社区居民"吃、住、行、游、购、娱、健"生活七大要素的电子化、信息化和智能化。包括了LED电子公告栏、社区信息亭、社区智慧信息机、"三通"便民缴费终端、"健康小屋"工作站、家庭综合智能机顶盒等。

六、案例：CHD市新都街道构建城乡社区治理新机制

新都街道桂东路社区五四小区始建于20世纪80年代，由9个封闭的院中院组成，属于典型的老旧小区。小区内有单位家属院、公租房、回迁房、商品房、常住人口1150人，其中老年人、低收入人群占70%以上。治理前小区居民融入感差、违建突出、环境脏乱、服务滞后，严重影响小区居民的生活水平。为破解老旧小区服务难题，近年来，桂东路社区党员发挥领导核心作用，整合区域

化党建资源，着力构建"环境舒心、邻里同心、安居放心"的"三心"生活社区，先后被《新闻联播》《人民日报》等媒体深度报道。

1.资源联建，优基础，实现环境舒心

只有党组织才能举好旗帜、把好方向、凝聚人心。社区党委聚焦资源不足、整合难这一问题，牢牢抓住组织连接这个纽带，激活了辖区党建资源。

一是坚持党建引领。社区党委在小区开展"双找"活动，查找到流动党员46名，成立五四小区党支部，建立小区邻里驿站。小区党员主动亮身份，带头开展入户走访、坝坝会、小区夜话等活动20余场次，收集群众意见建议150余条。小区党支部主导院委会换届，5名党员进入院委会，实现党组织力量在小区全面延伸。由此，党员有了存在感，群众看到了主心骨，有事找"组织"成了小区居民的共识。二是突出组织互联。由社区党委牵头，吸纳以西南石油大学、区教育局、桂林建筑公司为代表的辖区高校、机关单位、两新组织党组织参与小区治理。建立"1＋N＋N"区域化党建联席会议机制，各成员单位党组织定期研究讨论小区管理服务事项，根据共建职责提出建议、反馈问题、认领项目。截至目前，共建单位党组织已认领居民微景观打造、大学生志愿服务及手工坊创业等党建共建项目20余个。三是盘活党建资源。社区党委积极对接辖区各类党组织场所、队伍、项目等资源情况，形成共享资源清单。坚持"留改建"整合公共空间，将因搬迁闲置的原区法院办公楼开放成为总面积8900m²的社区服务综合体，将原第二幼儿园旧址改建成3000m²的居民活动场所，破解居民活动空间"总量不足、分布零碎、利用低效"等痼疾。在小区设立"爱心小屋"，通过向机关企业筹资源，向社会组织筹服务，向社会公众筹爱心的形式，小区党支部组建服务队伍5支，开展服务项目26个，实现资源共用共享，解决小区资源不足的问题。

2.服务联享，聚共识，实现邻里同心

只有让群众对幸福感、获得感、安全感有了直观的感受，才能赢得民心。社区党委精准靶向服务，号准居民"需求脉"，不断激发服务"新动能"。

一是精准化服务暖人心。扩展居家养老、突发处置、生活服务等智慧医养融合服务项目，与成都医学院合作建成"智慧医养家庭医生服务工作站"，将社区2000余名60岁以上的老人纳入"智慧养老"系统,为居民提供公共卫生、基本医疗和约定健康管理等服务。联合社区老年大学,优化日间照料中心运行模式,提供定期体检、康复理疗、文体活动、个人照料等服务,社区居民有了专属的"家庭医生"。二是市场化运行增动力。坚持政府主导、企业主体、商业化逻辑,成立社区服务企业,聘请小区居民从事保洁、门卫、巡逻等工作,既解决了小区困难户就业,又降低了社区服务成本。同时,配置200m² 闲置用房和社区停车场用于社区服务企业的经营,所得收益用于小区公用设施维护和小区服务事务,打破社区"兜底"管理局面,推动社区职能归位。三是参与式活动凝合力。融合新都书香、佛香、花香文化元素,打造"三香"文化体验馆,提供"一站式、全天候"社区文化服务。设置多肉园地、手工作坊、国学堂等十余个功能区,常态开设歌咏、太极、舞蹈、手工、书画等居民兴趣学习班,定期开展国学诵读、多肉种植、茶艺表演、三香文化产品展示等系列主题活动,增加居民对社区文化和价值的认同感,弘扬向上、向善、向美的社区文化。

3. 党群联动,齐参与,实现安居放心

实现共同治理是老旧小区更新的"内生力量",通过建立多元主体参与、居民群众受益的党建引领社区治理体系,推动老旧小区的治理模式从"靠社区管"向"自治共管"转变。

一是破解民生痛点。拆除违建、重构邻里空间,成为五四小区迫切需要解决的现实问题。采取合院并院的方式,拆除小区内院中院围墙300余米,梳理了公共空间。党员带头拆除了自家的违章搭建,并与小区党员一起挨家挨户做工作,仅3个月时间就顺利拆除2000余平方米违建。成立社区"微基金"开展微景观改造工程,新建市民广场、公共绿地2550m²,规范划设共享停车位110个,改变老旧小区"天上蜘蛛网、地上垃圾场"的面貌。二是优化治理体系。针对围墙拆除后的开放式小区形态,小区完善了"社区民警+网格员+楼栋长"三级网格服务体系,在小区党员、热心居民中选派级网格员12名,开展安全隐患排查、矛盾纠纷调解、意见建议收集工作,实现了治理机制向小区延伸。同时,在小区内接入智慧社区智能管理系统,增设"雪亮工程"监控31处、智能道闸2处,家家户户装上了楼宇对讲,通过人脸识别等多种方式"刷开"单元门,1150名居民由此过上了"智慧"生活。三是搭建参与平台。创新"时间银行"志愿服务积分制,通过"服务换积分、积分兑实物、积分兑服务"的形式,引导居民主动参与"门前三包"、环境治理等小区事务,激发了居民自治的内生动力。孵化、引入新阳光、和润等4家社会组织,培育"书香雅韵"书画社、"朝霞"舞蹈队等自组织5支。开展"Green益循环""多肉苗圃""微心愿、微治理""最美阳台"等小区活动,引导居民走出"小家",共建"大家",群众的认同感、家园感、归属感逐步增强。

第七章

城镇老旧小区改造与城市可持续发展

城镇老旧小区改造促进城市可持续发展。城镇老旧小区改造过程中避免大拆大建的弊端，以节约能源资源和智慧社区建设及海绵城市建设改善人居环境、实现城市生态修复；以提升使用功能为目标，运用科技创新手段，采用新材料、新技术对城镇老旧小区改造进行维护、更新、加固等内容，减少存量建筑能耗和排放，实现城市可持续发展。

老旧小区的节能改造应从整体的角度考虑，从供暖系统改造、围护结构节能改造、可再生能源利用等几个层面，分层次进行展开，结合老旧小区的实际情况、资源禀赋、当地政策等因素，成体系地制定改造措施。

在海绵城市理念的指导下，以修复自然水的循环为目标，以净化径流污染、缓解洪涝影响为目的，建立居住区的可持续雨水管理系统。

小区环境改造方面，鼓励采用生态自我修复的技术措施，利用生态系统自我恢复能力，辅以人工措施，使遭到破坏的生态系统逐步恢复原貌或向良性方向发展。鼓励采用新一代信息技术，搭建社区智慧管理平台，打造以人为本的服务型智慧社区。

在改造材料上，采用新型保温隔热涂料，替代传统的防火等级低的保温材料；采用稀土铝合金，替代部分电力改造的管线；采用竹缠绕技术替代上下水管道，也可以用加层的轻质墙体材料；在改造技术方面，可采用海绵城市技术、垃圾分类收集技术、智慧管理技术及装备配建筑技术及智能建造技术等对城镇老旧小区改造进行科技赋能。

采用国际先进的施工新技术及新材料，以增加科技含量提高工程质量，既可以降低改造成本，缩短施工工期，大大提高了效率，又提高老旧小区健康舒适、节能环保、安全耐久、经济实用、智慧美观性能，实现低碳经济和可持续发展。

第一节　城镇老旧小区改造与智慧社区建设

一、智慧社区建设的背景与意义

1. 智慧社区建设的背景

推进社区治理现代化和智慧社区建设，是党中央、国务院立足于我国信息化和新型城市化发展实际，为提升基层社会治理和城市管理服务水平而作出的重大决策。

新型智慧城市深入落实贯彻党的十八大和十八届三中、四中、五中全会精神、"创新、协调、绿色、开放、共享"五大发展理念，以及习近平总书记、李克强总理关于推进智慧城市、智慧社区建设的重要指示精神，是党中央、国务院立足于我国信息化和新型城镇化发展实际，为提升城市管理服务水平、提升人民生活水平，促进城市科学发展而作出的重大决策，是落实新型工业化、信息化、城镇化、农业现代化、绿色化同步发展的积极实践，是立足于我国信息化和新型城镇化发展实际，破解"城市病"新突破口，推动我国城市可持续发展和社区新发展的新思路、新方式、新手段。

在智慧城市、智慧社区的建设目标中，智慧化系统占有非常重要的地位。比如，我国在住房和城乡建设部对智慧城市的智慧建设方面有57项三级指标中，其中有一半与城市建筑智能化相关。智慧社区是"互联网＋"时代社区管理的一种新理念，是新经济形势下社会管理创新的一种全新模式。

智慧社区是指充分利用物联网、云计算、移动互联网等新一代信息技术的集成应用，为社区居民提供一个安全、舒适、便利的现代化、智慧化生活环境，从而形成基于信息化、智能化社会管理与服务的一种新的管理形态的社区。

自从我国在2012年1月颁布的《国务院关于印发工业转型升级规划（2015年）的通知》中首次明确智慧城市建设方向以来，已先后进行了三批约300个试点工作。开展智慧城市建设，已成为我国经济社会和信息化水平先进城市的发展共识，成为众多城市发展战略性新兴产业、提升城市运行效率和公共服务水平、实现城市跨越式发展的重要途径。

2014年1月，国家发展改革委等12个部位联合印发《关于加快实施信息惠民工程有关工作的通知》，重点解决社会保障，健康医疗，优质教育，养老服务，就业服务，食品药品安全，公共安全，社区服务，家庭服务等九大领域突出问题。2014年5月住房和城乡建设部办公厅为指导各地开展智慧社区建设，公布《智慧社区建设指南（试行）》。2014年10月30日，民政部，发改委等六部委联合发布《关于开展养老服务和社区服务信息惠民工程试点工作通知》，明确指出完善智慧社区建设标准，并推进智慧社区试点建设工作。

2015年2月15日，习近平总书记寄语"社区管理工作是一门学问，要积极探索创新，通过多种形式延伸管理链条，提供服务水平。"2015年6月2日，由民政部牵头的全国社区建设部际联席会议第一次全体会议在北京召开。2015年10月28日，住房和城乡建设部、科技部联合开展智慧园区、社区、综合体星级评选工作，2015年12月21日，中央城市工作会议指出推进城镇老旧小区改造，打造智慧城市。

2016年2月2日，国务院《关于深入推进新型城镇化建设的若干意见》提出推动新型城市建设，建设以居家为基础，社区为依托，机构为补充的多层次养老服务体系。2016年9月，国务院《关于加快推进"互联网＋政府服务"工作的指导意见》提出由工信部等牵头制定智能家居相关标准的要求。2016年12月1日，民政部召开智慧社区建设研讨会，研究智慧社区的总体建设思路，探讨如何将现代信息技术与社区服务管理相结合，共同推进社区治理现代化。2016年12月15日，国务院《关于印发"十三五"国家信息化规划的通知》提到"推进智慧社区建设，完善城乡社区公共服务综合信息平台，建设网上社区居委会，发展线上线下结合的社区服务新模式，提高社区治理和服务水平。"从社区治理的角度对智慧社区的建设提出要求。

在惠民领域，通过智慧城市建设让老百姓看得见摸得着的东西不多。困扰百姓的雾霾，交通拥堵，看病难，办证多，办事难，冤枉路，跑断腿等现象依然存在。城市全面可持续发展课题引起了越来越多的关注，在2015年第二届世界互联网大会上，中国电子科技集团第一批智慧城市实践者适时提出了新型智慧城市的建设理念，此后在国家政策与规划层面得到了积极的引导。

新型智慧城市包括无处不在的惠民服务，透明高效的在线政府，精细精准的城市治理，融合创新的信息技术，自主可控的安全体系等五大要素，以提升城市治理和服务水平为目标，以为人民服务为核心，以推进新一代信息技术与城市治理和公共服务深度融合为途径，分级分类，标杆引领，标准统筹，改革创新，安全护航，注重城乡一体，打破信息藩篱。

2016年4月19日，习近平总书记在主持召开网络安全和信息化工作座谈会指出，必须贯彻以人民为中心的发展思想。要适应人民的期待和需求，让亿万人民在共享互联网发展成果上有更多获得感。城市的发展根本上是促进人在城市中更好地生活和发展，新型智慧城市的建设应紧密围绕以人为本这一核心内涵展开，而智慧社区则承载了新型智慧城市建设中绝大多数与人民生活福祉密切相关的工作内容。

2. 智慧社区建设的意义

智慧社区是在智慧城市框架内，通过综合运用现代科学技术，整合区域人、地、物、情、事、组织和房屋等信息，统筹公共管理，公共服务和商业服务等资源，以智慧社区综合信息服务平台为支撑，依托领先的新基础设施建设，提升社区治理和小区管理现代化，促进公共服务和便民利民服务智能化的一种社区管理和服务的创新模式，也是实现新型城镇化发展目标和社区服务体系建设目标的重要举措之一。

智慧社区的建设发展能够平衡社会，商业和环境需求，同时优化可利用资源，通过应用信息技术规划、设计、建造和运营社区基础设施，提高居民生活质量和社会经济福利，从而促进社区和谐，推动区域进步。

（1）推进传统城市转型升级，促进城市可持续发展

在城市人口快速增加的背景下，现有城市资源面临极大威胁，传统城市发展方式难以为继。智慧社区是发展智慧城市的关键内容之一，通过以社区为单位进行数字化，智能化的建设，以点带面地逐步实现整个城市的智慧化，达到

对城市实时控制，精准管理和科学决策，有利于促进城市节能建材和绿色增长，进而促进城市的可持续发展。

（2）加快和谐社会建设，提升政府执政形象

以社区作为政府传递新政策思想的新型单位，借助数字化、信息化的手段迅速传递政策，同时进一步加快电子政务向社区延伸，提高政府的办事效率和服务能力，提升政府执政形象，充分体现以人为本，服务民生。因此，智慧社区的建设对政府打造信息畅通，管理有序，服务完善，人际关系和谐的现代化社区具有重要意义。

（3）完善社区服务功能，提高居民生活质量

智慧社区所承载的应用涵盖了人们的生活、工作、学习、娱乐等各个方面，与人们的生活息息相关，甚至将改变人们的生活方式。智慧社区为居民提供一个互动的智慧网络，创造安全、舒适、便利、愉悦的社区生活环境，提高居民生活舒适度、归属感和幸福感。智慧社区是从强调技术为核心到强调以技术服务于人为核心的一种转变，通过技术使人们生活更加便捷、更加人性化、更加智慧化，真正提高居民的生活质量是构建智慧社区的目标。

积极推进智慧社区建设，有利于提高基础设施的集约化和智能化水平，实现绿色生态社区建设，有利于促进和扩大政务信息共享范围，降低行政管理成本，增强行政运行效能，推动基层政府从管理型向服务型政府的转型，促进社区治理体系的现代化，有利于减轻社区组织的工作负担，改善社区组织的工作条件，优化社区自治环境，提升社区服务和管理能力，有利于保障基本公共服务均等化，改进基本公共服务的提供方式，以及拓展服务内容和领域，为建立多元化，多层次的社区服务体系打下良好基础。

二、老旧小区智慧化建设面临的问题

伴随国家不断推进新型智慧城市建设，间接推动城市智慧社区的建设发展热潮，各种便民惠民的智慧社区建设项目争相落地。老旧小区的智慧改造正是城乡人居环境建设的直接体现，也是下一步小区后续长效管理机制运营的

关键，从加装电梯到安防摄像头、智能门禁布控，再到智慧社区平台上线应用，目前各省市老旧小区纷纷迈出智慧化的步伐。社区是居民日常生活的重要区域，是居民的"立身之本"，对于社区的绿色治理与智能化改造，既是居民关心的"关键小事"，也是政府重视的"民生大事"，还是企业关注的"赢利好事"。

但与此同时，城市中的老旧小区仍然存在以下三方面问题，一是智慧化基础老旧、不完善等问题，比较显著地影响到居民的安全管控、信息通信、基本生活需求；二是大多数已存在智能化系统的老旧社区，存在系统功能简单、数据开放度、"信息孤岛"、数据不通等问题，最终无法满足当前居民日益增长的对提升生活品质的需求；三是系统无法与智慧城市服务平台进行对接和数据共享，信息平台的不连通、不共享降低了各级管理部门的管理效率和服务水平。

对于老旧小区的智慧化改造，更是绿色智慧社区建设的重要一环与关键一步。此前，住房和城乡建设部印发指导意见在城乡人居环境建设和整治中开展"共同缔造"活动，意见中提出在城市社区，可在正在开展的城镇老旧小区改造、生活垃圾分类等工作的基础上，解决改善小区绿化和道路环境、房前屋后环境整治、老旧小区加装电梯等问题。

为此急需进一步对城市中的老旧小区的基础智能化系统进行全面的改造和完善，以适应未来城市管理治理的需求，提高政务治理效率，打造宜居生态社区，从而提高老旧小区居民的生活幸福指数。在改造中，通过与智慧城市、数字城市的无缝对接和数据的互联互通，最终实现城市的数字化和智慧化转型，在实现国家智慧城市发展战略目标的前提条件下，赋能城市治理及管理。

三、老旧小区改造与小区智慧化的原则

老旧小区改造中的智慧化社区建设，要坚持以下原则：

1.规划设计先行原则

结合旧城定位、老旧小区现有的基础设施情况和城市智慧系统建设现状，

根据社会需求、政府管控目标和经济发展状况，合理规划设计。规划设计借鉴国内外智慧小镇、智慧社区的发展趋势，充分发挥后发优势，适度改造建设若干亮点示范项目。

充分利用老旧小区原有基础设施及自然资源，将既有成熟的系统应用于社区全部区域，完善及改善民生应用，提升城市服务管理水平，降低建设成本；先行先试，在改造建设中对于新兴技术及应用进行试点应用，并总结经验，完善应用，形成标准，在老旧小区智能化专项改造中进行推广。

2. 老旧小区改造中的智慧社区建设要坚持全局沟通、联动建设的原则

充分利用既有旧城和新城资源，实现资源共享，避免重复建设、保障信息安全。先行先试示范，引领城镇老旧小区改造智慧型、节能低碳、宜居生态的新型智能化社区的建设。具体来说，应坚持以下几点：

（1）统一改造规划，打破行政条块，综合协调，注重协同互动；

（2）统一改造标准，遵循市级有关标准，确保向上能对接、横向能贯通；

（3）统一改造平台和网络化，推进信息基础设施、信息资源、应用系统等集约化建设；

（4）统一改造管理，对涉及政府主导的相关系统和项目的改造。

在方案、建设、验收、运维过程中实现统一的改造技术管理和支撑。

四、老旧小区改造中智慧社区建设的内容

1. 基础信息网络及固网接入改造建设

改造以"宽带中国"示范城市为基准，全面实现"宽带中国"的各项指标，全面提升信息基础设施，高标准、高品质实现城镇老旧小区改造信息通信基础设施的升级换代，壮大互联网经济，促进信息消费。

改造推进光纤入户和宽带城市建设，建设业务IP化的下一代高速融合网络，全面实现家庭光纤接入能力，切实实现老旧小区的信息通信基础改造建设。

在城镇老旧小区改造中全面推进电信网、广播电视网运营商共建共享网络、通信铁塔、管道管线等信息基础设施。推进固网及三网融合全面落地入户，全

面实现三网融合运营模式。

2.5G移动通信网络改造

（1）无线通信基站规划

考虑5G基站间距较小，为满足城镇老旧小区改造后的通信需求，根据后期规划人口数量，对前期中规院无线通信规划进行增补，规划适量满足旧城区域覆盖的无线通信基站，以实现无线网络无缝覆盖。

根据老旧小区地形及建筑特征，拟在所有新的道路沿线及交叉口设置地面杆塔站，其余设置楼面站。结合老旧小区定位，建议所有地面站和屋面站均采用美化方式以和市容环境相协调。

地面站拟采用灯杆景观塔、智慧灯杆以及监控杆合建形式，天线挂高30m；楼面站优先选择公共资源的楼宇并采用排气管、美化方桩、与广告牌合建等形式，天线挂高约10层楼；对于地面杆塔站、无机房楼面站，机柜用地不小于4.8m×1.2m。

（2）无线局域网覆盖改造

室分（室内分布系统）覆盖：是对室外基站覆盖的有效补充，室内信号弱及信号盲区进行覆盖的主要网络优化方式，主要针对室内用户群，解决建筑物内移动通信网络的网络覆盖、网络容量、网络质量的一种方案。其主要场景分为：地铁、高速路、车站等公共交通类以及大型场馆、党政机关、多业主共同使用的商住楼等场景。

（3）公共区域WIFI覆盖改造

改造推进老旧小区的WIFI重点区域的覆盖。比如社区广场、公共区人流较大、驻留时间较长、移动设备使用率高、公共WIFI需求大的区域。

按照"政府引导、市场运作、信息惠民、保障安全"的要求，推进"智慧社区"重点区域的覆盖。其主要公共区域是社区道路、公园、休闲场所等人流量较大、驻留时间较长、移动设备使用率高、公共WIFI需求大的区域。保证热点区域的平均带宽达到100Mbps，申请总出口带宽10G。

（4）智慧路灯建设改造，综合支持电力和广域智能化新型业务

通过智慧路灯建设，低成本打造具有老旧小区特色的物联网大数据平台，

从而实现改造全区路灯、隧道照明、井盖、WIFI覆盖、视频监控及环境监控等智能化管理，增强城镇老旧小区改造的城市服务水平，减少安全事故的发生，提升老旧小区的整体形象。

可支持的业务包括：

智慧路灯——通过对老旧小区内全区路灯加装路灯智能化控制设备，实现全区路灯的智能化、集中化、高效化管理。

智能井盖——通过对全区水力、电力、通信等每个井盖加装智能管理设备，实现全区井盖的集中管理，实现监控险情，减少安全事故。

环境监控——每平方公里布置一个环境监控点，实现全区环境数据的采集及监控。

充电网络——在老旧小区规划的露天停车场及具备条件的路段上加装交流充电桩，建立一张覆盖全区的电动车充电网络。

媒体终端——在主干路、人流密度大其他区相连的桥/路上，路灯杆加装多媒体发布终端，实现老旧小区新城的信息联动。

运营商美化微基站天线——实现3/4/5G信号覆盖，提升移动通信服务水平。

物理网技术应用——通过"电子车牌"等物联网技术实现车联网，谋求车、路智能协同。

配合要求——启动老旧小区智慧路灯的规划，结合老旧小区道路建设的实际情况，制定合理、高效的实施防范。规划因地制宜，将信息基础设施建设与城市环境美化工作有机融合，打造城市和谐之美。

（5）市政管网设施改造

社区改造往往需要关注外网市政管网设施的同步改造，为社区改造提供可能性。尤其是连片社区的城市级改造，应纳入改造工程范围。

目前，全国各个城市的市政基础设施普遍存在以下几个问题：安全事故频发、安全隐患突出、"拉链马路"问题严重、应急防灾能力薄弱。这些问题对于管理部门来说都是"管理痛点"且又与百姓息息相关。

出现这些"痛点"归结原因：现状不明、"家底不清"；规划不统筹、建设不同步；多头管理、协调困难；监管不到位、执法不严格；法律及标准不健全等。

为了能更有效地解决这些"痛点问题"，目前城市的市政基础设施需要解决以下几个问题：一是市政普查信息进一步完善，全面开展隐患排查工作；二是市政各类综合管理体制机制进一步完善，建设市政一张网模式；三是建立数据体系来实现动态监控、综合监管等智能化应用，解决"信息孤岛"，集成与共享困难；四是建设市政设施管理运营平台。通过计算机网络技术、物联网技术、云计算、GIS地理信息系统技术等先进技术手段进行融合，搭建技术性市政基础设施智慧综合管理运营平台总控中心，能很好地解决以上问题。构建技术性市政基础设施智慧综合管理运营平台十分必要。

城镇老旧小区改造建议采用智慧综合管理运营平台主要将旧城各片区个市政工程设施、市政公用设施和市容环境等直观、方便地展现在平台上，实现对老旧小区现状及规划建设的技术性市政基础设施（道路、桥梁、下穿通道、隧道、综合管廊、地下管线、环卫设施、井盖、路灯、交通灯、交通监控等）进行健康管理，为管理部门决策提供重要数据支撑，同时能够为市政设施规划、建设和维护提供可靠依据，提高市政管理效能和管理水平，进而提高城市智慧社区的建设质量、居民生活水平和城市功能。与智慧城市数据中心一并建设。

（6）公共安全系统改造

建立覆盖城市运营安全全方位监管的安监一体化平台网络。以十八大"深入推进平安中国建设"精神为指导，"努力建设更好水平的平安中国"，加强在旧城改造中的平安城市的基础建设，创新立体化社会治安防控体系，提高旧城改造的建设现代化水平，形成党领导、政府负责、社会协同、公众参与、法治保障的社会管理体制，加强和创新社会管理，必须进一步完善公共安全体系建设，全面构筑"政府统一领导，部门依法监督，企业全面负责，群众参与监督，社会广泛支持"的安全管理新格局，全面整合城市公共安全的各个方面，实现全域化管理，包括社会安全次序、安全生产、食品安全、海域管理的社会综合安全进行检测及统一管理。

平台运用先进的信息技术（云计算、物联网、大数据等）和现代管理理念，全面整合安监、消防、公安、质检等多个职能部门的安全管控一体化平台；实现资源共享、联动共管、全面覆盖、科学高效的安全信息化管理体系，推进公共安全管理创新。

应用特点：一套大安全管理运行机制及标准规范体系

一个城市安全监督协调中心

一张城市安全信息图

一张视频监控网

一套系统

公共安全技术监控——利用高清视频监控与视频分析技术，加强对重点道路的无盲区管理；并将系统与公安反恐平台、社区街道综合治理等平台相结合，实现信息共享，数据的互联互通。

视频监控——按每公里布置一个视频监控点的原则，其中每个道路交叉口、重点路段、人流密集处等地方可进行重点布置，实现老旧小区道路的全面视频监控。

安全管理主要内容包括——生产型企业重大危险源监控、食品卫生安全监控、建筑工地施工安全管理及渣土车智能管理等。

安全管理体系——实现重大危险源及监管对象的普查登记，掌握监管对象的数量、状况和分布情况，建立监管对象的数据库和定期报告制度；实现对监管对象的安全评估，定期检测，建立危险源及危险因素的评估监控的日常管理体系；建立监控信息管理网络系统，对接市、省级国家安监管理系统，实现对监管对象的动态监控、有效监控；实现对重大危害源及监管对象的长效管理机制，消除事故隐患，确保安全生活与生产。

① 社区公共安全及综合治理应用

智慧社区公共安全及综合治理集成了社区消防管控、出租屋管理、特殊人员（志愿者等）定位管理、社区信息发布系统等，为社区治安管理提供高效、可靠、综合的管理手段，在平安社区的基础上提供物联的基础数据进一步保证社会稳定（图7-1）。

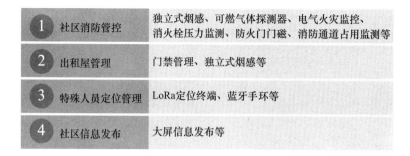

图7-1　社区公共安全及综合治理及应用

② 社区民生公共服务

服务智慧社区工作人员和小区居民，包括远程抄表、智慧养老服务、二次供水水质监测、环境监测、智能家居、宠物跟踪等（图7-2）。

1 远程智能抄表	智能LoRa水表、电表、燃气表等
2 智慧养老	红外人体移动侦测（PIR）、一键求助SOS、独立式烟感、可燃气体探测器、温湿度传感器、智能门磁等
3 智能家居	智能门磁、门锁、开关、插座、红外人体移动监测传感器、空气质量温湿度、PM2.5监测、水浸传感器、一键求助SOS等
4 环境、水质监测	微型气象站（含扬尘、噪声等）、二次供水水质监测、水位监测、河道水质水位监测等
5 土壤监测、智能灌溉	土壤墒情（温湿度）、绿化带滴灌控制等应用
6 智慧公厕	厕位占用、异味监测、水表、电表、一键呼叫、智能开关、温湿度、智能照明、垃圾桶监测、积水监测等

图7-2　社区民生公共服务

③ 社区智能公共管理

服务社区智慧化的管理，包括智能垃圾桶、智能停车、井盖管理、智能门禁、照明管理等。一方面亟须提升智能化管理水平来提高居民的满意度，另一方面通过智能化管理实现人工维护成本的降低有助于在物业费持平的情况下增加盈利空间和服务水平（图7-3）。

（7）智慧停车系统建设

推进老旧小区的智慧停车场建设，应严格按照相关标准或适当高于标准进行停车位配套，对于既有项目，要充分挖掘停车潜力、盘活存量停车资源和开发新的公共停车场，即开源和节流并举的办法。

① 智能停车	地磁传感器、车位摄像头等
② 智能井盖	窨井井盖与水位监测一体化传感器等
③ 智能环卫	垃圾桶监测等
④ 照明管理	智能单灯控制器等
⑤ 能耗监测	智能计量开关等应用

图7-3　社区智能公共管理

节流方面，主要推广错时停车。通过开设夜间和双休日等事件阶段性停车路段和停车点，并与老旧小区周边写字楼、商业建筑进行"错时"停车，缓解住宅区特别是既有车位不足小区的停车难问题，以及学校接送时间拥堵问题。而对于居住区市民自有车位，则可考虑通过错峰停车：市民白天开车出去上班，家里的闲置车位可以"拿"出来，通过智慧停车平台出租给他人使用，参与到"共享经济"模式中来，从而可以在一定程度上缓解小区周边的停车难问题。

推动新城区域所有停车场全联网，结合各地城市智慧停车平台，建立完善老旧小区停车场信息库、预约车位和错峰停车等功能，来实现"一公里停车带"内多种停车资源之间的优化配置。同时，将手机支付、移动支付等电子快捷支付引入智慧停车场运营服务，提升停车场运营管理效率。

五、智慧社区建设的关键技术

智慧社区通过运用各种信息化技术手段如物联网技术、信息通网络技术、信息安全技术、空间信息技术等实现社区中人、事、物的管理，为社区提供智能化的服务。物联网技术可以实现社区中各种物之间以及人与物的智能化系统，通过传感技术为社区中的物赋予信息化的特征。信息通信网络技术为智慧社区安全提供信息交互的基础保障。信息安全技术可保障社区信息的安全存储和交互。空间信息技术可以与社区信息管理系统融合，形成地理信息、人、物等多维信息综合管理系统。随着云计算、大数据技术的迅速应用于城市，将原本分散在各个系统的数据整合起来，进行深度分析，为社区的整体管理和服务提供更多实际可行的方案和手段。随着科技的进步，LPWAN、5G、人工智能、虚拟现实等技术不断取得新的突破，绿色建筑技术的广泛应用将不断推进社区的生态文明建设。

1. LPWAN和5G技术

（1）LPWAN

由于传统的蜂巢式网络无法满足物联网所要求的技术条件，因而，低功耗广域网络LPWAN成为广域物联网网络的现实选择，它透过全国性覆盖将资料传输率从每秒数百个位元提升到数万个位元，同时电池续航力最多可达10年，端点硬件成本控制在5美元上下，而且能支持数十万种连接基地台的设备或类似物件。低功耗广域网络是根据非开放技术打造的。LPWAN低功耗广域网络，专为低带宽、低功耗、远距离、大量连接的物联网应用而设计。LPWAN包含多种技术，如LORA、Sigfor、Weightless和NB-IOT等。LPWAN网络一般是有电信运营商或专门的物联网运营商部署，LPWAN也叫"物联网专用网络"。

（2）第五代移动通信（5G）技术

未来，第五代移动通信技术将是物联网发展所主要依赖的技术。5G作为新一代移动通信技术，相比4G具有更高速率、更短时延和更大连接等技术特性。5G在大幅提升移动互联网业务能力的基础上，进一步拓展到物联网领域，服务对象从人与人通信拓展到人与物、物与物通信，将开启万物互联的新时代。5G重点支持增强移动宽带、超高可靠低时延通信和海量机器类通信三大类应用场景，将满足20Gbit/s的接入速率、毫秒级时延的业务体验、千亿设备的连接能力、超高流量密度和连接数密度及百倍网络能效提升等性能指标要求。2019年6月6日，工信部正式向中国电信、中国移动、中国联通、中国广电发放5G商用牌照，标志着我国正式进入5G商用元年。2020年在全国所有地级以上城市都有5G商用服务，为城镇老旧小区改造应用5G技术奠定了基础。

2. 人工智能（Artificial Intelligence，简称AI）

人工智能是研究、开发用于模拟、延伸和扩展人的智能理论方法、技术及应用系统一门新的技术科学。从2016年3月谷歌围棋机器人"阿尔法狗"首胜韩国选手李世石，到现在对人类顶尖高手的60连胜，"深度学习"技术在围棋领域展现出的实力宣告了人工智能时代的到来。"深度学习"是基于大数据、云计算等技术的一个应用，这表明借助大数据、云计算等信息技术可以使机器像人类一样思考，甚至可能超过人类。

3. 虚拟现实和增强现实技术（Augmented Reality，简称AR）

2016年被称为是虚拟现实技术（VR）和增强现实技术（AR）正式进入公共视野元年。虚拟现实技术是仿真技术的一个重要方向，主要包括模拟环境、感知、自然技能和传感设备等方面。虚拟现实技术是物联网、大数据、地理信息技术等技术的一个延伸。增强现实是一种实时的计算摄影机影响的位置及角度并加上相应图像的技术，这种技术的目标是在屏幕上把虚拟世界套在现实世界并进行互动。通过移动漫游沉浸式体验人们可以在室内或在行驶的途中，随时随地的便利，自由和高效地观看电影、体育直播、游戏、购物，以及远程移动办公。这种体验也频繁地发生再教育、培训、建筑、城市规划等领域的协作交流中。

4. 云计算与大数据

美国国家标准与技术研究院定义云计算是一种按使用量付费的模式，这种模式提供可用的、便捷的、按需的网络访问，进入可配置的计算资源共享池（资源包括网络、服务器、存储、应用软件、服务），这些资源能够被快速提供，只需投入很少的管理工作，或与服务供应商进行很少的交互。

5. 物联网安全

随着物联网的广泛应用，物理网安全问题成为近期关注的热点，设备、App、通信与协议、应用服务等都存在着安全隐患。

6. 空间信息技术

空间信息技术包括地理信息系统、遥感和全球卫星导航系统以及卫星通信、广播等，其作为位置信息获取、传输、定位的核心技术，可应用到智慧社区的很多方面。

7. 绿色建筑技术

绿色建筑技术是智慧社区实现可持续发展和推进社区生态文明建设的关键技术。绿色建筑是指在建筑的全寿命周期内，最大限度地节约资源、保护环境和减少污染，为人们提供健康、适用和高效的使用空间，与自然和谐共生的建筑。

为进一步指导绿色智慧社区创建，全国智标委日前发布了《全国智能建筑及居住区数字化标准化技术委员会绿色智慧社区试点技术要求》。该要求中明确了社区综合服务平台、智能卡控制系统、视频监控系统、对讲系统、停车管理等控制项，同时还包含了人口与房屋管理、智能家居系统、养老系统、物业管理系统等优选项，全面指导了新建小区及老旧小区的智慧化建设与改造。

绿色智慧社区建设就是要通过标准化、智慧化、绿色化手段实现绿色生态、低碳高效、数字生活的社区建设，2014年以来全国智标委先后在江苏、山东、天津、重庆、广东、福建、河北等地开展了绿色智慧住区标准实践试点工作。探索新技术和大数据在社区、家庭应用新模式，促进标准的贯彻实施。并通过试点示范工作，建立起政府、企业、用户共同参与的标准化项目，引导和推动建筑及居住区信息化产业积极、健康发展。

六、构建智慧化的综合管理平台

针对老旧小区周边地块的基础设施系统、公共资源系统综合建设及管理，改造一体化管理体系，在老旧小区设置新的综合管理与调度中心，针对整个老旧小区域的基础设施系统、公共资源系统统一规划、综合建设、统一管理，并负责协调各区跨区的协作。全面实现老旧小区的生产生活的安全管理，集中高效的社会治理，以及为社会提供各类全面的、详细的动、静态信息数据，为各政府部门提供一站式一体化信息服务智慧社区管理模式。

（1）建立老旧小区设备、能耗等综合管理平台

智慧社区综合管理服务平台以地理信息系统、城市网格系统和数字治理系

统为基础，利用云计算等技术，从城市规划设计、城市建设、城市运营管理、市政实施设备运行管理等全生命过程，对城市公共资源及基础设施进行有效感知、监控和管理，能够促进节能减排，提高资源利用率，对城市的运行进行导引、规范治理、经营和服务，提供一个优美的环境、一个优良的秩序、一个优质的服务、一个优化的管理。

（2）建设社区居民智慧生活统一服务平台

通过统一社区App和后台服务器的组合，为居民提供一站式服务平台，涵盖日常生活的全部。

平台应建立交流和共享机制，促进社区文化建设，营造和谐邻里氛围。平台不仅为社区物业服务提供手段，也促进与政府平台的对接，提升政府管理和服务延升至小区的能力，促使和谐和智慧社会的建设。

（3）改造建立社区空间管理和应急指挥调度平台

依托城市统一建设的城市空间资源，结合国土部门的二维地理信息系统和规划部门的三维建模，建立旧城空间管理平台，对旧城的城市信息管理、社会治理、资源调查、气候气象观测预报、环境质量检测、交通线路网络与旅游景点等方面进行监测、管理。

建立老旧小区地理空间信息或空间数据，完善城市空间信息，实现旧城地理空间的立体化管理；地下空间管理：将老旧小区地下空间规划融合到城市地理空间总体规划中，并进行统一管理。为社区的精细化空间管理提供极为高效的管理手段。包括：交通设施、商业设施、地下车库、市政公益管线设施、城市综合防灾建设、国防应用、仓储设施、建筑物地下空间等。

七、应用案例

【案例1】SHH某智慧社区项目，提升老旧小区的综合治理能力树立城市精准管理样板点

南XX街道总面积4.26km²，辖区内常住人口11.4万人。2018年南XX路街道对辖区内27个老旧小区全面开展"智慧社区"改造。老旧小区面临如下

挑战：

一是街道环境比较复杂，社区消防管控难度高，外来人员管理困难。给社区治理和网格化信息管理工作带来困难。二是南XX地处老城区，老龄化率超40%，独居老人及子女需要安全监测和保护措施。三是社区居民多，设施老旧化、不够便利，急需提升小区居民的安全感、便利感和满意度。

将物联网技术与城镇老旧小区改造相结合，通过智能传感器，如智能车辆管控、智能门禁、公共过道烟雾探测、室外污水井盖探测、平安志愿者智能管理、老人居室消防烟雾监测、消防通道监测、老人求助系统等实现实时监测，监测数据通过物联网网关上传到云端平台。

项目分3期：1期开设试点，2台网关部署覆盖西三社区三栋楼，约100＋终端传感器对社区物业管理、市政设备和环境数据进行全方位监控。2期规模部署，18个网关、18k＋终端传感器完成27个居委会辖区的全覆盖。3期正在规划中（图7-4）。

图7-4　老旧小区实施"智慧社区"改造

【案例2】BJ市首个5G新型智慧社区落地海淀，志强北园改造成智慧社区[①]

2018年，海淀区启动"城市大脑"建设，这为高科技企业创造了大量应用场景，促进科研成果落地转化。作为"城市大脑"的重要组成部分，2019年海

① 王斌. 北京首个5G新型智慧社区落地海淀［N］. 北京青年报，2019-07-04.

淀区建40个智慧社区。7月3日，首个5G新型智慧社区在海淀志强北园小区建成，这让海淀区抓住5G商用重大机遇，实现5G时代率先领跑，筑牢创新"生态雨林"。

走进海淀区志强北园，小区南门内的限高杆上，安装了三个高清摄像头，对每一个出入小区的人进行人脸识别……在志强北园小区里，总共安装了20多个人脸识别摄像头，可以实现行为轨迹的跟踪抓拍，大幅提高了小区的安保水平。比如，小区内出现了散发小广告的外来人员，摄像头会将其面部特征抓拍下来，并上传至智慧社区应用平台，当此人再次进入小区时，平台就会自动报警，通知安保人员到现场拦截劝阻。

这个建成于20世纪80年代的老旧小区，如今已成为"科技范儿"十足的智慧社区，到处彰显着科技的魅力。井盖安上了移动水位智能监测设备、自行车棚安上了烟感报警器、垃圾箱有了满溢告知功能……坐在中控室里，就能把小区里的任何"风吹草动"尽收眼底（图7-5）。

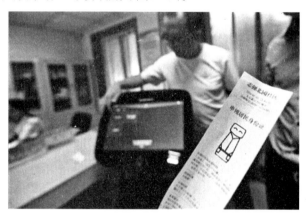

图7-5　居民在养老驿站使用社区智能机器人申领身份证

像这样的智慧小区，海淀区2019年建40个。科技改变了老旧小区的面貌，也为经济高质量发展赋能。北青报记者了解到，海淀区2018年启动"城市大脑"建设，在公共安全、智慧城管、智能交通、智慧环保等领域实现应用，并把"城市大脑"的应用范围扩展到普通百姓生活中，市民可以更加便捷地享受"城市大脑"提供的各种服务。

而2019年启动建设的智慧社区，正是"城市大脑"在公共安全领域的重要尝试。

首次应用5G通信技术。海淀区拥有众多高新技术产业，政府通过提供应用场景，让企业的最新科研成果落地转化，同时也把经济高质量发展"主引擎"做大做强。海淀区委领导表示，要抓住5G商用重大机遇，推动互联与物联技术和模式创新，前瞻布局5G基础设施和产业链，实现5G时代率先领跑。而在志强北园小区，5G通信技术被首次应用到智慧社区建设中。

在志强北园小区，居民已经提前过上了"5G生活"。据承担该智慧社区建设的负责人介绍，5G网络具有高速率、低延时、大容量、高密度等传输特征，在志强北园小区进行试点，为新型智慧社区的移动化管理服务提供了新模式。

项目负责人说："就拿人脸识别来说，摄像头和后台系统依靠面部细节来进行识别。在4G通信技术条件下，如果戴上口罩、墨镜，把面部遮挡住了，就很难识别比对。但是到了5G时代，由于摄像头抓取的细节更加丰富，传输内容更多，即使只看人脸局部，也能识别比对，效率大幅提高。"与此同时，基于5G与微波技术相结合，把5G网络转换为无线传输信号，为老旧小区快速部署通信系统提供了新方法。在志强北园小区随便找一个有电源的灯杆，就可以架设高清摄像头，捕捉到的图像信息通过无线信号即可传输到中控系统，无需再架设线缆，解决了天上遍布蜘蛛网、地下反复开挖道路的问题。

政府成为"创新合伙人"。近年来，海淀区创新发展，工作理念正在悄然变化。"过去我们是'甲方思维'，从政府审批的角度思考如何为企业提供服务。但在沟通交流过程中，我们发现企业还有更多的实际需求。优化营商环境，政府还是要从企业需求的角度思考，变'甲方思维'为'创新合伙人思维'。"海淀正加快构建以创新合伙人关系为支撑的创新"生态雨林"。

对此，承担该智慧社区建设的负责人在参与志强北园小区智慧化改造时深有感触。"以前是政府搭台、企业唱戏，现在则是为了共同的目标，双方发挥各自能力，合伙共建。在安装智慧门禁的时候，我们就遇到了困难。过去居民楼是敞开的，可以随便出入。增设智慧门禁，改变了居民的通行方式，有些居民不理解，提出了质疑。如果单靠企业或施工人员解释，会有距离感。街道和社区居委会得知我们的困难后，主动配合我们，和居民耐心做解释，推动了改造工作的顺利进行。"当企业的实施方案超出了政府所制定的标准时，政府也会给企业提供一个很好的展现平台。"比如，志强北园小区一期改造工程主要是增加智慧门禁、微卡口摄像头等。但在参与改造时，我们发现这个小区的社会组织形态十分丰富，不仅有居民楼，还有校园、养老机构、酒店等。希望通过增加科技应用场景，将其打造为智能社会的'微缩'样本。政府部门得知后，对此十分支持。"

如今，志强北园小区的幼儿园门前设置了"徘徊报警"，监控摄像头一旦捕捉到有人在门口长时间停留或徘徊，就会触发中控室报警，安保人员及时询问并采取必要措施；养老驿站里多了一个社区智能机器人，社区登记与办理、计生政策咨询、老年卡办理咨询等服务，都可通过这款智能机器人完成。

第二节　城镇老旧小区改造与海绵城市建设

一、"海绵城市"建设的概念与背景

1. 海绵城市的概念

"海绵城市"是指城市能够像海绵一样，在适应环境变化和应对自然灾害等方面具有良好的"弹性"，下雨时吸水、蓄水、渗水、净水，需要时将蓄存的水"释放"并加以利用。

从海绵城市的基本概念可以发现，海绵城市是从城市雨水系统管理和设计的角度来描述的一种可持续发展的城市建设理念，其中的内涵在于现代城市的设计应该具有像海绵一样吸纳、净化和利用雨水的功能，以及应对气候变化、极端降雨的防灾减灾、维持生态功能的能力。

2．"海绵城市"建设的背景

2015年，国务院常务会议确定，海绵城市建设要与棚户区、危房改造和老旧小区改造相结合，加强排水、调蓄等设施建设，努力消除因给排水设施不足而一雨就涝、污水横流的"顽疾"，加快解决城市内涝、雨水收集利用和黑臭水体治理等问题。

2016年《中共中央国务院关于进一步加强城市规划建设管理工作的若干意见》指出，要稳步实施城中村改造，有序推进老旧住宅小区综合整治和推进海绵城市建设。充分利用自然山体、河湖湿地、耕地、林地、草地等生态空间，建设海绵城市，提升水源涵养能力，缓解雨洪内涝压力，促进水资源循环利用。鼓励单位、社区和居民家庭安装雨水收集装置。大幅度减少城市硬覆盖地面，推广透水建材铺装，大力建设雨水花园、储水池塘、湿地公园、下沉式绿地等雨水滞留设施，让雨水自然积存、自然渗透、自然净化，不断提高城市雨水就地蓄积、渗透比例。

在城镇老旧小区的改造过程中融入海绵城市建设理念已成为各地的建设热潮。江西省住房城乡建设厅和国家开发银行江西省分行联合发出通知，要求推进开发性金融支持海绵城市建设，优先支持与棚户区改造、危房改造、城镇老旧小区改造相结合的海绵城市建设项目。

陕西省下发的《关于推进海绵城市建设的实施意见》中指出，各区市至少选择一个区域进行城市老城区的海绵城市建设，因地制宜地采用相关海绵城市技术，提高建筑小区的雨水积存和蓄滞能力。

北京海淀城镇老旧小区改造以国家政策支持为契机，在城镇老旧小区改造过程中，大力推广"收—蓄—渗—排"于一体的雨水收集新技术。通州首批14个海绵城市项目中的老旧小区也在改造当中。

厦门市委市政府就明确要求，今后厦门市新建城区应全面落实海绵城市建设要求，已建区域结合城镇老旧小区改造、城中村改造，逐步推进"区域小海绵"建设；还要通过黑臭水体治理、易涝点整治等工作，注重系统性与自然性，完善"全市大海绵"建设。

二、城镇老旧小区普遍存在排涝难

1.自然排水系统遭到破坏

城镇老旧小区虽然也新建了排水系统，但都是"硬"排工程，几乎没有生态排水设施。即使城内保留了河流，也是修堤筑坝，裁弯取直，渠化河道，有的还将明河改暗河、甚至变成道路，损害了河流的自然特性，城市河流用于泄洪、排污，其生命生态特征消失殆尽。

2.城镇老旧小区排水能力不足

城镇老旧小区在建设过程中急于求成，或是因为成本等考虑忽视了地下看不见的排水工程，导致历史欠账太多。市政工程建设标准不高，管网密度不够、管径过小而又堵塞严重、雨污未分流等情况比比皆是，导致城市排水能力有限，难以抵御几十年甚至百年一遇的暴雨洪水。中国70%以上的城市排水系统设计的暴雨重现期小于1年，90%的老城区甚至比规范规定的下限还要低。如2017年夏天，武汉遭遇暴雨大量雨水无法及时排除，全城开启"看海"模式。

3.城市用地紧张，建设强度过高

城镇老旧小区当初开发时，建设占用土地空间过多，蓄滞渗雨水的空间过少，特别是城市低洼绿地、湿地被建设占用，没有蓄滞洪水的空间，导致内涝成为现代城市最大的安全威胁。

4.道路、广场等地面硬化铺装过度

城镇老旧小区中有限的、没有建筑物的地方，大多修建了道路或进行了硬铺装。绿地的径流系数在0.2左右，而水泥铺装或沥青道路一般在0.9左右。面积相同的绿地和硬地，其自身的排水能力差8倍。不该硬化的硬化了，该硬化的又没采取透水硬化措施，这样的现象也同样存在老旧小区中，这样便增加了雨水抽排的压力。

5.建设标准偏低，排水能力不足

城镇老旧小区多数建设年代久远，当时的建设标准偏低，居民生活水平不高，居民用水量也不大，随着居民生活水平的提高，各种卫生设备日趋完善，

原有的排水系统管道管径已经不能满足排水需要，根据现场调查，用水高峰时段许多管道充满度已经达到100%，因污水不能及时排出，每到夏季经常散发异味，夏天居民不敢开窗，臭气直熏人，苍蝇蚊子嗡嗡直叫。

三、城镇老旧小区改造与"海绵城市"建设

1. 加强小区排水能力，解决雨污分流问题

城镇老旧小区改造中，城市绿地的海绵化改造可以在一定程度上缓解城市内涝，但要从根本上解决城市"看海"问题，还得依靠完善的城市排水系统。而要充分利用城市绿地的海绵特性，又必须优先解决城市雨污分流问题。城镇老旧小区的排水管网口径普遍较小，难以满足如今的生活需要，而且堵塞现象时有发生。所以实现雨污分流，先治污后海绵，提高污水处理效率，也提高雨水了的利用率，让海绵吸收该吸收的雨水。

2. 提高小区绿化率

城镇老旧小区在当初的建设过程中绿地往往处于劣势地位，经常被迫做"奉献"致使绿化面积少之又少。绿化不仅仅可以改善空气质量、提高人们的生活环境质量，而且还可以涵养水源，保持水土等功能。海绵城市的另一个重要组成部分就是绿化，要知道多一块绿地就是多一块海绵。要建成海绵城市，首先要建设生态园林城市。可以这样说，只要是真正的生态园林城市，那也就是海绵城市。

3. 老旧小区透水铺装的建设

众所周知，城镇老旧小区的路面多以水泥地等不透水的水泥及硬性铺装为主，平均径流系数在0.8以上，改变了原有的生态本底和水文特征。进行透水铺装改造能加快雨水的自然下渗，降低雨水的地表径流量，缓解雨水管道的压力，增强小区的抗洪泄洪能力。同时，涵养地下水，补充地下水的不足，还能通过土壤净化水质，改善城市微气候。透水材料的铺装是海绵城市建设的重要组成部分之一。透水铺装以及雨污分流建设能提高小区的排洪泄洪能力，同时通过净化蓄积起来的水还可以用于绿化灌溉，提高了居民的生活质量和小区环境容

貌，让老旧小区焕然一新。

4. 老旧小区雨水回收利用

在海绵城市理念的指导下，以修复自然水的循环为目标，以净化径流污染、缓解洪涝影响为目的，建立居住区的可持续雨水管理系统。雨水回收，即把雨水留下来，要遵循自然的地形地貌，使雨水得到自然散落。现在人工建设破坏了自然地形的地貌之后，短时间内水汇集到了一个地方，这就形成了内涝。所以要把雨水蓄起来，以达到调蓄和错峰。而当下海绵城市蓄水环节没有固定的标准和要求，地下蓄水样式多样，总体常用的形式有2种：塑料模块蓄水、地下蓄水池。从源头汇流、下渗减少产流；中途滞蓄、截污、分流；末端净化、收集、储蓄、利用，形成从产流到汇流中途再到末端控制的完整雨洪资源集蓄利用措施，最大限度地减少内涝灾害及影响。可根据本地的雨水资源总量、季节性、蒸发量等因素，科学计算可利用的雨水量，结合雨水回收利用系统与景观小区等，构建科学、合理的小区雨水回收利用方案，维持小区的景观用水平衡。在环境规划时，充分利用地形地貌、屋面、广场、停车场、路面等，结合景观小品，进行合理的汇水分区与布置集水场地；雨水的回收利用前要进行水处理，根据水质指标合理确定用途。

5. 雨水充分利用

在经过土壤渗滤净化等措施之后蓄积起来的雨水要尽可能的被利用起来，不论是丰水地区还是缺水地区，都应该加强对雨水资源的利用。不仅能缓解洪涝灾害，收集的水资源还可以进行利用，比如将停车场上的雨水收集净化后用于洗车等。我们应该通过"渗"来涵养，通过"蓄"把水留在原地，再通过净化把水"用"在原地。

6. 城镇老旧小区改造减少对园林植物生长以及园林景观的影响

城市绿地海绵化建设时，有的海绵措施对植物生长会产生不利影响。特别是初期雨水弃流难题未解，污染会成为植物的杀手。下沉式绿地对植物品种的要求更高，必须是既耐淹又耐旱的"两栖"植物。

除了以上这些海绵化的改造，还需要结合老旧小区特点，分类推进包括：拆除违章建筑；翻修、拓宽道路，增设停车位，整修车棚；整治大门、路灯、

内楼道及陈旧、破损的外立面；完善物防设施，安装监控；落实长效管理等
改造内容。王蒙徽部长认为，城镇老旧小区改造是贯彻落实党的十九大精神，
解决城市发展不平衡不充分问题，实现人民群众对美好生活向往的重要举措
（图7-6）。

"海绵化"技术	考虑因素	选用说明
下沉式绿地	老城区建设密度大，绿化空间不足，而下沉式绿地对场地要求较低，施工方便，适用性广	需增设排水管
	土壤渗透性较差，地下水位整体较低	广义下沉式绿地包括生物滞留池、雨水花园、雨水湿地、渗透塘、湿塘等
透水铺装	透水铺装使用区域广、施工方便	人行道、小区道路、停车场可进行透水铺装改造；需增设排水管
植草沟	改造区域建设密度大，可施展空间不足	不宜多用
绿色屋顶	老城区绿色屋顶改造所面临的主要问题是屋顶大多年久失修，承重、排水等条件均较差，且屋顶上多有居民私自搭建的设施	轻型屋顶植被绿化毯的形式凭借对屋顶结构要求低、形式灵活、后期管养方便等优势在老城区改造中得到广泛运用
蓄水池	研究区域建设密度大，而蓄水池节省占地、施工方便。如果改造区域水源不足，需进行雨水资源化利用	可对小区现有水池进行改造，作调蓄池用。建设蓄水模块，配建雨水净化设施，保证出水水质

图7-6　老旧小区改造中的海绵化技术应用

四、老旧小区"海绵城市"建设的案例

【案例1】ZHH市斗门区"海绵城市"建设

ZHH市斗门区投资31.2亿元推进"海绵城市"项目，试点区面积约9.2平方

公里。其中区域内首批结合城镇老旧小区改造的"海绵城市"项目已完工。斗门白藤社区藤湖苑小区和藤湖苑共有250户，全部纳入海绵城市改造，都已搬进新房。同样作为首批试点"海绵城市＋"的小区，泰和苑小区也正在进行施工，两个小区海绵城市升级改造工程总投资达2200万元。

【案例2】JX市烟雨小区"海绵城市"建设

　　JX市建设海绵城市方案中有十大重点工程，这十大重点工程中，烟雨小区是唯一的小区改造项目（图7-7）。

图7-7　改造前的烟雨小区：路面坑坑洼洼，一下雨就积水

　　烟雨小区海绵城市改造工程总面积达15万多平方米，是JX市南湖区改造单体小区中面积最大的一个。

　　作为20世纪90年代建造的老小区，该小区规模较大，设施及物业完整且绿地面积较多，海绵城市建设措施的运用方式可以多样，重点解决老旧小区雨水收集及利用问题，为今后的海绵城市建设提供借鉴。

　　烟雨小区的低影响雨水系统改造，除了建设雨水花园，宅前屋后的道路都采用透水混凝土铺装。路面改造主要是铺设透水路面，小区里下小雨不会积水，大家出门也不会湿鞋了。

　　停车场原来的硬化地面消失了，全部被换成透水、绿化性能好的高承载植草地坪铺装。两侧绿化带的路牙也从封闭式改为镂空式，周围路面为透水混凝土。水泼在地面上，数秒钟便通过透水混凝土，渗透至地下补充（图7-8）。

图7-8　小区内的绿化进行提升并规划集雨型绿地

【案例3】BJ市海淀区城镇老旧小区改造中的"海绵城市"建设

海淀区自2012年城镇老旧小区改造以来，累计投资约2.9亿元。在志新小区、塔院、牡丹园东里等17个小区建设了82套具有"收—蓄—渗—排"于一体的雨水收集系统，在153个小区进行了41.3万m²的砂基透水砖铺设。

海淀塔院小区的地面都铺上了一种长方形的青砖，水滴落在上面就迅速被吸收了。塔院小区是一个典型的老旧小区，以前雨水和污水的管线界限没有那么明显，一下雨就存在雨污混流的状况。现在经过改造，雨水和污水成功分流，居民们再也不用经历下雨出家门湿鞋湿裤子的痛苦了。宝贵的雨水被储存在地下用于浇灌园林景观（图7-9）。

图7-9　海淀区塔院小区地面改造后图片

第三节　城镇老旧小区改造与城市生态修复

一、城镇老旧小区改造生态修复的背景与意义

1. 城镇老旧小区改造生态修复的背景

2016年9月，黄艳副部长在全国城乡规划改革工作座谈会上明确提出"建立完善城市修补生态修复的规划制度"，推动开展"城市修补生态修复"（以下简称"城市双修"）工作，对老旧城区、老旧小区采取设施改建、功能再造、环境整治和生态修复活动。

2015年3、4月份，中央城市工作会议筹备期间，陈政高部长来到三亚视察城市建设工作，针对三亚突出的城市问题，提出了"城市修补，生态修复"的理念；2015年12月，中央城市工作会议首次提出"城市修补"的新概念；2016年2月，《中共中央国务院关于进一步加强城市规划建设管理工作的若干意见》明确提出有序实施城市修补和改造。

2. 城市双修的内涵

城市双修是在城市发展从外延式扩张转向内涵式发展时期提出的城市设计新理念和城市建设更新方法。城市双修与城市更新、城市再生均是存量规划时期的重要建设方式。相较后两者主要是针对城市自然衰落过程中出现的问题而提出的概念，城市双修主要是针对追赶期野蛮生长、粗放开发、平庸空间而提出的具有中国特色的城市建设方式。

城市双修就是要尽量避免大拆大建，提倡社区改造，既要保护原有肌理，又允许建设发生，新老巧妙结合。城市双修在理论和实践上都是中国式的规划创新，它不再通过圈地建设新的区域，而是把已有建成区域做好。基于此，规划界提出以存量规划取代增量规划，部分城市如上海等，在总规方面提出了减量化，更多的关注棚户区、城中村的改造。同时，城市双修要修补自然生态环

境和文化生态环境，要让城市肌理连续，让历史记忆找得到。

3."城市双修"的意义

开展"城市修补、生态修复"工作，是住房城乡建设部落实中央城市工作会议的重要举措，是新时期城市转型发展的重要标志。

在城市生态修复方面，更重视整体性和系统性，注重城市与生态的共生关系，建设和保护的协调关系，自然与人的亲近关系，生态环境自身的生长循环规律，要防止因对景观的喜好而破坏生态的现象。

在城市修补方面，一要把对城市空间和环境的修补与完善城市功能相结合；二要把对物质空间和设施的修补与社会、社区的共建共治共享相结合；三要把城市街区的修补与城市文化传承和建构相结合；四要把营造健康和活力的城市公共场所和改善民生相结合；五要注重城市发展和基础设施建设相同步，集中资源补齐短板。

二、城市双修的主要内容

2015年6月10日住房城乡建设部下发文件，将三亚市列为"城市修补、生态修复"的首个试点城市。同年，中国城市规划设计研究院派出专业技术骨干驻扎三亚，对双修工作从规划设计到实施提供全流程的技术服务。

城市修补通过运用总体设计方法，按"山、河、城、海"相交融的城市空间体系为目标，针对突出问题、因地制宜进行"修补"，以城市形态、城市色彩、广告牌匾、绿化景观、夜景亮化、违章建筑拆除"六大战役"作为抓手，相关专题研究包括城市色彩专题研究、广告牌匾整治专题研究等。

生态修复，是问题导向与目标导向相结合，通过对各类生态要素的完善，修复"山海相连、绿廊贯穿"的整体生态格局和生境系统，相关专题研究包括山体修复专题、主城区城乡结合部污水设施专题研究等。城市双修包括城市内山、河、海、湿地生态修复工程，以及城市绿地和绿化带建设、广告牌治理、城市色调整理、城市夜景照明、城市天际线规划、城市建筑立面改造、违法建设治理等城市修补工程。

三、城镇老旧小区的生态修复的思路

在老旧小区环境改造方面，鼓励采用生态自我修复的技术措施，利用生态系统自我恢复能力，辅以人工措施，使遭到破坏的微生态系统逐步恢复原貌或向良性方向发展。在小区水体修复时，与景观设计结合，采用水生植物，通过水生植物的自身功能对水质进行净化；在对土壤修复时，通过引进微生物或终止具有净化土壤作用的植物进行生态修复，或通过土质转移、土质置换等方式对土壤进行修复；在植被种类选择时，选择适应性强、易养护的乡土树种，降低养护难度和养护成本，并营造具有地域特色的景观。

"双修"工作是一个长期和常态性工作，既需要近期集中力量开展"战役式"行动，也需要科学合理的长远规划和持续的行动计划，同时还要注意规划、建设、管理的统一和衔接，加强对城市生态环境和公共环境的日常管理，必要时应该通过地方立法强化管理。

第四节　城镇老旧小区改造与社区康养建设

一、社区居家养老的迫切性

1. 我国已步入老龄国家行列

国家统计局于2019年2月28日发布的《中华人民共和国2018年国民经济和社会发展统计公报》显示，截至2018年末，全国内会总人口139538万人，其中城镇常住人口83137万人，占总人口比重为59.58%，60周岁及以上人口24949万人，占总人口比重的17.9%；65周岁及以上人口16658万人，占总人口比重的11.9%。我国早已步入老龄化国家的行列，且老龄化比例在未来一段时间内会不断攀升。

　　据北京市老龄办、北京市老龄协会联合发布的《北京市老龄事业发展报告（2018）》数据显示，北京市60岁及以上户籍老年人口达到349.1万人，较上一年增加了15.8万人，增长了4.7%，占北京市总户籍人口比例首次突破四分之一。截止至2019年12月30日，北京市养老机构服务床位数为123505张，北京城六区目前在营和待开的机构数量共计263家，占全市总量的46.6%。从床位数来看，城六区共提供床位5.16万张，占全市约43%，总体上看，北京城六区供需不平衡，居家养老、社区养老将成为多数老年人的选择（图7-10）。

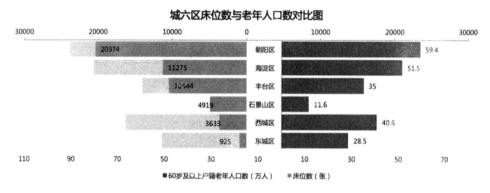

图7-10　北京城六区床位数与老年人口数对比图

2.社区居家养老成为主要模式

　　社区居家养老指老年人以社区服务为依托、居住在自己的家庭养老。我国基本养老模式大致可以分为三类：家庭养老、机构养老和社区居家养老三类。家庭养老指老年人与子女或亲友共同居住，由家人及亲友提供生活照料和情感慰藉。机构养老是指老人在福利院、敬老院、老年公寓、老年护理院等养老机构进行养老。

　　随着社会经济的不断发展，生活水平日益提高，人们对美好生活的向往也在发生着变化，在实现了住上好房子、享受好物业之后，人们对宜居、乐居的概念又有了新的理解和要求：社区里要有健康中心，不出社区就有医疗服务、体检设施、养生保健、老年人特护、急救、家庭医生等；文化活动中心可以唱歌跳舞健身娱乐休闲茶社酒吧解寂寞；老了不用去养老院，住在自己的家里，吃饭可以去社区食堂，也可以让送餐到家；社区家政服务中心可以帮你清扫、洗衣、代买、助浴等解决一切难题……其实，这就是社区居家养老的基本概念，更关注健康与养生的生活，更方便快捷的居家日常服务，更先进齐全的健康医疗配套，更关注老年人心灵需求的尊老敬老氛围……

由于我国20世纪70年代实行计划生育政策，以及城市化进程的加快，人口流动频繁等因素，传统大家庭越来越少，传统家庭养老也随之越来越少。同时由于受传统文化、费用以及机构养老床位紧张且不健全等因素影响，选择机构养老方式的老年人占比也较低，据相关人员统计，只有5%的老年人愿意接受机构养老，社区居家养老模式是我国城镇居民养老的首选。基于我国的基本国情，绝大多数老人采取社区居家养老，因此，得到政府的高度重视，全国老龄办等十部委在《关于加快发展养老服务业的意见》中强调"要逐步建立以居家养老为基础、社区服务为依托、机构养老为补充的养老服务体系"。

3. 城镇老旧小区配套不完善、养老功能缺失

城镇老旧小区养老功能存在欠缺；据住房城乡建设部调查统计，全国共有老旧小区建筑面积约40万亿m²，这些老旧小区不同程度存在着基础设施和配套设施不完善的缺陷，绝大部分没有或者缺少养老配套设施。多层住宅由于时代因素大部分未设立电梯，使老年人处于上不去、下不来的尴尬境地，给老年人居家养老造成了诸多不便。随着我国城市化进程和老年人比例的不断递增，老旧小区养老设施的改善需求越来越迫切，国家部署推进城镇老旧小区改造，为改善老旧小区居家养老环境带来重大契机。

随着"健康中国"概念上升为国家战略，人民希望过上高品质生活的愿望越来越强烈、要求越来越高，健康已成为人们生活的一种普遍追求。建设社区居家养老是民生工程，没有全民健康，就没有全面小康。建设社区康养服务机构成为百年大业，更是各级政府部门实施民生工作的重点。

二、全面提升老旧小区居家养老硬件设施

1. 完善老旧小区基础配套设施

20世纪90年代以前建成的老旧小区中居住者大多是赶上福利分房时代的老

人，老龄化程度远高于新建小区。由于时代因素，当年建造标准与现代存在较大差异，许多老旧小区中楼梯单元出入口没有坡道，也缺少电梯，一些居住在较高楼层的老人由于腿脚不便，常年无法下楼，一旦生病需要两三个人抬轮椅才能出行，给生活带来较大困扰。城镇老旧小区改造应首先解决老人能下得来、出得去的问题，设法在老旧小区加装电梯，内部空间受限的楼体可考虑加装外挂电梯，电梯也应充分考虑现代急救因素，选取担架能出入的型号，并且应考虑老年人日常乘坐安全，在电梯内侧加装扶手。楼道出入口也应增设缓行坡道，楼道地面应选择防滑建材。此外，还应充分考虑老年人生理及生活特点，在小区道路、绿化、配套设施等方面融入适老化改造，如在休闲空间加装休憩座椅、路标指示牌字体加大等，适应老年人生活需要。

2. 完善老旧小区的养老设施

首先，应配建社区医疗站，方便老年人体检、日常用药、简单医疗等，还应适当设立心理医生，加强老年人心理疏导。大型社区还应考虑设立社区病房和托老院，对于日常患病老人和短期无人照料的老人进行治疗、收养。其次，应考虑适当配建便老配套设施，如菜市场、便利店、银行、餐饮等，引入专业餐饮公司开办社区食堂等。最后，应根据社区情况配建老年娱乐类、学习类、养生类、社交类的活动设施，如棋牌室、老年大学、阅览室、养生俱乐部、健身中心、户外茶室、风雨戏台等，为老年人积极养老创造良好环境。

三、全面提升城镇老旧小区居家养老服务及管理水平

1. 政府主导，政策扶持

地方政府制订城镇老旧小区改造建设方案，成立专门城镇老旧小区改造机构，负责辖区内城镇老旧小区改造工作；各级政府加快出台城镇老旧小区改造优惠政策，并在城镇老旧小区改造建设资金方面予以支持，专门设立专项基金，对小区改造予以一定比例的扶持，通过政府补一点、业主摊一点的方式多方筹措资金；政府积极倡导，做好城镇老旧小区改造的宣传工作，通过各级宣传媒体，做好群众的思想工作，促进城镇老旧小区改造工作的顺利开展。

政府牵头，全面深化居家养老服务体系，各级政府应深入细化养老服务的相关配套政策，地方政府更应将社区养老纳入政府管理和保障范畴，不断探索适应时代发展的养老服务管理措施。同时，教育行政部门应积极倡导发展养老服务体系的人才培养，尽快弥补养老服务人才短缺的困境，适应现代养老的需求。

2. 提高物业公司的居家养老服务水平

目前，许多小区物业管理不到位，在服务方面存在差距，老旧小区在设施改造建设的同时，应不断加强小区物业管理及服务质量的建设。通过选聘大型专业化物业管理公司，加强物业公司居家养老专项培训及考核，提高物业公司居家养老服务水平。

随着我国老龄化程度的不断提高，老旧小区不能适应老年人居家养老的矛盾愈发突出，我们应积极倡导加快城镇老旧小区改造建设，全面提升老旧小区居家养老硬件设施，不断提高社区管理和服务水平，为老年人高品质居家养老生活创造环境。

四、创新社区居家养老新模式

随着社会发展和人们生活水平的提高，单纯的养老服务已经满足不了市场的需求，老年人对医生的依赖和需求更高，养老需求呈现高、精、准的发展态势。

1. "互联网＋健康养老"新模式

（1）"互联网＋健康养老"的理念

加快互联网与健康养老产业的融合创新发展，在"互联网＋"时代背景下，大健康、大数据的巨浪推动着新型康养模式的变革。通过在城市社区布局、布点日间照料中心，采用"医＋养＋护"的模式，在个体居家养老基础上，探索社区养老新模式。

健康管理系统通过与医生的互动配合，将血压、血糖、心电、脉搏、血氧、体温等测量的人体参数，通过移动终端传输到服务器，利用云技术存储、分析、查询，为医护人员评估用户健康状况、预测早期疾病提供依据。同时，还可以为城市养老社区提供家庭医生、远程医疗、健康监护、康复护理、急症救援、绿色通道等全方位医疗服务，以及生活全面照料、专业化的护理等有组织化的健康颐养服务。

通过系统对老年人生活的数据采集、整理、运用及反馈，将力争形成有价值的数据，应用于国内新建康养社区和现有康养社区的标准化建设与适老化改造，为国内康养产业的"互联网＋健康养老"提供模式示范。

"互联网＋健康养老"行动从智能化健康产品、全时在线健康服务和智慧系统化养老服务三个方向出发，开启智慧康养的新模式。

（2）"互联网＋健康养老"模式的意义

一是推动智能健康产品的发展与创新。随着应用技术的不断智能化和小型化，可穿戴设备品种多样，市场发展潜力无限。要鼓励互联网技术与传统穿戴产品的融合创新，特别是基于移动互联网生活化应用的创新，积极引导社会资本进入，激发创意。要加强融合型新产品相关标准的建设，在确保产品安全可靠的同时，加快可穿戴健康设备市场的普及度。

二是壮大全时在线健康服务产业的发展。鼓励医院和体检中心等各类健康服务机构搭建个人健康服务管理的公共平台，集合医疗病历、用药记录、体征检测、医疗化验等个人健康信息管理。鼓励第三方网络平台开展全时在线健康测评服务，面向广大亚健康人群提供慢病医治、健康预防等方面的咨询建议和服务。积极探索、有序推动个人健康信息资源的开放与共享，发挥数据创新潜能，培育大众创业的广阔空间。

三是发展智慧系统化养老服务新模式。构建城市社区养老服务O2O网络平台，以智慧化、信息化建设为抓手，以政府购买服务为推进，以培育社会组织为支撑，以老年人需求为引导，整合社会各类服务资源，为老年人提供包括日常照顾、家政服务、康复护理、紧急救援、精神慰藉、休闲娱乐、法律维权等综合性的服务项目，建立智能化、信息化的多元居家养老服务体系，构建没有围墙的养老社区养老院。鼓励养老服务机构利用智能腕带、智能药盒、智能仪及相关移动应用等智能化软硬件产品，提供出行定位、健康实时监控、日常用药提醒和突发事故报警等老人智能看护系统服务，提高机构养老设施和服务水平。

2.社区居家娱乐养老模式

娱乐养老立足社区，用"四建"（建店、建团、建班、建档）标准化服务体系与产业化体系，从而实现让每一个老人都能在社区里安度晚年。未来要让中国80%的城市社区都有娱乐养老生活馆，让中国80%的城市老人都能过上娱乐养老生活。

娱乐养老模式特征如下：

一是依托社区建店，为老人提供方便，给老人稳定的活动场所。与社区合作，在社区建立娱乐养老生活馆，让社区老人更便利地获得服务，让社区老人有去处，培养老人有固定的生活模式，实现老客户零流失。有固定的生活馆，解决信任问题，新客户转化率高。根据老年人精神文化需求设计娱乐养老生活馆服务功能区，如苏漫社区院线、书香老人阅览室、娱乐养老社区文化艺术中心、智慧健康管理室、银发餐桌、老年营养食品超市等（图7-11）。

图7-11 社区居家养老娱乐模式

二是组建老年互助联盟或社团，给老人建立朋友圈，实现老人基本自治，节省管理成本。为老人找到组织和固定玩伴，给有共同兴趣爱好的老人提供一个组织平台和参与展示的机会，增加顾客黏性。发挥老年人余热，将老年群体发展为"人力资本"。

三是弘扬老年精神关爱，建立生活馆，大力开展老年兴趣活动，增加顾客基数，筛选生活馆的核心会员，既能帮助老人陶冶情操，合理安排晚年生活时间，也促进社会和谐。兴趣活动是一项具有群体性、长期性和固定性的活动。根据老年人的特殊需求，主要开展琴艺养生、书法养生兴趣班，通过培养老年人稳定的兴趣爱好，让老人修身养性，老有所学，陶冶情操，丰富晚年生活。

四是建立健康电子档案，推进老人健康可追溯性，深挖老人需求，以便"对症下药"。为生活馆的每位老人建立健康档案，及时登记更新身体状况、兴趣爱好、参加活动频率等个人基本情况。根据健康档案，为老人提供及时、合适的产品和服务。与社区卫生服务中心合作，将老人健康信息提供给社区卫生服务中心，为老人健康作出合理的指导建议，增加老人对生活馆的信任和依赖。为互助小组组员合理搭配提供依据，全面承包老人日常饮食搭配。

第五节　城镇老旧小区改造与社区文化建设

一、社区文化建设的重要性

1. 加强社区的文化建设是实现社会主义文化强国的重要途径

中共十七届六中全会通过的《中共中央关于深化文化体制改革　推动社会主义文化大发展大繁荣若干重大问题的决定》提出，要坚持社会主义先进文化前进方向，以科学发展为主题，以建设社会主义核心价值体系为根本任务，以满足人民精神文化需求为出发点和落脚点，以改革创新为动力，发展面向现代化、面向世界、面向未来的，民族的科学的大众的社会主义文化，培养高度的文化自觉和文化自信，提高全民族文明素质，增强国家文化软实力，弘扬中华文化，努力建设社会主义文化强国。

社区作为最基础的社会单元，是一个相对独立和完整的社会功能体，城市社区的发展即是整个城市发展水平的缩影。社区作为利益的共同体，为每一个体提供生活的环境依赖，增强了居民的归属感，具有不可替代的作用。同时，社区与文化密不可分，社区是文化的土壤，文化的孕育和传承又存在于社区的生活之中。社区的文化建设对于建设社会主义文化强国具有不可或缺的重要作用，社区文化就是通行于一个社区范围之内的特定的文化现象。由于社区文化融合了民俗、文艺、体育、教育、精神与环境等层面，因此社区文化发挥着重要的作用——提高社区居民生活质量、提高社区居民文化素养、保持社区和谐稳定。

2. 加强社区的文化建设更是服务型政府环境下对于社区建设的客观要求

社区作为广大居民利益的代表，以满足居民需要为中心，以服务型政府的角度研究社区文化建设，能够提升社区服务质量，推进社区的规范化建设，对于化解社会矛盾、建设和谐社会具有重要的现实意义。随着社会结构、社会组织、社会群体的分化和社会价值观的变迁，城市社区日益成为各种社会群体的集聚区、各种利益关系的交织处、各种社会组织的落脚点、各种社会资源的承载体，是构建和谐社会的切入点，是加强城市社区管理，是贯彻"执政为民"理念、促进社会和谐、推动城市发展的重要途径。加强城市社区文化建设是构建和谐社会的迫切需要。随着政府权力的下放和管理重心的下移，社区承担着越来越多的社会管理的职能，其中文化建设尤为突出，对保持社会稳定、促进社会进步、建设和谐社会，具有极为重要的意义。

3. 社区文化建设是精神文明建设和物质文明建设的重要载体

社区文化建设不仅能创造业主相互尊重、和睦相处的氛围，形成一个陶冶情操、净化心灵、提升精神的社区环境，还能充分发挥物业管理的功能，增加物业的潜在价值，成为精神文明建设和物质文明建设的重要载体。社区是社会人群活动较多的地区，在此条件下，由于人们个人素养的不同，会出现较多的矛盾，影响了人们生活质量。同时社会的政治、经济基础都体现在文化的发展上，文化的发展也在政治和经济上的前提下，所以社区群众文化建设是促进社区人们相互交流的方式之一，人们在工作之余做到相互交流，相互沟通，相互了解，减少或避免矛盾发生，提高了人们的生活质量。同时，在社区文化活动中，多元文化之间相互交流与发展，提高了人们的个人素养，促进社区的和谐发展。

二、城镇老旧小区在文化建设上存在的问题

1. 社区文化建设流于表面，注重形式体现而忽视文化建设的实质

社区文化活动建设存在多种形式，如社区文化月、社区图书馆阅读日等多种形式，但是在目前的活动过程中，其存在活动过于形式化，无法达成实质性建设的目的。其主要原因有两点，首先在文化建设中，由于组织者的设计和规划问题，所以社区参与人员较少，设计者没有规划符合各种年龄阶段人们的需求，同时无法保证社区人们的参与条件。其次在活动的设计中，由于活动费用和资源的问题，导致社区居住者无心参与，影响了社区的文化发展，无法到达社区文化建设的要求。

2. 社区文化建设投资力度不足，老旧小区的基础文化设施建设不能满足居民需求

想要开展社区文化建设，首要基础条件是保证社区的文化基础设施建设，基础文化建设是良好文化活动开展的必要条件，如若没有良好的基础建设，社区文化活动即是纸上谈兵，没有基础无法发展。但是在目前的社区基础文化建设中，存在较多的问题，第一，老旧小区的社区管理者物业人员在社区的基础建设上投入较少，无法保证人们的使用需求，社区基础文化建设存在一定的公益性，收益回报较少，所以无法吸引投资，加上物业管理缺少投资兴趣，导致社区的基础设施严重落后。第二，在物业管理方面，由于物业与社区居住者的矛盾，所以物业缺少投入资金，无法完成社区文化的基础建设。

3. 社区文化建设内容单一，不能满足不同文化层次居民的要求

目前我国的社区主要按照地域划分，而居住在同一社区的居民文化层次各

不相同，居民个人修养良莠不齐，文化爱好大有差异，因此在社区文化建设中必须考虑到居民的不同需求。

4.老旧小区的基础设施差，影响社区文化建设

城镇老旧小区绿化率低，活动空间利用率低下等问题依然存在。如老旧小区内的道路规则设计不合理，部分居民为走捷径肆意践踏草坪；老旧小区内的活动与景观设施后期维护不当，健身设施、娱乐器械陈旧破损，造成安全隐患；老旧小区内的水景小品后期净化维护不当，致使池中苔藓蚊虫孳生；老旧小区内的车位紧张，车辆停放无序、交通不畅，影响居民正常出行，更加影响了社区文化建设。

三、城镇老旧小区的社区文化建设

城镇老旧小区的社区文化建设是一项系统工程。物业管理企业组织开展社区文化建设必须遵循一定的原则，讲究一定的方法，才能有成效。社区文化建设，并非单纯指在社区内开展一些娱乐性的群众活动，而是指一种整体的社区氛围营造，如同一个企业的企业文化一样，对社区里的所有人都起着潜移默化的凝聚作用。随着社会的不断发展，人们已经接受了买房子就是买70年生活方式的观念，而这种生活方式最直接体现在积极、健康、向上的社区文化。

社区文化是社区建设的根基，是建立在居民交往基础上，通行于一个社区微观范围之内的文化现象，社区群众文化建设是改善社区居民生活环境的重要环节，是提升社区居民人文素养的途径，也有利于提升社区居民的整体幸福感和获得感。

建设和谐社区的三个条件：一是社区建设需要规划超前、布局合理、设计先进、建设优良的生活环境和公共活动所需场所等硬件设施，这是和谐社区建设的"硬件"平台；二是社区管理组织结构、规章制度和居民公约等规则、准则、规范建设，这是社区管理运作的"软件"平台；三是社区成员文化维系力的构建，主要通过社区文化活动和社区具有崇高威望人员的努力，引导社区成员树立共同的理想、信念和价值观，增强认同感、归属感和聚合力，更好地发

挥社会整合功能，突破人们相互隔膜和"老死不相往来"的现状，这是社区建设的核心和灵魂，是有效整合社区"软件"和"硬件"设施，实现最优匹配和有效运行，构建和谐社区的关键。

1. 加大投资力度，完善老旧小区基础设施

社区文化建设是社区建设的重要组成部分，社区管理部门以及社区物业要加大对该项工作的关注力度和投资力度。首先，相关部门要通过相应的规定强制社区物业对社区文化建设进行投资，以保证基础设施建设的落实；其次，要拓宽社区基础设施建设的融资渠道，吸引民间资本进入社区文化建设投资领域；第三，要发挥社区居民在社区文化基础设施建设中的积极作用，这不仅是居民参与社区文化建设的活动之一，而且可以为社区文化基础设施建设募集到一定的资金。

（1）社区文化建设要在居住区活动区域建设上下功夫。多数情况下，由于成年人的工作时间限制，老年人与儿童是社区中活动场所的主要使用者。因此，现代社区活动场所的建设要充分考虑到老年人与儿童的生理与心理需求。

目前，受全国人口结构老龄化趋势的影响，如何打造适合老年人活动的场所成为人们关注的问题。老年人的户外活动多以聚集性的活动为主，如聊天、歌舞、棋牌书画、器械锻炼等。在大力推动城镇老旧小区改造项目的过程中，目前有很多老旧小区的健身设施已基本普及，但活动配套设计却相对滞后，使运动形式与设计创意都略显单调。实际上，通过深化设计便可令其大有改观，如运动区域可采用塑胶材料，形式各样的构成图案不仅可以调节活动区的整体视觉效果，而且富有弹性的塑胶材料还可以为老年人增添一份安全保障。另外，休闲区域可结合整体效果增设平滑的花岗石饰面，此种形式的铺设空间应当是爱好"地书"的老年人最为钟爱的活动区域，这不仅有利于居住区的环保维护，还有益于社区文化精神的塑造，从而为城市增添别样的风采。

老旧小区活动区域建设还涉及儿童游戏场地的设计问题。自我国全面实施"二孩政策"以来，与孩子成长相关的诸多产品均得到了广泛关注，老旧小区中儿童游戏场地的设计也是需要关注的问题。实际上，即使儿童的生理与心理特征会随着年龄的增长而变化，但求知欲强、对探险类活动情有独钟，始终是不

同年龄段孩子们的共性，如具有挑战性的攀爬、追逐、戏水类游戏等，更易激发孩子们的参与意识。儿童游戏场地是集展示性与功能性于一身的综合空间，可以为社区儿童认知及其社交能力的发展提供更为多元化的活动场所。儿童游戏场地的设计应在确保安全的前提下，兼顾美观性与实用价值。在"沙坑＋滑梯"的游乐模式基础上，可以结合有利的自然地形，多增设更具挑战趣味的游艺设施，如滑板山丘、迷宫攀岩等，或是巧用更具教育意义的涂鸦墙，进一步提高儿童的审美情趣。

（2）社区文化建设还要在景观建设、公共基础设施建设、人文建设等方面下功夫。老旧小区景观应在便利居民日常生活的基础上突出自然生态特色和地方人文特色，从而打造功能多元化的老旧小区景观环境。一是进行绿化建设，栽种适宜当地自然条件的本土植物，拓展植物绿化的新模式。在确保正常使用的前提下，社区可巧用绿化植物作为美化建筑的工具，兼顾美学艺术性。二是增设人造水景。人造水景的设计应考虑其具体位置与空间的协调关系，无论是小型自然水景还是较大的人工水体，都可将居住区二次划分为多个层级模块，或将分散的组团相互联系成为体系。水景营造应更关注日后维护，体现小区文化特色，充分考虑水循环等技术措施，避免水体污染。

老旧小区中的公共服务设施配置规模、分布定位等基础信息直接决定了居民日常使用的便利程度，与居民生活质量息息相关。"按需所建"是居住社区公共基础设施布局的主要原则。我们不仅要考虑公共基础设施在使用上的便利性及舒适感，还要使之与艺术景观有机结合，展现独特的文化韵味。

老旧小区中和谐优美的景观设计是构建和谐社区的必要条件。物业和社区居委会作为组织机构，应尽可能地开发利用有限空间，结合居民需求，举办增强社区凝聚力的有益活动。针对老年人，举办广场舞、书画、盆栽展览等都是不错的选择；针对儿童，则可以举办一些促进家庭及邻里互动的亲子游艺；中青年群体由于工作时间所限，看似对社区活动的需求最少，实则更需要通过集体活动来调节自我，对此，社区可举办民俗文化宣传、趣味运动会等，使丰富多彩的社区活动带动居民之间的互动，从而打造独具特色的文化社区。

2. 合理利用社区资源

社区文化场所、文化站等硬件设施是在国家政策的支持及各级有关部门的扶持下建立的。虽然有些社区的文化硬件设施配套比较齐全，包括文化活动室、图书阅览室、资源共享室等，但在实际投入使用方面并未真正落到实处，因此在社区群众文化建设中要提高社区资源的使用率，同时，注重对社区资源的保护。

3. 提高老旧小区居民对社区文化建设的重视程度和参与度

由于宣传的力度不够，许多居民对于文化设施改造并不了解，因而社区居民对于社区的归属感和社区居委会的工作认同感相对较低。要解决这一问题，就必须明确社区文化建设的主体是社区居民，只有最大限度地调动社区居民参与社区文化建设的积极性，才能更好地营造良好的社区文化氛围。

居委会要加强与社区居民之间的沟通合作。在进行社区改造等社区文化建设活动的时候，居民委员会应该最大限度地调动社区居民参与，邀请居民为社区出谋划策，让他们了解社区改造的全过程，让居民感觉到他们才是社区文化建设的主导者而不是服从者。

居民的参与度是衡量社区文化建设成果的重要指标，因此在社区文化建设中要大力提升居民的参与度。首先，社区文化建设管理者可以通过调查问卷等方式了解社区居民的文化需求、期待的文化活动以及建议等；第二，根据居民的具体需要制定文化活动方案，吸引居民参与；第三，定期开展具有鲜明时事色彩的文化活动，例如在世界读书日举办相应的读书活动等。通过这些措施，可以大大提升社区居民参与文化建设的热情，发挥社区居民的"主人翁"精神。

4. 做好人才培养工作

针对社区群众文化建设落后的情况，相关部门要加大社区服务人才的培养力度。例如，通过定期培训、专家讲座的形式提高其服务意识和管理能力；在有必要的情况下可以通过相关优惠政策引进社区文化建设人才，通过他们的带动提升社区工作人员的整体业务素质。

5.完善激励机制

完善的激励机制是社区群众文化建设的重要助推器。做好这项工作需要重点从以下两个方面努力：首先要通过相关规定、成果衡量标准激励社区文化建设工作人员的积极性；其次要形成针对社区居民参与的激励机制以提高居民参与度。

6.丰富社区文化活动

高质量的社区文化活动是社区居民相互联络感情的一个好平台，同时也是社区文化建设一项重点工作。在社区文化活动中，社区居民不但能在文化需求上得到满足，同时也能结识到更多同社区的居民，有助于和谐的邻里关系的建立，有助于创造和谐社区环境。当然，这些活动也有利于培养居民之间的团结互助的意识以及责任意识，从而在整个社区中打造一种积极向上的文化氛围。

社区文化活动的举办同时还是社区居委会工作的一项重要体现。许多社区居民会将居委会的工作表现与举办社区文化活动挂钩。社区文化活动举办得好，社区居民对于居委会的工作评价会相对更高。当然，为了满足居民的不同文化需求，定期举办不同主题、不同类型的社区文化活动也是很重要的，这就需要居委会的工作人员多与社区居民进行沟通，了解居民的实际需要，同时不断地探索居民们喜欢的活动形式。

开展社区文化活动，不仅能活跃业主的业余生活，还能丰富业主的知识，拓展业主的视野，提高业主的技能。开展一些业主乐于参加的文化娱乐活动。活动形式大致有如下几种：

（1）体育活动：在老旧小区或小区周边的商业大厦都有健身中心，以方便业主开展各种健身活动。物业公司可组织业主进行球类比赛，还可以举办游泳、健美操等比赛，也可组织家庭或公司参加各种趣味体育活动。

（2）文娱活动：物业公司可根据辖区居民的实际情况，有针对性地举办一些文化活动，比如音乐会或者举办联欢晚会等。

（3）专题讲座：举办专题讲座是一种比较高尚的社区文化活动。物业公司可根据辖区业主的需要，开展家庭教育、传统文化教育、美容化妆、股票、房地产投资、法律、经济、管理、时事政治、旅游等方面的专题讲座。

（4）举办培训班：物业公司可以举办英语、计算机、公文写作等培训班，对业主进行文化、技能的培训，使业主的家庭成员掌握更丰富更全面的技术。因为这样的培训学习有针对性强、形式灵活、切合实际、业主学习起来方便的优点，如果持之以恒地坚持下去，可提高广大业主的文化水平。

7. 在社区中营造尊老爱老的良好文化氛围

现在大多老居民区的主要居民都是老人，如何更好地为这些老人提供社区养老的相关服务是许多社区急需解决的一大问题。老旧小区通过社区与社会上的组织进行商业合作，提供了一条相对新颖，也相对更能解决居民需求的养老服务体系的建设道路。有别于以往以政府主导的社区养老服务建设，引入商业模式的方式将更加细致地考虑到居民的实际需求和收益之间的平衡问题，减轻了居委会的工作负担，也为居民提供了更加便利、更高质量的养老服务。

在城镇老旧小区改造中增加对于社区养老服务设施的建设，既有利于提高老年人的生活质量，也有利于在全社区构成一种尊老爱老的社区文化氛围。

8. 积极倡导低碳生活，营造绿色生活的文化氛围

绿色的环境不但有利于居民的身心健康，也是一个可以让居民增进邻里关系的好平台。现今社会不断地提倡绿色生活。增加绿色植被有利于在社区中传播绿色的生活方式，有利于培养居民尊重自然、爱护环境的意识。

在社区中营造绿色生活的文化氛围，同时有利于社区居民了解和学习相关的低碳生活方式。居民区的文化建设对于社区居民的生活方式有重大的影响。如何利用好社区文化对于社区居民的生活的影响力，如何通过社区文化建设提高社区居民的生活质量是居民区文化建设的重大问题。居委会可以通过在社区内建设低碳生活方式推广基地，让居民了解绿色生活的相关知识，吸引更多的居民参与到低碳生活的行列。

城镇老旧小区改造关系到小区里的每一位居民。由于改造后的社区文化融合了民俗、文艺、体育、教育、精神与环境等层面，因此其对提高社区居民生活质量、提高社区居民文化素养、保持社区和谐稳定发挥着重要的作用。城镇老旧小区改造及其社区文化是城市文化发展中的重要内容，是城市文明的缩影。

对于促进城市文化的和谐发展，丰富城市社区居民精神文化生活，加快城市化进程，促进城市经济社会的和谐都有重大意义。

第六节　城镇老旧小区改造与深科技创业园

一、深科技的内涵与深科技产业特点

国际上深科技的概念，是由美国新泽西理工学院哲学教授大卫·罗森博格（David　Rothenberg）于1995年首先提出的（见1995年10月的《连线》杂志）。他认为深科技（Deep technology）是更接近自然的技术：深科技强调如何拓展人类的视野、如何与自然共存共生；深科技与生态学息息相关，在人类文明发展过程中，更应该将自然环境作为一种背景。

2016年，美国波士顿咨询公司对深科技做了较为详细的解读，认为深科技创新是建立在独特的、受保护或难以复制的科学或技术进步基础上的破坏性解决方案。深科技的创新独特性表明深科技创新是原创性的；深科技创新是科学和技术的前沿且受到专利等法律的保护，具有极高的技术门槛和技术壁垒，难以复制；在科学或技术进步基础上的破坏性解决方案，表明深科技创新对现有技术的突破，具有先进性。与此同时，美国麻省理工学院的《科技评论》认为，深科技基于科学发现、真正的科技创新及其广泛的应用性，具有快速产品化和广泛应用等特征，推动产业升级。

笔者吸收了国际上有关深科技研究成果的精华，结合中国实际重新定义了深科技（Deep Science and Technology）及内涵，并指出深科技的六大特点。

1. 深科技定义

深科技是吸纳人类科技智慧结晶，凝聚硬科学和软科学精华，吸纳虚拟世界科技精髓的物理世界突破性、能够跨领域应用、与自然和谐共生的原创性前沿科学技术。

深科技是推动世界实体经济进步的新动力和源泉，对生产方式、组织方式、消费方式等产生颠覆性、革命性影响，进而促进发展方式转变，能够引领时代进步，支撑民族企业竞争能力，具有国际溢出效应，形成全新的产业，优化经济结构，对科学技术、经济发展和社会进步产生巨大推动作用。

2. 深科技的特点

深科技，超越高新技术，介于高科技和黑科技之间，具有以下六大显著特点：

一是自主。深科技是以民族企业（国内的国有企业和民营企业及混合所有制企业）拥有的自主知识产权和核心技术为基础，持续推进产业结构调整和产业升级，构建中国特色具有国际竞争力的现代化经济体系和强大的国防体系。

基于深科技的自主性，能够建设独立自主的现代化中国特色技术体系。拥有自主知识产权和核心技术的民族企业，是建立独立自主的现代化中国特色技术体系的微观经济基础，是民族企业和国民经济长期持续稳定发展的内生动力，加快现代化经济体系建设，形成完整独立的国民经济体系和国防现代化，实现强国之梦：满足人民群众日益增长的美好生活的需要；在国际市场经济竞争的浪潮中乘风破浪，从经济大国迈向经济强国；以强大的国防应对世界政治风云变幻，傲视群雄，自立于世界民族之林。

二是超越。深科技凝集了传统科技和高新科技的突破性创新，超越高新科技，是能够形成但尚未形成产业的自主创新科学技术。深科技的影响广泛且深远，是比传统科技影响更深远、比高新技术更胜一筹的自主科技创新，遍及人工智能、航空航天、生物技术、信息技术、光电通信、新材料、新能源、智能制造等领域，以及人类衣食住行等各行各业的科技生态和业态。深科技比高科技辐射领域更广，引导社会经济和生活的变革。

三是引领。依托深科技建立完整独立的国民经济体系，引领传统产业和高新技术产业突破性创新，获得技术进步的溢出效应，创造众多高质量高效益的经济新增长点，优化产业结构和经济结构，增强民族企业市场竞争力，提高职工收入和增加就业，推动经济增长由投资驱动向消费驱动转变，经济从外需增长型转向内需增长型，实现经济发展方式的根本转变。

四是厚积。深科技是实体经济领域民族企业厚积薄发的、具有高技术门槛和技术壁垒、难以被复制和模仿的科学技术。

五是自然。深科技是以人为核心，注重生态文明和可持续发展，生产过程绿色低碳、节约集约、减少能耗和排放，产品追求品质、安全、卫生、环保、美观，实现人类与自然的和谐共生共存。

六是溢出。深科技具有国际溢出效应，是抢占国际高端价值链的利器。依托深科技建立以民族企业为基础的"人无我有，人有我新，人新我特"的现代化产业体系，民族企业在现代化产业体系中都能够占据各产业的全产业链、独立自主地制造各产业链上高附加价值产品，即中国民族企业能够研发、制造、营销现代产业体系中绝大部分，具有国际先进水平的、优质的高附加值产品，中国企业能够在国际竞争中处于主动和优势地位，获得深科技的溢出效应，而且将深科技的溢出效应辐射到"一带一路"国家，助力形成全面开放的格局。

二、深科技营造实体经济发展的蓝海

实体经济是主权国家的经济基石，事关国民经济的长治久安。近年来，我国实体经济发展遇到困难：国际经济环境不确定因素增加且进口成本提高，出口增长波动，国内企业创新不足且产业在中低端徘徊，内需疲软和经营环境趋紧，增长放缓和结构性矛盾突出，资金"脱实向虚"、过度进入虚拟经济加剧了企业融资难和融资贵，劳动力和要素价格上涨等因素交织，导致实体企业成本递增、盈利水平下降。除高铁航天等少数产业外、大多数实体经济的产业及企业处于红海，面临着市场的激烈竞争。破解实体经济发展困难的治本之道是：跨越红海迈入蓝海，营造实体经济发展的蓝海。

众所周知，红海，喻指由于竞争激烈，海洋中的鱼群互相厮杀，流血成片形成了红色的海洋。红海市场，是竞争相当激烈的市场，产业边界是确定的，市场竞争规则是已知的。处于红海市场之中的实体经济企业成本高，赢利水平低，依赖价格战扩大市场占有率，利润率低，企业增长前景黯淡。蓝海，喻指血雨腥风的红海中涌出的一股清流，平和宁静却又充满生机的蓝色海洋。蓝海市场，是未知的、充满利润和诱惑的新兴市场。处于蓝海市场的实体经济企业，追求创新的产品和商业模式，超越同质化的恶性竞争和价格战，赢利水平高，利润丰厚，企业成长迅速，发展前景广阔。

以深科技推进创新型国家建设，创造实体经济发展的新动力和民族企业发展的新源泉，能够营造实体经济发展的蓝海，实现企业高质量、高效益、低碳环保发展。

1. 以深科技推进创新型国家建设，形成实体经济发展新动力

深科技是当前国际科技、经济乃至国家竞争最前沿。深科技是指物理、化学、生物、信息、空间、材料等领域基础科学的新发现和应用领域技术的突破性创新，引导众多产业和经济结构及人类生产生活方式发生革命性变革，促进经济社会持续地与自然和谐共生共存，实现经济社会的永续发展。

（1）广泛应用深科技，可以创造众多全新的实体经济增长点，突破经济增长的瓶颈，彻底消弥经济下行压力，实现经济结构调整和可持续增长。应用深科技，让装备制造业、建筑建材、机械加工、机器人等实体经济的产业实现如同高铁一样的自主创新技术、像航天一样具有自主创新能力，那么，该产业发展会带动与之相关的上游和下游产业的发展，如果多个产业都能够应用深科技，在产业联动和技术外溢的影响下，投资和消费会迅速增长，从根本上打破经济对房地产业的依赖，迅速解除经济增速下滑压力，促进经济结构优化和产业结构升级，中国经济就会重新进入高速增长的轨道。

（2）推广深科技，提升产业结构，增加企业效益，化解产能过剩。众多民族企业掌握和应用深科技，拥有自主创新能力和自主知识产权及核心技术，从产业链低端提升到中高端、从微笑曲线低端延伸到微笑曲线的两端，优化产业结构和社会资源配置效率，不仅能够明显地提高企业效益，而且，产业升级会产生新的社会需求吸纳社会过剩的总供给，从源头上消弥产能过剩。

（3）深科技促进民族经济发展，降低经济对外依存度，优化内外需结构。民族经济广泛应用深科技，民族企业研究开发深科技，是以企业自主创新促进

内需扩张，助力中国从外向型经济转为内向型经济，提升内需增速、降低外需增速，改变内外需结构失衡现状，优化内外需结构，实现内外需结构平衡，摆脱外需依赖型的经济增长方式，拥有国际经济贸易的自主权。

2. 以深科技推进创新型国家建设，创造民族企业发展新源泉

以自主创新的深科技构建完整独立的国民经济体系，能够锻铸经济持续稳定发展的长期动力。完整独立的国民经济体系，就是在改革开放的条件下，以民族企业的自主创新技术和核心技术为基础，构建中国特色的现代产业体系，以健全国民经济技术体系进行产业结构调整和产业升级，满足人民群众日益增长的美好生活需要。

（1）深科技促进民族企业自主成长，创造广阔的新市场。民族企业研究和应用深科技，制造出"人无我有，人有我新，人新我特"的产品，构建全新的产业链及其中国特色的现代产业体系，创造广阔的新市场，形成民族企业和民族经济增长的新源泉。

一是"人无我有"。民族企业通过研究开发深科技，创造新产品，掌握新产品的产业链及核心技术，特别是新产业关键零部件生产的核心技术，创造出发达市场经济国家产业缺乏或没有的技术，创造出中国特色的新产品及其新产业。

二是"人有我新"。深科技可以帮助民族企业逐渐缩小与发达市场经济国家的现代产业和国家技术体系的差距，帮助民族企业不仅拥有发达市场经济国家产业的低端技术，而且要拥有发达市场经济国家产业的高端技术和核心技术，在传统产业中创造出功能更强、价格更低的新产品。

三是"人新我特"。应用深科技的民族企业，不仅能够制造发达市场经济国家传统产业的产品，而且能够制造发达市场经济国家高新产业的产品，还能够在传统和高新产业的研发、制造、营销中体现中国特色，生产和销售具有国际先进水平的、优质的、高附加值的特色产品。

（2）深科技增强民族企业国际竞争力，获得技术进步的溢出效应。民族企业以深科技形成自主创新能力，是民族企业生存和发展之本，科学技术发展的基点，增强国际竞争力的基础。

以深科技提高民族企业自主创新能力，企业拥有自主知识产权的技术，享受技术进步溢出的正收益，获得规模经济递增的收益。企业研究和应用深科技，不仅提高劳动生产率，降低资源消耗和保护环境，还创造出新的需求和市场。中国企业应用深科技，以自主创新的工艺和技术生产和销售新产品，那么，就能在广阔的国内市场上需求旺盛，根据内需确定进口与出口，中国经济增长就真正具有独立性和自主性。中国企业可以摆脱被动接受跨国公司安排的垄断产业链低端的现状，实现自主发展，自立于世界跨国公司之林。

三、深科技创新城镇老旧小区改造

以深科技创新城镇老旧小区改造，将深科技产品应用于量大面广的城镇老旧小区改造，改造提升，更新老旧小区水电路气等配套设施，支持加装电梯，健全便民市场、便利店、步行街、停车场、无障碍通道等生活服务设施，以人为核心提高社区柔性化治理、精细化服务水平，让城市更加宜居，从而形成为城镇老旧小区改造服务的、高质量和高效率的创新型深科技创业园区。

以深科技创新城镇老旧小区改造的思路见图7-12。深科技推进城镇老旧小区改造分为改造前、改造中和改造后三个阶段。

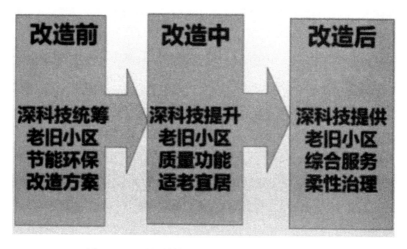

图7-12　以深科技创新城镇老旧小区综合改造

一是改造前，深科技统筹谋划制定改造方案。以深科技统筹谋划老旧小区综合改造，制定老旧小区电梯平层入户、水电气暖路更新，以及构建地上地下停车位和线上线下结合的便民市场等综合改造方案，根据方案选择低碳节能环保的深科技材料和产品落实方案，促进房地产存量改造中的技术更新，以深科技及其产品实现低成本高效率的城镇老旧小区改造。

二是改造中，应用深科技，低成本高质量地提升老旧小区的功能，实现房地产存量市场的高质量、高效益、可持续发展。在老旧小区改造中，将优质低成本（相对于现有建筑材料和产品及技术成本）深科技建筑材料和产品应用于老旧小区综合项目实施过程中，重点是保证改造的质量和安全，尤其是老旧小区改造进程中房屋安全和施工安全，减少对居民的干扰。以深科技技术加装平层入户的电梯，应用节能环保的深科技产品改造供电、供水、供气、供暖、排水及污水处理等地下管网设施，以深科技产品补建社区养老、医养、健身、文化、停车位等配套设施设备，以深科技产品完善电信、邮政等城镇基础设施及消防、技防等安全防护设施，以深科技技术提升景观环境绿化水平和居住质量，提供以人为本，功能便捷，环境优美，可持续的低碳、智慧型宜居社区，使改造后的老旧小区环境整洁、配套设施设备完善、管理有序、生活便捷，老楼旧貌换新颜。

三是改造后，将深科技与社区治理相结合，实现改造后居民小区的适老宜居、可持续发展。负责实施改造项目的企业，以深科技产品及技术提供小区综合服务平台，此平台以深科技产品及技术将社区的每个事项及流程都纳入"信息收集—案卷建立—任务派遣—任务处置—结果反馈—核查结案—综合评价"闭环结构。居民参与共建共治共享小区综合服务平台，能够实现居民小区柔性化治理和精细化服务。一是建立平安社区，形成社区安防、电梯安全、楼宇安全、食品安全、家居安全、饮水安全等技术防护体系，建立平安社区。二是实现社区一门式服务，切实推动社区党建、民生保障、文化、健康、社保、医疗、教育及呼应民情等社区治理能力的提升。三是商业服务便捷化。将互联网与传统社区商务活动结合，扩大社区电子商务服务范围，实现居民"小需求不出社区，大需求不远离社区"。

四、城镇老旧小区改造培育深科技创业园

近年来，中国深科技取得长足的进展，深科技成果及其产品不断涌现，深科技产业发展迅猛，将深科技产品全面地应用于老旧小区改造，能够培育全新的极具成长性的深科技创新产业园，成为当地的新经济增长点，增加地方GDP和财政收入，提供新的就业岗位[①]。

1. 深科技产业园的特点及模式

深科技创新产业园，以"深科技技术创新和产业发展"为重要平台，充分发挥当地的资源优势和人力资源优势，形成实体经济的产业资本和虚拟经济金融资本的融合、深科技制造业和城市化的融合，形成深科技创新产业园的产业规模优势，促进老旧小区改造、深科技产业和城市化质量的提升和突飞猛进的发展。

深科技创新产业园高起点、高站位，将深科技人才培养、产业聚集、产业设计和深科技制造、企业总部与休闲养老汇集在一起，形成跨区域联动发展的、一体化、体系化的创新创业基地、企业研发和教育基地、高端人才就业和生活基地等等。

深科技创新产业园区，致力于聚焦创新型深科技企业，在强调物理空间聚集上，更突出通过深科技创新服务和活动，构建园区深科技企业更紧密的经济联系，充分释放深科技企业的聚集优势，在此基础上搭建和相关企业、科研机构合作的平台，加速园区企业创新、降低发展成本。

老旧小区改造规模大的城市，还可以采取"三区一体"的建设模式，即教育园区、产业园区、文创园区同步建设的模式，将深科技创新产业园打造为聚焦人才和深科技企业的创新高地。在教育园区，将围绕深科技产业，办"教育创新学院"。在深科技创新产业园区，采取综合措施促进深科技产业设计、文化创意、智能制造等产业落地。在文创园区，以数字媒体、休闲产业、健康养老为核心，建设科教、科技、娱乐、体验、休闲、生态为一体的"文化创意产业

---

① 王健等.深科技推进中国创新型国家建设——以城镇老旧小区改造为例 [M].北京：经济科学出版社，2020.

高地"。

深科技创新产业园坚持以百年大计、质量第一为导向强化城镇老旧小区改造，建立真正的建筑工程质量终身追究制，使城镇老旧小区居民的房屋重新焕发新生，具备"长命百岁"的能力，让老百姓安居乐业。刻不容缓地进行建筑业制度创新和提高建筑质量标准。建筑关乎居民生命安全，需要建立起针对设计方、施工方、监管方等各个主体的追责体系，并以此倒逼城市的规划建设更具稳定性和前瞻性。建立建筑质量安全终身追究制，必须是利益导向，利益和责任要对称。一定要明确谁得利谁负责：设计单位获得设计费，设计单位要对设计负责；建筑公司得到建筑费，建筑公司要对建筑质量负责；不论是开发商还是小区物业委员会指定或招标的物业公司，获得物业管理费，要对小区维修和装修负责；开发商要对设计、建筑负责，如果是开发商指定的物业公司，开发商要还要对物业维修与管理负责。

城镇老旧小区加固宜居节能改造中，深科技产业创新园助力建筑材料的升级。如，采用自主创新深科技的竹缠绕技术，或者钢结构加固城镇老旧小区的楼宇，以提高建筑材料质量延长房屋寿命。竹缠绕复合材料是以竹子为基础，采用缠绕工艺加工而成的新型生物基材料。该材料将竹材轴向拉伸强度发挥至最大化，拉伸强度按面积比是钢材的1/2，按质量比是钢材的7倍。竹缠绕复合材料具有质量轻，强度高，耐腐性好，保温性好，抗形变性好，成本低等特点。

2. 以深科技创新产业园培育全新的中国绿色建材、节能环保产业

2015年12月中央城市工作会议提出，推进城市绿色发展，提高建筑标准和工程质量，高度重视做好建筑节能，节约能源是资源节约型社会的重要组成部分。采用新材料、新技术减少存量建筑能耗和排放，城镇老旧小区经过加装外墙保温涂料等措施可以有效减少能源消耗，降低碳排放水平。

深科技提供新型建筑材料推进城镇老旧小区改造。作为深科技之一的中科靓建科学有限公司研发的保温隔热涂层材料，依据辐射4大原理、以航天器保温隔热技术为基础、纳米级技术、性能指标技术测试，均达到或优于国家水性涂料优等品及反射隔热涂料标准的要求，改变了传统保温材料通过增加厚度来降低传热系数，达到了保温隔热目的，0.3mm厚度的保温隔热涂层材料的保温隔

热效果，相当于传统的10cm厚度的保温材料，直接在没有保温层的城镇老旧小区楼宇上使用，可以大幅度地节约能源。而且，中科靓建生产保温隔热科技涂层材料，产品绿色环保、安全无忧。

政府以制度创新促进深科技的绿色建材和节能环保等产业发展。深科技企业自主创新，是深科技产业发展的必要条件，良好的制度和市场秩序，是深科技产业发展的充分条件。政府要制定合理的制度，防止市场无序竞争造成资源浪费。从当前的情况看，深科技节能环保产业制度建设明显不足，需要继续制定相应制度，特别是行业标准，规范产业发展。政府应该在深科技节能技术专利制度、发明成果转化等前期方面做好法律保障；在深科技节能环保知识产权保护方面做好规范；还要加强对节能环保产品的质量检测、效果检测，打击虚假的广告宣传，切实保障消费者的合法权益。

政府对于城镇老旧小区节能环保相关的深科技产业给予资金支持。由于这些产业在技术研发上需要大量投入，在企业技术成果转化成产品，以及产品营销方面更需要大量资金投入，尤其是我国的节能环保产业相对于国际先进水平还存在较大差距，可以借此机会开拓未来的广阔市场，政府节能环保产业的资金支持，有助于民族企业在技术研发和品牌建设上赶超国际先进水平，树立真正的获得国内消费者认可的、具有国际市场竞争力的、能够参与国际竞争的自主品牌产品。

3. 以深科技创新产业园提供高质量的城镇老旧小区公共设施

以深科技对城镇老旧小区宜居节能改造并对城镇老旧小区供电、供水、供气、供暖管网改造，完善地下排水设施，能有效地提升居民生活质量。

以深科技对城镇老旧小区城市供水、排水防涝和防洪设施改造，加快城镇供水排水设施改造与建设，积极推进城乡统筹区域供水，合理利用水资源，保障城市供水安全。加快雨污分流管网改造与排水防涝设施建设，解决城市城镇老旧小区积水内涝问题。如，以深科技的竹缠绕技术制造的地下管道替代材质落后、漏损严重、影响安全的地下污水管，确保管网漏损率和使用寿命优于国家标准。

以深科技的稀土铝合金电缆，替换目前市场上流行的铜质、纯铝质、普通

8000系铝合金材料制成的电线电缆，能够保障小区电网安全，居民安全地使用大容量电器。稀土铝合金是在铝中加入稀土元素，其安全性能、节能性能、机械性能、防腐性能、连接性能、经济性能，延展性、柔韧性、还原性更优。由于"稀土铝合金电缆"主要成分为铝合金，比重比铜轻2/3，安装可以免电缆桥架，加上稀土铝合金柔韧性好、易弯曲、质量轻、成本低，施工时可节省人力，相对铜电缆，施工更加便捷，安装费用大为节约。

深科技的生态能污水处理系统，明显改善城镇老旧小区污水能力。生态能污水处理系统，将微生物分解成有机物后转变成活性污泥，利用载体技术将生物酶和生物酸加入经过筛选的微生物体内，形成满足特定条件的中间微生物；在光生物活化器的作用下，提高中间微生物的活性及稳定性，连续分解剩余污水和污泥，微生物在分解污泥的过程中，产生数种可转化为微生物的营养剂，促进水中微生物再生活化；被活化的微生物使有机物降解过程持续下去，产生活性平衡生物絮体、水中微生物食物链及生物链。沉降分离高效迅速、出水清澈透明，微生物的活性得了大幅度提升，臭味消除达到国标一级、系统运行稳定可靠，从而实现城镇老旧小区污水"全收集、全处理"。

4.深科技创新产业园提供城镇老旧小区超低能耗及防霾等新型深科技产品

我国目前的住宅及一般公共建筑与发达国家相比，低能耗尚处在较低水平，公共建筑高能耗，能耗浪费严重；节能建筑工程实际节能效果差；而城镇及农村建筑高能耗问题严重。传统低能耗建筑也依然存在过度依赖欧美国家的低能耗标准体系；专业人才匮乏；无法满足建筑、材料、能源、环境、智能、文化、艺术、经济等学科的交叉融合；相关技术创新力不足，创新积累不够；建筑本体占容积率太多、施工工艺不规范、费用较高等问题。

在城镇老旧小区改造中，深科技推进超低节能及防雾霾建筑改造。国欣深科技（北京）有限责任公司，坚持科技创新、绿色发展的理念，致力于深科技产业的发展，在顺应国家节能减排的倡导下，通过多年的产、学、研实践，整合多家科技引领的低能耗企业，建立起科技创新的超低能耗及防雾霾建筑标准体系。

低能耗及防雾霾建筑，有五大性能：低能耗性能、耐久性能、高科技性能、健康性能、人性化性能更是贴近百姓生活，更能够满足人民日益增长的居住和生活需求。低能耗及防雾霾建筑在依赖自然气候条件的基础上，采用科技的手段，利用保温性能更好、气密性能更优的围护结构、高效的新风热回收技术和可再生能源，使得建筑物即使在极低的供暖/制冷负荷下也能够保持一个空气清新舒适宜居的室内环境，以现有空调和暖气1/3～1/4的成本达到室内四季温度保持在22～24℃。

应用深科技新材料的低能耗及防雾霾建筑，是将传统的保温材料，研发成集保温、隔热、装饰、防火、防水、防霉、装饰于一体的安全、节能、绿色、环保、经济的深科技产品。采用深科技的新材料，可将250mm厚聚苯乙烯泡沫板的墙体保温材料，缩减为20～30mm厚的保温隔热墙体材料。通过科技创新将建筑"瘦身"，从而提高了容积率，增加了建筑面积，大大减少了居民因为低能耗建筑的占过多的建筑面积带来的困扰。施工工艺简单快速，大大缩短了施工的时间和周期，减少了很多的人工成本，从而大大降低了成本。

随着环境污染的加重，尤其是雾霾天气的肆虐，PM2.5知识的普及，人们的节能环保意识开始觉醒。节能环保产品开始进入寻常百姓的消费清单。但是，从网上商城的搜索可以发现，在节能环保产品的消费上，人们更倾向于购买国外品牌，比如空气净化器，韩国的LG、德国的摩瑞尔、瑞士的飞利浦受到追捧，而国内品牌只有"美的"单枪匹马与之抗衡。国内消费者选择国外品牌，说明国外品牌确实相对国内品牌有技术和品牌优势，国内消费者也有自由选择的权利。电梯也是如此，现在各大城市的居民楼，无论是新小区还是老小区，都是外国的电梯，尤以日本电梯为甚，几乎找不到国产电梯的踪影。因此，在节能环保产品和宜居产品选择上，政府应该帮助公众树立民族意识，推进深科技为基础的民族品牌产品为节能环保市场的主导产品，促进节能环保产业与国民经济的良性循环，持续地扩大内需。

[1] 新华社. 国务院总理李克强4月14日主持召开国务院常务会议 [N]. 人民日报，2020-4-15.

[2] 新华社. 中央城市工作会议在北京举行 [N]. 人民日报，2015-12-23.

[3] 中央政治局会议研究当前经济形势部署下半年经济工作 [N]. 人民日报，2019-7-31.

[4] 新华社. 国务院总理李克强6月19日主持召开国务院常务会议 [N]. 人民日报，2019-6-20.

[5] 李克强. 2018年国务院政府工作报告 [N]. 人民日报，2015-3-6.

[6] 李克强. 2019年国务院政府工作报告 [N]. 人民日报，2019-3-6.

[7] 牛蒙. 城市老旧小区改造中存在的问题和对策探究 [J]. 基层建设，2017（25）.

[8] 王健，王立鹏. 城镇老旧小区改造：抗"疫"复产期经济增长新动能 [J]. 行政管理改革，2018（5）.

[9] 王瑞红. 老旧小区改造利民生、促发展 [J]. 城市开发，2019（14）.

[10] 余阳. 老旧小区改造的痛点与难点 [J]. 城市开发，2019（14）.

[11] 端木. 住建部：17万个城镇老旧小区待改造 [J]. 中国房地产，2019（22）.

[12] 李动. 老旧小区改造：绣花功夫完善社会治理格局 [J]. 中华建设，2019（8）.

[13] 侯婷婷. 17万个老旧小区将迎来改造，对家电行业带来潜在利好? [J]. 家用电器，2019（8）.

[14] 周家山. 湖北郧阳区贫困山区老旧小区的文化保护与开发路径 [J]. 城乡建设，2019（15）.

［15］邵里庭．城市老旧小区社区居民自我管理委员会筹建工作方案［Ａ］．和谐社区通讯，2017（5）（总52）．

［16］訾典，陈冰，杨楠．苏州市老旧小区的老年友好化设计研究［Ｃ］．2018城市发展与规划论文集，2018.

［17］王蕾．EMC-PPP模式下老旧小区节能改造项目核心主体利益协调机制研究［Ｄ］．山东建筑大学，2019.

［18］宋焕斌．居民视角下老旧小区绿色化改造意愿研究［Ｄ］．山东建筑大学，2019.

［19］周松柏．多元治理视野下的厦门市老旧小区改造探索［Ｄ］．厦门大学，2018.

［20］闫晓靓．华北地区老旧小区绿色改造策略研究［Ｄ］．河北工程大学，2018.

［21］王健．关于新旧动能转换的若干思考［Ｊ］．国家治理周刊，2018（06甲）．

［22］王健．我国经济体制改革理论的演进与发展［Ｊ］．前线，2018（11）．

［23］王健．中国改革开放40年宏观调控［Ｊ］．行政管理改革，2018（11）．

［24］王健．新一轮市场监管机构改革的特点、影响、挑战与建议［Ｊ］．行政管理改革，2018（7）．

［25］王健．新深科技　促进新兴产业发展［Ｍ］．北京：国家行政学院出版社，2017.

［26］王健．中国特色开放宏观经济理论模型［Ｊ］．国家行政学院学报，2016（4）：58-63.

［27］王健．经济学永恒的命题与供给侧结构性改革［Ｊ］．福建论坛，2016（2）：5-10.

［28］王健．内需强国：扩内需稳增长的重点·路径·政策［Ｍ］．北京：中国人民大学出版社，2016.

［29］王健．构建经济持续稳定发展的长期动力［Ｎ］．中国经济时报，2015-1-27.

［30］王健．新常态新动力：以自主创新建立完整独立的国民经济体系［Ｊ］．经济研究参考，2015（8）．

［31］王健. 加快老旧小区改造是新常的新增长点［J］. 前线，2015（9）.

［32］王健. 把旧房改造变成经济增长新动力［J］. 中国国情国力，2015（10）：45-46.

［33］王健. 推进老旧小区改造［J］. 人民论坛，2015（10下）.

［34］王健. 化解产能过剩的新思路及对策［J］. 福建论坛，2014（8）.

［35］王健. 新常态下稳定经济增长新思路［J］. 学术评论，2014（6）.

［36］姚震寰. 西方城市更新政策演进及启示［J］. 合作经济与科技，2018（18），2018-9-16.

［37］周健峰. 我国当今老旧小区绿化改造原则分析［J］. 乡村科技，2016（32）.

［38］杨跃军. 日本城市更新背景、方法及借鉴价值［J］. 中咨研究，2019-09-10.

［39］刘东卫. 全面推动城镇老旧小区改造与电梯加装的宜居化水平［N］. 中国建设报，2019-03-14.

［40］陈亨友. 老旧小区智能化改造工程规划与设计［J］. 世界家苑，2018（10）.

［41］黄颖. 老旧小区改造的"志强模式"［N］. 新京报，2017-01-11.

［42］姚岗. 老旧小区的"海绵城市"改建的探析［J］. 中国科技博览，2017（9）.

［43］中国土地勘测规划院. 国外城市更新的经验启示［N］. 中国国土资源报，2017-09-24.

［44］张忠山. 城镇老旧小区改造：运用共同缔造理念　推动城市有机更新［N］. 中国建设报，2019-10-21.

［45］陶凤，王晨婷. 补资金缺口　建管护机制　北京试点引入社会资本改造老旧小区［N］. 北京商报，2018-08-27.

［46］林海英，张畅. 北京老旧小区改造将引PPP模式［N］. 北京商报，2016-11-25.

［47］张忠山. 城镇老旧小区改造：运用共同缔造理念　推动城市［N］. 中国

建设报，2019-10-11.

［48］左学佳，夏体雷. 昆明老旧小区老人爬楼梯困难又危险　加装电梯是难题［N］. 春城晚报，2013-10-13.

［49］李青，林建树. 石家庄老旧小区又停水　居民拎水爬楼很吃力［N］. 燕赵晚报，2014-08-02.

［50］王尔德. 棚户区改造可抵消房地产对GDP增长的负影响［N］. 21世纪经济报道，2014-08-06.

［51］刘志峰. 中国住宅5年发展目标：城市人均面积22平米［N］. 北京晨报，2001-10-17.

［52］崔敏. 柏林"谨慎城市更新"［J］. 城市地理·城乡规划. 2012（2）：66-71.

［53］韩源. 浅谈德国城市规划管理与法规体系启示［J］. 城市建设理论研究，2011（25）.

［54］孔明亮，马嘉，杜春兰. 日本都市再生制度研究［J］. 中国园林，2018（8），2018-06-25.

［55］中国土地勘测规划院. 城市更新缺少了什么，看看"老外"的就知道了［N］. 中国国土资源报，2017-09-14.

［56］李爱民，袁浚. 国外城市更新实践及启示［J］. 中国经贸导刊，2018（27），2018-11-02.

［57］张晓，邓潇潇. 德国城市更新的法律建制、议程机制及启示［C］. 2016中国城市规划年会论文集，2019-06-27.

［58］冉奥博，刘佳燕，沈一琛. 日本老旧小区更新经验与特色——东京都两个小区的案例借鉴［J］. 上海城市规划，2018（4），2018-04-02.

［59］王凯艺，吴培均，廖鑫. 组织引领治理创新　共同缔造美好家园——宁波老旧小区改造试点纪实［N］. 浙江日报，2019-09-22.